普通高等教育土木工程专业新形态教材

U0158551

MATLAB计算力学
现代计算力学的理论与实践

周博　薛世峰　著

清华大学出版社
北　京

内 容 简 介

本书主要介绍计算力学领域的重要成果——有限元法和无网格法，内容为三篇、共 14 章。第 1 篇：计算力学理论基础，包括第 1~3 章，主要介绍计算力学的数学基础及其 MATLAB 实践；第 2 篇：有限元法，包括第 4~9 章，主要介绍有限元法的基本理论及其 MATLAB 实践；第 3 篇：无网格法，包括第 10~14 章，主要介绍无网格法的基本理论及其 MATLAB 实践。

本书主要特色包括：基于 MATLAB 实现理论和实践的完美结合，使计算力学理论更加形象、具体、易学、易用；精心设计 100 多个实践性例题，并可扫码获取 MATLAB 程序，有效助力自主学习和自主训练；有基础的读者可直接研读 MATLAB 实践例题，快速提高计算力学的实践水平。

本书为中国石油大学(华东)研究生规划教材，可有效满足高校理工科计算力学类 64 学时研究生课程的教学需要；还可根据实际需要选择部分内容，作为理工科 32~64 学时计算力学类本科生课程的教材使用；本书也是相关领域科研人员学习计算力学及 MATLAB 实践的理想工具书。

图书在版编目(CIP)数据

MATLAB 计算力学：现代计算力学的理论与实践/周博，薛世峰著.—北京：清华大学出版社，2023.10

普通高等教育土木工程专业新形态教材

ISBN 978-7-302-64807-9

Ⅰ. ①M… Ⅱ. ①周… ②薛… Ⅲ. ①Matlab 软件－应用－计算力学－高等学校－教材 Ⅳ. ①O302-39

中国国家版本馆 CIP 数据核字(2023)第 205016 号

责任编辑：秦 娜 赵从棉
封面设计：陈国熙
责任校对：薄军霞
责任印制：杨 艳

出版发行：清华大学出版社
  网 址：https://www.tup.com.cn，https://www.wqxuetang.com
  地 址：北京清华大学学研大厦 A 座   邮 编：100084
  社 总 机：010-83470000   邮 购：010-62786544
  投稿与读者服务：010-62776969，c-service@tup.tsinghua.edu.cn
  质量反馈：010-62772015，zhiliang@tup.tsinghua.edu.cn
印 装 者：三河市龙大印装有限公司
经 销：全国新华书店
开 本：185mm×260mm 印 张：19.25   字 数：467 千字
版 次：2023 年 12 月第 1 版   印 次：2023 年 12 月第 1 次印刷
定 价：59.80 元

产品编号：097133-01

前 言
PREFACE

    有限元法和无网格法是计算力学领域的重要成果,它们理论基础坚实、通用性好、实用性强。随着计算机科学和技术的快速发展,计算力学已成为科学研究、工程分析与结构设计的有力工具,也是计算机辅助设计和计算机辅助制造的基本组成部分,目前已被高等院校很多理工类专业列为本科生和研究生的必修课程。根据党的二十大精神,高等院校要全面提高人才自主培养质量,着力造就拔尖创新人才;新工科的核心理念是为国家培养工程实践和创新能力强、具备国际竞争力的高素质复合型工程技术人才,这给计算力学类课程的教学工作提出了更高要求。

    中国石油大学(华东)全面贯彻习近平新时代中国特色社会主义思想,抓住立足新发展阶段、贯彻新发展理念、构建新发展格局的重大时代机遇,抓住高等教育高质量发展的重大战略机遇,积极推动二十大精神进课堂、进教材,加强学科融合、科教融合与课程思政工作。近年来作者以为党育人、为国育才为宗旨,在计算力学类课程的教学实践中,积极采用现代教学手段、促进教学与互联网的有机融合、面向新工科更新教育教学理念,先后进行了线上线下混合式教学、以学生为中心体验式课堂教学,通过工程案例教学弘扬爱国主义精神,有效激发了学生的科学兴趣和爱国热情,增强了实践和创新能力培养,提高了教学质量、教学效率和课程思政效果。

    本书是对上述教学实践与改革经验的总结与提炼,主要内容源于作者近10年主讲的研究生课程和本科生课程的教学实践,各部分内容均至少试用3次以上,并在教学实践中取得了良好效果。本书为中国石油大学(华东)研究生规划教材,可有效满足高校或科研院所计算力学类64学时研究生课程的教学需要;还可根据实际需要选择部分内容,作为理工科32~64学时计算力学类本科生课程的教材使用。

    本书基于MATLAB实现理论和实践的完美结合,使计算力学理论更加形象、具体、易学、易用;精心设计100多个实践性例题,在各章章首设置相关MATLAB程序二维码,有效助力自主学习和自主训练;有基础的读者可直接研读MATLAB实践例题,快速提高计算力学的实践水平;全面介绍了计算力学领域的研究成果——无网格法,既可用作计算力学类课程教材,也是一本理想的科研参考书;借助互联网构建读者和作者交流的桥梁,帮助读者解惑答疑,提高读者学习效率。

    为便于教学安排和自主学习,本书分为三篇、共14章。第1篇:计算力学理论基础,包括第1~3章,主要介绍计算力学的数学基础及其MATLAB实践;第2篇:有限元法,包括第4~9章,主要介绍有限元法的基本理论及其MATLAB实践;第3篇:无网格法,包括第10~14章,主要介绍无网格法的基本理论及其MATLAB实践。

由于计算力学理论与技术博大精深，作者教学和科研经历有限，书中可能存在疏漏、错误和有待完善之处，恳请广大读者批评指正，作者不胜感激！

作　者

2023 年 8 月于青岛

目 录
CONTENTS

第1篇　计算力学理论基础

第 2 篇　有限元法

第 3 篇　无网格法

第1篇

计算力学理论基础

· · · · · · · · ·

根据党的二十大精神,要坚持教育优先发展、科技自立自强、人才引领驱动,加快建设教育强国、科技强国、人才强国,坚持为党育人、为国育才。着力培养我国大学生自立自强与实践创新能力,是新时期高等院校的重要责任与担当。掌握计算力学的理论基础,是灵活应用计算力学解决实际问题、增强科研自立自强、提高实践创新能力的重要前提。本篇主要介绍计算力学的理论基础,具体内容如下。

第1章 泛函与变分原理

主要介绍泛函的概念、变分的概念、泛函的极值问题、变分原理及应用、微分方程里兹法及应用等方面内容。

第2章 加权余量法

主要介绍加权余量法基本概念、加权余量法分类、伽辽金法及应用、最小二乘法及应用、配点法及应用、子域法及应用等方面的内容。

第3章 数值积分

主要介绍数值积分概念、Newton-Cotes 积分、一维 Gauss 积分、二维 Gauss 积分、三维 Gauss 积分、三维 Hammer 积分等方面的内容。

第1章

泛函与变分原理

1.1 泛函与变分

1.1.1 泛函的概念

函数和泛函的主要区别是：函数的自变量为数，而泛函的自变量是函数。可以简单地将泛函描述为函数的函数，而泛函的具体定义如下：设 $\{f(x)\}$ 是给定的函数集合，若对该集合中任一函数 $f(x)$，恒有某个确定的值 F 与之对应，则称 F 是定义在函数集合 $\{f(x)\}$ 内的一个泛函，记为 $F[f]$。

根据上述泛函的定义可知，泛函有两个基本要点：①泛函的定义域为满足一定条件的函数集合；②泛函的值与自变函数间有明确的对应关系，通常是由自变函数的整体属性决定的，主要表现在积分上。

例如，定积分

$$Y = \int_0^a \sqrt{\frac{1+(y')^2}{2gy}} \, \mathrm{d}x$$

由自变函数 $y(x)$ 在区间 $[0,a]$ 的整体属性决定，因此 Y 为自变函数 $y(x)$ 的泛函。

再如，定积分

$$U = \frac{1}{2} \int_0^1 [(u')^2 - u^2 + 2x^2 u] \mathrm{d}x$$

由自变函数 $u(x)$ 在区间 $[0,1]$ 的整体属性决定，因此 U 是自变函数 $u(x)$ 的泛函。

实践 1-1

【例 1-1】 举例说明材料力学中的泛函。

【解】 弹性体的变形能是以位移场函数为自变函数的泛函。

例如，杆件受单向拉伸时，应变能可表示为

$$U_t = \frac{1}{2} \int_l EA(u')^2 \, \mathrm{d}x,$$

其中，EA——杆的拉伸刚度；

$u(x)$——杆的轴向位移函数。

可见,拉伸应变能是以轴向位移函数为自变函数的泛函。

再如,梁的弯曲变形能可表示为

$$U_b = \frac{1}{2}\int_0^L EI(w'')^2 \, \mathrm{d}x,$$

其中,EI——梁的弯曲刚度;

$w(x)$——梁的挠度函数。

可见,梁的弯曲变形能是以其挠度函数为自变函数的泛函。

1.1.2 变分的概念

变分和微分是两个不同的概念,求函数的极值用微分,求泛函的极值用变分。考察图 1-1 所示函数 $y(x)$,函数的微分 $\mathrm{d}y$ 是指,由于自变量的微小改变 $\mathrm{d}x$ 而引起的函数值的微小变化,即

$$\mathrm{d}y = y(x + \mathrm{d}x) - y(x);$$

而泛函 $\Pi[y(x)]$ 的变分是指,由于自变函数 $y(x)$ 的微小改变 $\delta y(x)$ 引起的泛函数值的微小变化,即

$$\delta \Pi[y(x)] = \Pi[y(x) + \delta y(x)] - \Pi[y(x)]。$$

变分运算和微分运算相似,常见的运算法则有

$$\left.\begin{aligned}
\delta(uv) &= v\delta u + u\delta v \\
\delta(y') &= (\delta y)' \\
\delta(y^n) &= ny^{n-1}\delta y \\
\delta\int F \, \mathrm{d}x &= \int \delta F \, \mathrm{d}x
\end{aligned}\right\}$$

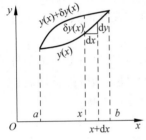

图 1-1 微分和变分的区别

实践 1-2

【例 1-2】 以函数 $y = y(x)$ 为自变函数的泛函

$$G = \int_a^b [(y')^2 + y^2 + 2x^2 y] \mathrm{d}x,$$

自变函数的边界条件为 $y(a) = C_1$ 和 $y(b) = C_1$。求泛函 G 的变分。

【解】 设

$$F(y, y') = (y')^2 + y^2 + 2x^2 y。$$

对 G 取变分,得

$$\begin{aligned}
\delta G &= \int_a^b \left(\frac{\partial F}{\partial y}\delta y + \frac{\partial F}{\partial y'}\delta y'\right) \mathrm{d}x \\
&= \int_a^b (2y + 2x^2)\delta y \, \mathrm{d}x + \int_a^b 2y'\delta y' \, \mathrm{d}x。
\end{aligned} \tag{a}$$

对式(a)右端第 2 项利用分部积分得

$$\begin{aligned}
\int_a^b 2y'\delta y' \, \mathrm{d}x &= \int_a^b 2y' \mathrm{d}(\delta y) \\
&= 2y'\delta y \Big|_a^b - \int_a^b 2y''\delta y \, \mathrm{d}x。
\end{aligned} \tag{b}$$

将式(b)代入式(a)得

$$\delta G = \int_a^b (2y + 2x^2 - 2y'')\delta y \, dx + 2y'\delta y \Big|_a^b$$
$$= \int_a^b (2y + 2x^2 - 2y'')\delta y \, dx \, .$$

1.2 泛函的极值问题

1.2.1 简单泛函极值问题

定义一简单泛函

$$\Pi = \int_a^b F(x, y, y') \, dx, \tag{1-1}$$

其自变函数 $y(x)$ 满足边界条件

$$\left. \begin{array}{l} y(a) = \alpha \\ y(b) = \beta \end{array} \right\} \, . \tag{1-2}$$

下面讨论使得式(1-1)定义的泛函取得极值的条件。

根据变分运算法则,由式(1-1)可得

$$\delta\Pi = \delta\left[\int_a^b F(x, y, y') \, dx \right]$$
$$= \int_a^b \delta F(x, y, y') \, dx$$
$$= \int_a^b \left(\frac{\partial F}{\partial y}\delta y + \frac{\partial F}{\partial y'}\delta y' \right) dx \, . \tag{1-3}$$

对式(1-3)等号右端第二项进行分部积分得

$$\delta\Pi = \int_a^b \left[\frac{\partial F}{\partial y} - \frac{d}{dx}\left(\frac{\partial F}{\partial y'} \right) \right] \delta y \, dx + \left(\frac{\partial F}{\partial y'}\delta y \right) \Big|_a^b \, .$$

根据边界条件式(1-2)可知,$\delta y(a) = \delta y(b) = 0$,因此上式可进一步简化为

$$\delta\Pi = \int_a^b \left[\frac{\partial F}{\partial y} - \frac{d}{dx}\left(\frac{\partial F}{\partial y'} \right) \right] \delta y \, dx \, . \tag{1-4}$$

根据泛函极值条件 $\delta\Pi = 0$ 及 δy 的任意性,由式(1-4)可得

$$\frac{\partial F}{\partial y} - \frac{d}{dx}\left(\frac{\partial F}{\partial y'} \right) = 0 \, . \tag{1-5}$$

这就是泛函(1-1)取得极值时自变函数满足的微分方程,称为泛函的**欧拉方程**。

综上所述,根据欧拉方程式(1-5)及边界条件式(1-2),即可确定使泛函式(1-1)取得极值时自变函数 $y(x)$ 的具体表达式。

实践 1-3

【例 1-3】 已知泛函

$$Y = \frac{1}{2}\int_0^1 \left[(y')^2 - y^2 + 2x^2 y \right] dx,$$

其自变函数 $y(x)$ 满足边界条件：$y(0)=y(1)=0$。求 Y 取极值时，函数 $y(x)$ 的表达式。

【解】 设

$$F=\frac{1}{2}\big[(y')^2-y^2+2x^2y\big],$$

据此可得

$$\frac{\partial F}{\partial y}=-y+x^2,\quad \frac{\partial F}{\partial y'}=y'。\tag{a}$$

将式（a）代入欧拉方程式（1-5），得

$$-\frac{\mathrm{d}^2y}{\mathrm{d}x^2}-y+x^2=0,\tag{b}$$

其边界条件为

$$y(0)=y(1)=0。\tag{c}$$

求解微分方程的边值问题式（b）和式（c），得

$$y=2\cos x+x^2-\frac{2\cos1-1}{\sin1}\sin x-2,$$

可进一步整理为

$$y=\frac{\sin x+2\sin(1-x)}{\sin1}+x^2-2。$$

求解微分方程边值问题式（b）和式（c）的 MATLAB 程序为 ex0103.m，具体内容如下：

```
clc;
clear;
syms y(x)
deq = - diff(y,x,2) - y + x^2 == 0
con1 = y(0) == 0
con2 = y(1) == 0
y = dsolve(deq,con1,con2)
pretty(y)
```

实践 1-4

【例 1-4】 已知泛函

$$G[y(x)]=\int_0^{\pi/2}\big[(y')^2-y^2+y\sin x\big]\mathrm{d}x,$$

其自变函数 $y(x)$ 的边界条件为：$y(0)=y(\pi/2)=0$。求 G 取极值时，$y(x)$ 的表达式。

【解】 设

$$F=(y')^2-y^2+y\sin x,$$

代入欧拉方程式（1-5）得

$$2y''+2y-\sin x=0,\tag{a}$$

其边界条件为

$$y(0)=y(\pi/2)=0。\tag{b}$$

求解微分方程边值问题式（a）和式（b），得

$$y(x)=\frac{1}{16}(\sin3x-\sin x)-\cos x\left(\frac{1}{4}x-\frac{1}{8}\sin2x\right)。$$

求解微分方程边值问题式(a)和式(b)的 MATLAB 程序为 ex0104. m,具体内容如下:

```
clear;
clc;
syms y(x)
deq = sin(x) - 2 * y - 2 * diff(y, x, 2) == 0
con1 = y(0) == 0
con2 = y(pi/2) == 0
y(x) = dsolve(deq,con1,con2)
pretty(y(x))
```

1.2.2　含高阶导数的泛函极值问题

定义一个含自变函数二阶导数的泛函

$$\Pi[y(x)] = \int_a^b F(x,y,y',y'')\mathrm{d}x, \tag{1-6}$$

其自变函数满足边界条件

$$\left.\begin{aligned} y(a) &= \alpha_1 \\ y(b) &= \beta_1 \\ y'(a) &= \alpha_2 \\ y'(b) &= \beta_2 \end{aligned}\right\}。 \tag{1-7}$$

下面寻找一个函数 $y(x)$ 使得式(1-6)定义的泛函取得极值。

对式(1-6)定义的泛函取变分得

$$\delta\Pi = \int_a^b \left(\frac{\partial F}{\partial y}\delta y + \frac{\partial F}{\partial y'}\delta y' + \frac{\partial F}{\partial y''}\delta y''\right)\mathrm{d}x。 \tag{1-8}$$

对式(1-8)等号右端第二、三项进行分部积分运算得

$$\int_a^b \frac{\partial F}{\partial y'}\delta y'\mathrm{d}x = -\int_a^b \frac{\mathrm{d}}{\mathrm{d}x}\left(\frac{\partial F}{\partial y'}\right)\delta y\,\mathrm{d}x + \left(\frac{\partial F}{\partial y'}\delta y\right)\Big|_a^b \tag{1-9}$$

和

$$\begin{aligned} \int_a^b \frac{\partial F}{\partial y''}\delta y''\mathrm{d}x &= -\int_a^b \frac{\mathrm{d}}{\mathrm{d}x}\left(\frac{\partial F}{\partial y''}\right)\delta y'\,\mathrm{d}x + \left(\frac{\partial F}{\partial y''}\delta y'\right)\Big|_a^b \\ &= \int_a^b \frac{\mathrm{d}^2}{\mathrm{d}x^2}\left(\frac{\partial F}{\partial y''}\right)\delta y\,\mathrm{d}x - \left[\frac{\mathrm{d}}{\mathrm{d}x}\left(\frac{\partial F}{\partial y''}\right)\delta y\right]\Big|_a^b + \left(\frac{\partial F}{\partial y''}\delta y'\right)\Big|_a^b。 \end{aligned} \tag{1-10}$$

将式(1-9)和式(1-10)代入式(1-8),得

$$\delta\Pi = \int_a^b \left[\frac{\partial F}{\partial y} - \frac{\mathrm{d}}{\mathrm{d}x}\left(\frac{\partial F}{\partial y'}\right) + \frac{\mathrm{d}^2}{\mathrm{d}x^2}\left(\frac{\partial F}{\partial y''}\right)\right]\delta y\,\mathrm{d}x + \left\{\left[\frac{\partial F}{\partial y'} - \frac{\mathrm{d}}{\mathrm{d}x}\left(\frac{\partial F}{\partial y''}\right)\right]\delta y\right\}\Big|_a^b + \left(\frac{\partial F}{\partial y''}\delta y'\right)\Big|_a^b = 0。 \tag{1-11}$$

根据边界条件式(1-7)可知

$$\left.\begin{aligned} \delta y(a) &= \delta y(b) = 0 \\ \delta y'(a) &= \delta y'(b) = 0 \end{aligned}\right\}。 \tag{1-12}$$

将式(1-12)代入式(1-11)得

$$\delta \Pi = \int_a^b \left[\frac{\partial F}{\partial y} - \frac{\mathrm{d}}{\mathrm{d}x}\left(\frac{\partial F}{\partial y'}\right) + \frac{\mathrm{d}^2}{\mathrm{d}x^2}\left(\frac{\partial F}{\partial y''}\right) \right] \delta y \, \mathrm{d}x = 0,$$

根据泛函极值条件 $\delta \Pi = 0$ 及 δy 的任意性,上式成立必然有

$$\frac{\partial F}{\partial y} - \frac{\mathrm{d}}{\mathrm{d}x}\left(\frac{\partial F}{\partial y'}\right) + \frac{\mathrm{d}^2}{\mathrm{d}x^2}\left(\frac{\partial F}{\partial y''}\right) = 0, \tag{1-13}$$

此即式(1-6)的欧拉方程。

若事先没有给定边界条件式(1-7),则根据式(1-12)可知,需要满足如下边界条件:

$$\left.\begin{array}{l} \dfrac{\partial F}{\partial y'} - \dfrac{\mathrm{d}}{\mathrm{d}x}\left(\dfrac{\partial F}{\partial y''}\right) = 0 \\[4mm] \dfrac{\partial F}{\partial y''} = 0 \end{array}\right\} \quad x = a, x = b, \tag{1-14}$$

才能得到欧拉方程式(1-13)。像式(1-14)这种由泛函变分极值条件推导出的边界条件称为**自然边界条件**,而像式(1-7)这种事先给定的边界条件称为**强加边界条件**或**本质边界条件**。

类似地,定义一含 n 阶导数的泛函

$$\Pi[y(x)] = \int_a^b F(x, y, y', y'', \cdots, y^{(n)}) \mathrm{d}x, \tag{1-15}$$

经过类似的推导过程,可以得到式(1-15)的欧拉方程为

$$\frac{\partial F}{\partial y} - \frac{\mathrm{d}}{\mathrm{d}x}\left(\frac{\partial F}{\partial y'}\right) + \frac{\mathrm{d}^2}{\mathrm{d}x^2}\left(\frac{\partial F}{\partial y''}\right) - \cdots + (-1)^n \frac{\mathrm{d}^n}{\mathrm{d}x^n}\left(\frac{\partial F}{\partial y^{(n)}}\right) = 0。 \tag{1-16}$$

与式(1-16)对应的强加边界条件和自然边界条件分别为

$$\left.\begin{array}{l} y(a) = \alpha_1, y(b) = \beta_1 \\[2mm] y'(a) = \alpha_2, y'(b) = \beta_2 \\ \vdots \\ y^{(n-1)}(a) = \alpha_{n-1}, y^{(n-1)}(b) = \beta_{n-1} \end{array}\right\} \tag{1-17}$$

和

$$\left.\begin{array}{l} \dfrac{\partial F}{\partial y'} - \dfrac{\mathrm{d}}{\mathrm{d}x}\left(\dfrac{\partial F}{\partial y''}\right) + \cdots + (-1)^{n-1} \dfrac{\mathrm{d}^{n-1}}{\mathrm{d}x^{n-1}}\left(\dfrac{\partial F}{\partial y^{(n-1)}}\right) = 0 \\[4mm] \dfrac{\partial F}{\partial y''} + \cdots + (-1)^{n-2} \dfrac{\mathrm{d}^{n-2}}{\mathrm{d}x^{n-2}}\left(\dfrac{\partial F}{\partial y^{(n-2)}}\right) = 0 \\ \vdots \\ \dfrac{\partial F}{\partial y^{(n)}} = 0 \end{array}\right\} (x = a, x = b)。 \tag{1-18}$$

1.2.3　具有多个独立变量的泛函极值问题

定义自变函数为二元函数的泛函

$$\Pi = \int_\Omega F(x, y, \varphi, \varphi_x, \varphi_y) \mathrm{d}\Omega, \tag{1-19}$$

其中

$$
\left.\begin{aligned}
\varphi &= \varphi(x, y) \\
\varphi_x &= \frac{\partial \varphi}{\partial x} \\
\varphi_y &= \frac{\partial \varphi}{\partial y}
\end{aligned}\right\}。
$$

对泛函式(1-19)取一阶变分得

$$
\begin{aligned}
\delta\Pi &= \int_\Omega \left(\frac{\partial F}{\partial \varphi}\delta\varphi + \frac{\partial F}{\partial \varphi_x}\delta\varphi_x + \frac{\partial F}{\partial \varphi_y}\delta\varphi_y \right) \mathrm{d}\Omega \\
&= \int_\Omega \left(\frac{\partial F}{\partial \varphi}\delta\varphi + \frac{\partial F}{\partial \varphi_x}\frac{\partial \delta\varphi}{\partial x} + \frac{\partial F}{\partial \varphi_y}\frac{\partial \delta\varphi}{\partial y} \right) \mathrm{d}\Omega。
\end{aligned} \tag{1-20}
$$

利用分部积分和格林-高斯定理得

$$
\begin{aligned}
\int_\Omega \frac{\partial F}{\partial \varphi_x}\frac{\partial \delta\varphi}{\partial x}\mathrm{d}\Omega &= \int_\Omega \frac{\partial}{\partial x}\left(\frac{\partial F}{\partial \varphi_x}\delta\varphi \right)\mathrm{d}\Omega - \int_\Omega \frac{\partial}{\partial x}\left(\frac{\partial F}{\partial \varphi_x} \right)\delta\varphi\,\mathrm{d}\Omega \\
&= \int_\Gamma \frac{\partial F}{\partial \varphi_x}\delta\varphi\, n_x\,\mathrm{d}\Gamma - \int_\Omega \frac{\partial}{\partial x}\left(\frac{\partial F}{\partial \varphi_x} \right)\delta\varphi\,\mathrm{d}\Omega
\end{aligned}
$$

和

$$
\begin{aligned}
\int_\Omega \frac{\partial F}{\partial \varphi_y}\frac{\partial \delta\varphi}{\partial y}\mathrm{d}\Omega &= \int_\Omega \frac{\partial}{\partial y}\left(\frac{\partial F}{\partial \varphi_y}\delta\varphi \right)\mathrm{d}\Omega - \int_\Omega \frac{\partial}{\partial y}\left(\frac{\partial F}{\partial \varphi_y} \right)\delta\varphi\,\mathrm{d}\Omega \\
&= \int_\Gamma \frac{\partial F}{\partial \varphi_y}\delta\varphi\, n_y\,\mathrm{d}\Gamma - \int_\Omega \frac{\partial}{\partial y}\left(\frac{\partial F}{\partial \varphi_y} \right)\delta\varphi\,\mathrm{d}\Omega,
\end{aligned}
$$

其中 Γ 为 Ω 的边界,n_x 为边界外法线方向 $\boldsymbol{n}$ 和 x 轴间的方向余弦,n_y 为边界外法线方向 $\boldsymbol{n}$ 和 y 轴间的方向余弦。将以上两式代入式(1-20),得

$$
\delta\Pi = \int_\Omega \left[\frac{\partial F}{\partial \varphi} - \frac{\partial}{\partial x}\left(\frac{\partial F}{\partial \varphi_x} \right) - \frac{\partial}{\partial y}\left(\frac{\partial F}{\partial \varphi_y} \right) \right]\delta\varphi\,\mathrm{d}\Omega + \int_\Gamma \left(\frac{\partial F}{\partial \varphi_x}n_x + \frac{\partial F}{\partial \varphi_y}n_y \right)\delta\varphi\,\mathrm{d}\Gamma。 \tag{1-21}
$$

根据泛函极值条件 $\delta\Pi = 0$ 及 δy 的任意性,由式(1-21)可知式(1-19)的欧拉方程和自然边界条件分别为

$$
\frac{\partial F}{\partial \varphi} - \frac{\partial}{\partial x}\left(\frac{\partial F}{\partial \varphi_x} \right) - \frac{\partial}{\partial y}\left(\frac{\partial F}{\partial \varphi_y} \right) = 0 \quad (在 \Omega 内) \tag{1-22}
$$

和

$$
\frac{\partial F}{\partial \varphi_x}n_x + \frac{\partial F}{\partial \varphi_y}n_y = 0 \quad (在 \Gamma 上)。 \tag{1-23}
$$

经过类似的推导过程,对于下面自变函数为三元函数的泛函

$$
\Pi = \int_\Omega F(x, y, z, \varphi, \varphi_x, \varphi_y, \varphi_z)\mathrm{d}\Omega, \tag{1-24}
$$

其中

$$
\left.\begin{aligned}
\varphi &= \varphi(x, y, z) \\
\varphi_x &= \frac{\partial \varphi}{\partial x} \\
\varphi_y &= \frac{\partial \varphi}{\partial y} \\
\varphi_z &= \frac{\partial \varphi}{\partial z}
\end{aligned}\right\},
$$

可得到其欧拉方程和自然边界条件分别为

$$\frac{\partial F}{\partial \varphi} - \frac{\partial}{\partial x}\left(\frac{\partial F}{\partial \varphi_x}\right) - \frac{\partial}{\partial y}\left(\frac{\partial F}{\partial \varphi_y}\right) - \frac{\partial}{\partial z}\left(\frac{\partial F}{\partial \varphi_z}\right) = 0 \quad (在 \Omega 内) \tag{1-25}$$

和

$$\frac{\partial F}{\partial \varphi_x}n_x + \frac{\partial F}{\partial \varphi_y}n_y + \frac{\partial F}{\partial \varphi_z}n_z = 0 \quad (在 \Gamma 上)。 \tag{1-26}$$

1.3 变分原理和里兹法

1.3.1 变分原理简介

与函数存在极值的条件类似,泛函 $\Pi[y(x)]$ 在其定义域内(即自变函数集合内)取极值的必要条件是其 1 阶变分等于零,即

$$\delta \Pi[y(x)] = 0。$$

利用泛函极值条件求解问题的方法称为变分原理或变分法。

对于一个具体的工程或科学问题,经常存在不同但相互等效的表达形式。在变分原理中,问题的求解是寻找一个满足边界条件且使泛函取得极值的待求未知函数;在微分方程边值问题的表达中,问题的求解是对已知边界条件的微分方程进行积分。泛函极值问题和微分方程边值问题是两种不同但相互等效的表达形式。

对于任何泛函极值问题,都可以找到相应的欧拉方程,即都可转换为微分方程边值问题。但不是所有微分方程边值问题都存在相应的变分原理,即不是所有微分方程边值问题都能转换为泛函极值问题。下面主要介绍如何建立线性微分方程的泛函。

将微分方程记为

$$L(u) + f = 0, \tag{1-27}$$

其中,L——微分算子;

f——已知函数项。

若微分算子 L 具有如下性质:

$$L(\alpha u + \beta v) = \alpha L(u) + \beta L(v), \tag{1-28}$$

其中,α 和 β——常数;

u 和 v——两个任意函数。

则称 L 为线性微分算子,称式(1-27)为线性微分方程。

对于两个任意函数 u 和 v,定义如下内积:

$$\int_{\Omega} L(u)v \mathrm{d}\Omega。 \tag{1-29}$$

若内积式(1-29)经过分部积分运算后可以改写为

$$\int_{\Omega} L(u)v \mathrm{d}\Omega = \int_{\Omega} L(v)u \mathrm{d}\Omega + \mathrm{b.t.}(u,v), \tag{1-30}$$

其中,b.t.(u,v) 为边界项,则称微分算子 L 为自伴随算子,称式(1-27)为线性自伴随微分方程。线性自伴随微分方程可以转化为相应的泛函极值问题。

线性自伴随微分方程的泛函数确定,即变分原理的建立,主要通过分部积分运算实现。

实践 1-5

【例 1-5】 设有微分方程

$$\frac{\mathrm{d}^2}{\mathrm{d}x^2}\left[b(x)\frac{\mathrm{d}^2w}{\mathrm{d}x^2}\right]+f(x)=0, \quad 0 \leqslant x \leqslant L, \tag{a}$$

其边界条件为

$$w\mid_{x=0}=0, \quad \frac{\mathrm{d}w}{\mathrm{d}x}\bigg|_{x=0}=0, \quad \left(b(x)\frac{\mathrm{d}^2w}{\mathrm{d}x^2}\right)\bigg|_{x=L}=M_0, \quad \left[\frac{\mathrm{d}}{\mathrm{d}x}\left(b(x)\frac{\mathrm{d}^2w}{\mathrm{d}x^2}\right)\right]\bigg|_{x=L}=0。$$

$$\tag{b}$$

利用变分原理建立该微分方程的泛函。

【解】 设微分方程式(a)对应的泛函变分为

$$\delta\varPi=\int_0^L\left\{\frac{\mathrm{d}^2}{\mathrm{d}x^2}\left[b(x)\frac{\mathrm{d}^2w}{\mathrm{d}x^2}\right]+f(x)\right\}\delta w\,\mathrm{d}x。 \tag{c}$$

利用分部积分得

$$\int_0^L\left\{\frac{\mathrm{d}^2}{\mathrm{d}x^2}\left[b(x)\frac{\mathrm{d}^2w}{\mathrm{d}x^2}\right]\right\}\delta w\,\mathrm{d}x$$

$$=-\int_0^L\frac{\mathrm{d}}{\mathrm{d}x}\left[b(x)\frac{\mathrm{d}^2w}{\mathrm{d}x^2}\right]\delta\left(\frac{\mathrm{d}w}{\mathrm{d}x}\right)\mathrm{d}x+\left\{\frac{\mathrm{d}}{\mathrm{d}x}\left[b(x)\frac{\mathrm{d}^2w}{\mathrm{d}x^2}\right]\delta w\right\}\bigg|_0^L$$

$$=\int_0^L\left[b(x)\frac{\mathrm{d}^2w}{\mathrm{d}x^2}\delta\left(\frac{\mathrm{d}^2w}{\mathrm{d}x^2}\right)\right]\mathrm{d}x-\left[b(x)\frac{\mathrm{d}^2w}{\mathrm{d}x^2}\delta\left(\frac{\mathrm{d}w}{\mathrm{d}x}\right)\right]\bigg|_0^L+\left\{\frac{\mathrm{d}}{\mathrm{d}x}\left[b(x)\frac{\mathrm{d}^2w}{\mathrm{d}x^2}\right]\delta w\right\}\bigg|_0^L,$$

利用边界条件式(b)得

$$-\left[b(x)\frac{\mathrm{d}^2w}{\mathrm{d}x^2}\delta\left(\frac{\mathrm{d}w}{\mathrm{d}x}\right)\right]\bigg|_0^L+\left\{\frac{\mathrm{d}}{\mathrm{d}x}\left[b(x)\frac{\mathrm{d}^2w}{\mathrm{d}x^2}\right]\delta w\right\}\bigg|_0^L$$

$$=-\left[b(x)\frac{\mathrm{d}^2w}{\mathrm{d}x^2}\delta\left(\frac{\mathrm{d}w}{\mathrm{d}x}\right)\right]_{x=L}+\left\{\frac{\mathrm{d}}{\mathrm{d}x}\left[b(x)\frac{\mathrm{d}^2w}{\mathrm{d}x^2}\right]\delta w\right\}_{x=L}$$

$$=-M_0\delta\left(\frac{\mathrm{d}w}{\mathrm{d}x}\right)_{x=L}。$$

根据以上两式可得

$$\int_0^L\left\{\frac{\mathrm{d}^2}{\mathrm{d}x^2}\left[b(x)\frac{\mathrm{d}^2w}{\mathrm{d}x^2}\right]\right\}\delta w\,\mathrm{d}x=\int_0^L\left[b(x)\frac{\mathrm{d}^2w}{\mathrm{d}x^2}\delta\left(\frac{\mathrm{d}^2w}{\mathrm{d}x^2}\right)\right]\mathrm{d}x-M_0\delta\left(\frac{\mathrm{d}w}{\mathrm{d}x}\right)_{x=L}。 \tag{d}$$

将式(d)代入式(c)得

$$\delta\varPi=\delta\left\{\int_0^L\left[\frac{1}{2}b(x)\left(\frac{\mathrm{d}^2w}{\mathrm{d}x^2}\right)^2+f(x)w\right]\mathrm{d}x-M_0\left(\frac{\mathrm{d}w}{\mathrm{d}x}\right)_{x=L}\right\}。$$

由此得到微分方程式(a)和边界条件式(b)的泛函

$$\varPi=\int_0^L\left[\frac{1}{2}b(x)\left(\frac{\mathrm{d}^2w}{\mathrm{d}x^2}\right)^2+f(x)w\right]\mathrm{d}x-M_0\left(\frac{\mathrm{d}w}{\mathrm{d}x}\right)_{x=L}。$$

实践 1-6

【例 1-6】 利用变分原理建立如下微分方程边值问题的泛函

$$\frac{\partial}{\partial x}\left(K_1 \frac{\partial \varphi}{\partial x}\right) + \frac{\partial}{\partial y}\left(K_2 \frac{\partial \varphi}{\partial y}\right) + Q = 0 \quad (在\ \Omega\ 内)$$

$$K_1 \frac{\partial \varphi}{\partial x}n_x + K_2 \frac{\partial \varphi}{\partial y}n_y = \bar{q} \quad (在\ \Gamma_1\ 上)$$

$$\varphi = \bar{\varphi} \quad (在\ \Gamma_2\ 上)$$

【解】 将泛函变分设为

$$\delta \Pi = -\int_\Omega \left[\frac{\partial}{\partial x}\left(K_1 \frac{\partial \varphi}{\partial x}\right) + \frac{\partial}{\partial y}\left(K_2 \frac{\partial \varphi}{\partial y}\right) + Q\right]\delta\varphi \mathrm{d}\Omega + \int_{\Gamma_1}\left(K_1 \frac{\partial \varphi}{\partial x}n_x + K_2 \frac{\partial \varphi}{\partial y}n_y - \bar{q}\right)\delta\varphi \mathrm{d}\Gamma。$$

(a)

利用分部积分与格林-高斯定理可得

$$-\int_\Omega \left[\frac{\partial}{\partial x}\left(K_1 \frac{\partial \varphi}{\partial x}\right) + \frac{\partial}{\partial y}\left(K_2 \frac{\partial \varphi}{\partial y}\right) + Q\right]\delta\varphi \mathrm{d}\Omega$$

$$= \int_\Omega \left(K_1 \frac{\partial \varphi}{\partial x}\delta \frac{\partial \varphi}{\partial x} + K_2 \frac{\partial \varphi}{\partial y}\delta \frac{\partial \varphi}{\partial y} - Q\delta\varphi\right)\mathrm{d}\Omega - \int_\Gamma \left(K_1 \frac{\partial \varphi}{\partial x}n_x + K_2 \frac{\partial \varphi}{\partial y}n_y\right)\delta\varphi \mathrm{d}\Gamma, \quad (b)$$

其中 $\Gamma = \Gamma_1 + \Gamma_2$。在 Γ_2 上 $\delta\varphi = 0$,因此有

$$\int_\Gamma \left(K_1 \frac{\partial \varphi}{\partial x}n_x + K_2 \frac{\partial \varphi}{\partial y}n_y\right)\delta\varphi \mathrm{d}\Gamma = \int_{\Gamma_1}\left(K_1 \frac{\partial \varphi}{\partial x}n_x + K_2 \frac{\partial \varphi}{\partial y}n_y\right)\delta\varphi \mathrm{d}\Gamma。 \quad (c)$$

将以上两式代入式(a),得

$$\delta \Pi = \int_\Omega \left(K_1 \frac{\partial \varphi}{\partial x}\delta \frac{\partial \varphi}{\partial x} + K_2 \frac{\partial \varphi}{\partial y}\delta \frac{\partial \varphi}{\partial y} - Q\delta\varphi\right)\mathrm{d}\Omega - \int_{\Gamma_1} \bar{q}\delta\varphi \mathrm{d}\Gamma$$

$$= \delta\left\{\int_\Omega \left[\frac{1}{2}K_1 \left(\frac{\partial \varphi}{\partial x}\right)^2 + \frac{1}{2}K_2 \left(\frac{\partial \varphi}{\partial y}\right)^2 - Q\varphi\right]\mathrm{d}\Omega - \int_{\Gamma_1} \bar{q}\varphi \mathrm{d}\Gamma\right\}, \quad (d)$$

因此,原微分方程边值问题的泛函为

$$\Pi = \int_\Omega \left[\frac{1}{2}K_1 \left(\frac{\partial \varphi}{\partial x}\right)^2 + \frac{1}{2}K_2 \left(\frac{\partial \varphi}{\partial y}\right)^2 - Q\varphi\right]\mathrm{d}\Omega - \int_{\Gamma_1} \bar{q}\varphi \mathrm{d}\Gamma。$$

1.3.2 微分方程的里兹法

在实际应用中,对很多微分方程问题很难得到解析解,只能求得其近似解。里兹(Ritz)法是基于变分原理的微分方程近似解法。该法的具体求解过程为:①将微分方程问题转化为泛函极值问题;②假设含有待定参数的近似解;③利用泛函的极值条件求出近似解中的待定参数。具体如下。

对某一微分方程,若已求得其对应的泛函为 $\Pi[y(x)]$。假设函数 $y(x)$ 为

$$y(x) = \sum_{i=1}^n C_i Y_i(x) + Y_0(x), \quad (1\text{-}31)$$

其中,Y_i 为基函数,C_i 为待定系数。将式(1-31)代入泛函极值条件 $\delta\Pi = 0$ 得

$$\delta \Pi = \frac{\partial \Pi}{\partial C_1}\delta C_1 + \frac{\partial \Pi}{\partial C_2}\delta C_2 + \cdots + \frac{\partial \Pi}{\partial C_n}\delta C_n = 0。 \quad (1\text{-}32)$$

由于 δC_i 的任意性,若式(1-32)成立,必然有

$$\frac{\partial \Pi}{\partial C_i} = 0, \quad i = 1, 2, \cdots, n。 \quad (1\text{-}33)$$

根据上述 n 个方程,即可求出 n 个待定系数 C_i,进而得到原微分方程问题的近似解。利用里兹法求解微分方程问题的前提是能找到微分方程问题所对应的泛函数。

实践 1-7

【例 1-7】 设微分方程边值问题

$$-\frac{\mathrm{d}^2 y}{\mathrm{d}x^2} - y + x^2 = 0, \quad 0 \leqslant x \leqslant 1$$

$$y(0) = y(1) = 0$$

的近似解为

$$\bar{y} = C_1 x(1-x) + C_2 x^2(1-x) + C_3 x^3(1-x)。$$

利用里兹法求近似解中的待定系数 C_1、C_2 和 C_3。

【解】 首先根据变分原理,将微分方程边值问题对应的泛函变分表示为

$$\delta Y = \int_0^1 \left(-\frac{\mathrm{d}^2 y}{\mathrm{d}x^2} - y + x^2\right)\delta y\, \mathrm{d}x,$$

利用分部积分得

$$\delta Y = \int_0^1 \left(\frac{\mathrm{d}y}{\mathrm{d}x}\delta\frac{\mathrm{d}y}{\mathrm{d}x} - y\delta y + x^2 \delta y\right)\mathrm{d}x - \frac{\mathrm{d}y}{\mathrm{d}x}\delta y\, \Big|_0^1。$$

由边界条件 $y(0) = y(1) = 0$ 可知

$$\frac{\mathrm{d}y}{\mathrm{d}x}\delta y\, \Big|_0^1 = 0。$$

因此泛函变分可进一步简化为

$$\delta Y = \int_0^1 \left(\frac{\mathrm{d}y}{\mathrm{d}x}\delta\frac{\mathrm{d}y}{\mathrm{d}x} - y\delta y + x^2 \delta y\right)\mathrm{d}x = \frac{1}{2}\int_0^1 \delta\left[\left(\frac{\mathrm{d}y}{\mathrm{d}x}\right)^2 - y^2 + 2x^2 y\right]\mathrm{d}x,$$

由此可知微分方程边值问题对应的泛函为

$$Y = \frac{1}{2}\int_0^1 \left[\left(\frac{\mathrm{d}y}{\mathrm{d}x}\right)^2 - y^2 + 2x^2 y\right]\mathrm{d}x。 \tag{a}$$

将近似解代入泛函式(a)得

$$Y = Y(C_1, C_2, C_3)。 \tag{b}$$

根据里兹法得

$$\frac{\partial Y}{\partial C_1} = 0, \quad \frac{\partial Y}{\partial C_2} = 0, \quad \frac{\partial Y}{\partial C_3} = 0。$$

联立求解上述方程,得

$$C_1 = -0.0952, \quad C_2 = -0.1005, \quad C_3 = -0.0702。$$

求解待定系数 C_1、C_2、C_3 的 MATLAB 程序为 ex0107.m,具体内容如下:

```
clear;
clc;
syms x C1 C2 C3
y = C1 * x * (1-x) + C2 * x^2 * (1-x) + C3 * x^3 * (1-x)
F = (diff(y,x))^2 - y^2 + 2 * x^2 * y;
P = int(F,x,0,1)/2;
eq1 = diff(P,C1) == 0
```

```
eq2 = diff(P,C2) == 0
eq3 = diff(P,C3) == 0
R = solve(eq1,eq2,eq3,C1,C2,C3)
C1 = eval(R.C1)
C2 = eval(R.C2)
C3 = eval(R.C3)
```

实践 1-8

【例 1-8】 设微分方程边值问题

$$
\left.
\begin{array}{l}
-\dfrac{\mathrm{d}^2 y}{\mathrm{d}x^2} - y + x^2 = 0, \quad 0 \leqslant x \leqslant 1 \\[3mm]
y(0) = 0, \quad y'(1) = 1
\end{array}
\right\}
$$

的近似解为

$$
y = C_1 x + C_2 x^2 + C_3 x^3 \text{。}
$$

利用里兹法求近似解中的待定系数 C_1、C_2、C_3。

【解】 该问题中的边界条件 $y'(1) = 1$ 为自然边界条件,为此设泛函变分为

$$
\delta Y = \int_0^1 \left(-\frac{\mathrm{d}^2 y}{\mathrm{d}x^2} - y + x^2 \right) \delta y \, \mathrm{d}x + [y'(1) - 1] \delta y(1),
$$

利用分部积分得

$$
\delta Y = \int_0^1 \left(\frac{\mathrm{d}y}{\mathrm{d}x} \delta \frac{\mathrm{d}y}{\mathrm{d}x} - y \delta y + x^2 \delta y \right) \mathrm{d}x - \frac{\mathrm{d}y}{\mathrm{d}x} \delta y \bigg|_0^1 + [y'(1) - 1] \delta y(1) \text{。}
$$

利用边界条件 $y(0) = 0, y'(1) = 1$,得

$$
-\frac{\mathrm{d}y}{\mathrm{d}x} \delta y \bigg|_0^1 + [y'(1) - 1] \delta y(1) = -y'(1) \delta y(1) + [y'(1) - 1] \delta y(1) = -\delta y(1),
$$

由此得

$$
\delta Y = \int_0^1 \left(\frac{\mathrm{d}y}{\mathrm{d}x} \delta \frac{\mathrm{d}y}{\mathrm{d}x} - y \delta y + x^2 \delta y \right) \mathrm{d}x - \delta y(1) \text{。}
$$

根据上式进一步得

$$
Y = \frac{1}{2} \int_0^1 \left[\left(\frac{\mathrm{d}y}{\mathrm{d}x} \right)^2 - y^2 + 2x^2 y \right] \mathrm{d}x - y(1) \text{。} \tag{a}
$$

将近似解代入式(a)得

$$
Y = Y(C_1, C_2, C_3) \text{。} \tag{b}
$$

根据里兹法得

$$
\frac{\partial Y}{\partial C_1} = 0, \quad \frac{\partial Y}{\partial C_2} = 0, \quad \frac{\partial Y}{\partial C_3} = 0 \text{。}
$$

联立求解上述方程,得

$$
C_1 = 1.283, \quad C_2 = -0.1142, \quad C_3 = -0.02462 \text{。}
$$

求解待定系数 C_1、C_2、C_3 的 MATLAB 程序为 ex0108.m,具体内容如下:

```
clear;
clc;
syms x C1 C2 C3
```

```
y = C1 * x + C2 * x^2 + C3 * x^3
y1 = C1 + C2 + C3
F = (diff(y,x))^2 - y^2 + 2 * x^2 * y
P = 1/2 * int(F,x,0,1) - y1
eq1 = diff(P,C1) == 0
eq2 = diff(P,C2) == 0
eq3 = diff(P,C3) == 0
R = solve(eq1,eq2,eq3,C1,C2,C3)
C1 = eval(R.C1)
C2 = eval(R.C2)
C3 = eval(R.C3)
```

习题

习题 1-1　简述函数和泛函的区别。

习题 1-2　简述变分和微分的区别。

习题 1-3　求使泛函

$$\Pi = \int_0^{x_1} \sqrt{\frac{1+(y')^2}{2gy}}\, \mathrm{d}x$$

取极值,并满足 $y(0)=0, y(x_1)=y_1$ 的函数 $y(x)$。

习题 1-4　图示均布载荷作用下的简支梁,其总势能泛函表达式为

$$\Pi = \frac{1}{2}EI_z \int_0^l \left(\frac{\mathrm{d}^2 v}{\mathrm{d}x^2}\right)^2 \mathrm{d}x - \int_0^l q \cdot v\, \mathrm{d}x,$$

其中, v 为梁的挠度, EI_z 为梁的弯曲刚度。设梁的挠曲线方程为

$$v = C_1 \sin\frac{\pi x}{l} + C_2 \sin\frac{3\pi x}{l},$$

利用变分原理求待定系数 C_1 和 C_2。

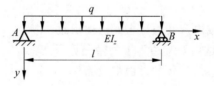

习题 1-4 图

第2章

加权余量法

2.1 加权余量法概述

1.3.2 节中介绍的基于变分原理的里兹法在具体应用时,首先要得到与微分方程边值问题相对应的泛函,但并不是对所有微分方程边值问题都能很容易地找到对应的泛函,在很多情况下很难找到泛函,或者不存在泛函,这时里兹法就无法应用了。**加权余量法**(method of weighted residuals)是求解微分方程边值问题近似解的一种更一般的途径。

2.1.1 加权余量法的基本概念

设微分方程及其边界条件分别为

$$L(u) + f = 0 \quad (\text{在 } \Omega \text{ 内}) \tag{2-1a}$$

和

$$G(u) + h = 0 \quad (\text{在 } \Gamma \text{ 上}), \tag{2-1b}$$

其中,Ω——求解域;

Γ——求解域边界;

u——待求函数,

f, h——分别为求解域内及其边界上的已知函数;

L, G——分别为求解域内及其边界上的微分算子。

将式(2-1)的微分方程边值问题的近似解设为

$$\bar{u}(x) = \sum_{i=1}^{n} C_i B_i(x) = C_1 B_1(x) + C_2 B_2(x) + \cdots + C_n B_n(x), \tag{2-2}$$

其中,$B_i(x)$——**基函数**;

C_i——待定系数。

由于近似解的表达式(2-2)不满足微分方程及其边界条件,将其代入式(2-1a)和式(2-1b),分别得到**余量**

$$R_\Omega(x) = L(\bar{u}) + f \neq 0 \quad (\text{在 } \Omega \text{ 内}) \tag{2-3a}$$

和

$$R_\Gamma(x) = G(\bar{u}) + h \neq 0 \quad (\text{在 } \Gamma \text{ 上}), \tag{2-3b}$$

其中,R_Ω——**内部余量**;

R_Γ——**边界余量**。

为了消除余量,确定近似解(2-2)中的待定系数,选择**内部权函数**

$$W_i(x),\quad i=1,2,\cdots,n\quad(在\,\Omega\,内)\tag{2-4a}$$

和**边界权函数**

$$V_i(x),\quad i=1,2,\cdots,n\quad(在\,\Gamma\,上),\tag{2-4b}$$

然后令

$$\int_\Omega W_i(x)R_\Omega(x)\mathrm{d}\Omega=0,\quad i=1,2,\cdots,n\tag{2-5a}$$

和

$$\int_\Gamma V_i(x)R_\Gamma(x)\mathrm{d}\Gamma=0,\quad i=1,2,\cdots,n,\tag{2-5b}$$

据此可得到关于待定系数 $C_i(i=1,2,\cdots,n)$ 的代数方程组。

不难发现,近似解中的待定系数是通过余量和权函数的乘积在求解域内和边界上的积分和等于零得到的,因此将这种方法称为**加权余量法**。加权余量法是求解微分方程近似解的一种有效方法。一般而言,任何独立的全函数集合都可以选作权函数。

综上所述,加权余量法的解题步骤归纳如下:

(1) 选取一个试函数作为近似解,该试函数由待定系数和已确定的基函数项组成。

(2) 将所选的试函数代入基本方程,列出余量表达式。

(3) 选取合适的权函数,并按某种平均意义消除余量的方式组成消除余量的代数方程组。

(4) 联立求解此方程组即可求得待定系数,也即确定了近似解。

2.1.2　加权余量法的分类

当选取的近似解(2-2)能精确满足边界条件(2-1b)时,则式(2-5)将简化为

$$\int_\Omega W_i(x)R(x)\mathrm{d}\Omega=0,\quad i=1,2,\cdots,n。\tag{2-6}$$

这种情况下的加权余量法称为**内部加权余量法**。

当选取的近似解(2-2)能精确满足微分方程(2-1a)而不能满足边界条件(2-1b)时,则式(2-5)将简化为

$$\int_\Gamma V_i(x)R(x)\mathrm{d}\Gamma=0,\quad i=1,2,\cdots,n,\tag{2-7}$$

这种情况下的加权余量法称为**边界加权余量法**。

如果选取的近似解(2-2)既不能满足微分方程(2-1a),也不能满足边界条件(2-1b),这种情况下,必须同时应用式(2-5a)和式(2-5b)消除内部余量和边界余量,这种情况下的加权余量法称为**混合加权余量法**。

2.2　加权余量法的基本方法

2.1.2 节中根据试函数(近似解)的类型将加权余量法分为内部法、边界法和混合法三类。当问题域的边界较规则时,较易选取能满足边界条件的试函数(近似解),宜采用内部加

权余量法；对具有较复杂边界问题，可采用边界加权余量法；当微分方程和边界条件都较复杂时，则需要采用混合加权余量法。下面以内部加权余量法为例，按照权函数形式分类，介绍加权余量法的 5 种基本方法。

2.2.1　伽辽金法

以内部加权余量法为例，将式(2-6)中的权函数取为近似解(2-2)中的基函数，即

$$W_i(x) = B_i(x), \quad i = 1, 2, \cdots, n。 \tag{2-8}$$

将式(2-8)代入式(2-6)，得

$$\int_\Omega B_i(x) R(x) \mathrm{d}\Omega = 0, \quad i = 1, 2, \cdots, n, \tag{2-9}$$

求解该方程组，即得到近似解(2-2)中的待定系数 C_i。

上述方法的实质是，通过令基函数和余量的乘积在求解域内的积分等于零，确定近似解中的待定系数。该方法称为**伽辽金法**。

实践 2-1

【**例 2-1**】　设微分方程边值问题

$$\left. \begin{array}{l} \dfrac{\mathrm{d}^2 u}{\mathrm{d}x^2} + 12x^2 = 0, \quad x \in [0, 1] \\[2mm] u(0) = u(1) = 0 \end{array} \right\}$$

的近似解为

$$\bar{u}(x) = C_1 x(x-1) + C_2 x^2(x-1),$$

利用伽辽金法求待定系数 C_1 和 C_2。

【**解**】　近似解满足边界条件，基函数分别为

$$B_1(x) = x(x-1), \quad B_2(x) = x^2(x-1)。$$

将近似解代入微分方程，得到余量

$$R(x) = \frac{\mathrm{d}^2 \bar{u}}{\mathrm{d}x^2} + 12x^2。$$

根据式(2-9)得

$$\left. \begin{array}{l} \displaystyle\int_0^1 B_1(x) R(x) \mathrm{d}x = 0 \\[3mm] \displaystyle\int_0^1 B_2(x) R(x) \mathrm{d}x = 0 \end{array} \right\},$$

求解该方程组，得到

$$C_1 = -0.8, \quad C_2 = -2.0。$$

求解该问题的 MATLAB 程序为 ex0201.m，具体内容如下：

```
clear;clc;
syms('x','C1','C2')
B1 = x * (x-1);
B2 = x^2 * (x-1);
u = C1 * B1 + C2 * B2
```

```
R = diff(u,x,2) + 12 * x^2
eq1 = int(B1 * R,x,0,1) == 0
eq2 = int(B2 * R,x,0,1) == 0
[C1,C2] = solve(eq1,eq2,C1,C2)
```

2.2.2　最小二乘法

以内部加权余量法为例,将式(2-6)中的权函数取为余量对待定系数的偏导数,即

$$W_i(x) = \frac{\partial R(x)}{\partial C_i}, \quad i=1,2,\cdots,n。$$ (2-10)

将式(2-10)代入式(2-6),得

$$\int_\Omega \frac{\partial R(x)}{\partial C_i} R(x) \mathrm{d}\Omega = 0, \quad i=1,2,\cdots,n,$$ (2-11)

求解该方程组,即可得到近似解(2-2)中的待定系数 C_i。

上述方法的实质是,通过令余量对待定系数偏导数和余量的乘积在求解域内的积分等于零,确定近似解中的待定系数,从而求得微分方程的近似解。该方法称为**最小二乘法**。

实践 2-2

【例 2-2】　设微分方程边值问题

$$\left.\begin{array}{l} \dfrac{\mathrm{d}^2 u}{\mathrm{d}x^2} + 12x^2 = 0, \quad x \in [0,1] \\ u(0) = u(1) = 0 \end{array}\right\}$$

的近似解为

$$\bar{u}(x) = C_1 x(x-1) + C_2 x^2(x-1),$$

利用最小二乘法求待定系数 C_1 和 C_2。

【解】　近似解满足边界条件。将近似解代入微分方程,得到余量

$$R(x) = \frac{\mathrm{d}^2 \bar{u}}{\mathrm{d}x^2} + 12x^2。$$

根据式(2-11)得

$$\left.\begin{array}{l} \displaystyle\int_0^1 \frac{\partial R}{\partial C_1} R(x) \mathrm{d}x = 0 \\ \displaystyle\int_0^1 \frac{\partial R}{\partial C_2} R(x) \mathrm{d}x = 0 \end{array}\right\},$$

求解该方程组,得

$$C_1 = -1, \quad C_2 = -2。$$

求解该问题的 MATLAB 程序为 ex0202.m,具体内容如下:

```
clear;clc;
syms('x','C1','C2')
B1 = x * (x-1);
B2 = x^2 * (x-1);
u = C1 * B1 + C2 * B2
R = diff(u,x,2) + 12 * x^2
```

```
R_C1 = diff(R,C1,1);
R_C2 = diff(R,C2,1);
eq1 = int(R_C1 * R,x,0,1) == 0
eq2 = int(R_C2 * R,x,0,1) == 0
[C1,C2] = solve(eq1,eq2,C1,C2)
```

2.2.3 配点法

以内部加权余量法为例，在求解域内取若干个点 x_i（称为**配点**），然后将式(2-6)中权函数取为 δ 函数，即

$$W_i(x) = \delta(x - x_i), \quad x_i \in \Omega, \quad i = 1, 2, \cdots, n。 \tag{2-12}$$

将式(2-12)代入式(2-6)，得

$$\int_\Omega \delta(x - x_i) R(x) \mathrm{d}\Omega = R(x_i) = 0, \quad i = 1, 2, \cdots, n, \tag{2-13}$$

求解该方程组，即可得到近似解(2-2)中的待定系数 C_i。

上述方法的实质是，通过令余量在配点等于零，确定近似解中的待定系数。该方法称为**配点法**。

实践 2-3

【**例 2-3**】 设微分方程边值问题

$$\left. \begin{aligned} \frac{\mathrm{d}^2 u}{\mathrm{d}x^2} + 12x &= 0, \quad x \in [0,1] \\ u(0) = u(1) &= 0 \end{aligned} \right\}$$

的近似解为

$$\bar{u}(x) = C_1 x(x-1) + C_2 x^2(x-1),$$

利用配点法（取配点 $x = 1/3, 2/3$）求待定系数 C_1 和 C_2。

【**解**】 近似解满足边界条件，将其代入微分方程，得到余量

$$R(x) = \frac{\mathrm{d}^2 \bar{u}}{\mathrm{d}x^2} + 12x^2。$$

根据式(2-13)，得

$$\left. \begin{aligned} R(1/3) &= 0 \\ R(2/3) &= 0 \end{aligned} \right\},$$

求解该方程组，得

$$C_1 = -\frac{2}{3}, \quad C_2 = -2。$$

求解该问题的 MATLAB 程序为 ex0203.m，具体内容如下：

```
clear;
clc;
syms('x','C1','C2','C3')
u(x) = C1 * x * (x-1) + C2 * x^2 * (x-1)
R(x) = diff(u,x,2) + 12 * x^2
```

```
eq1 = R(1/3) == 0
eq2 = R(2/3) == 0
[C1,C2] = solve(eq1,eq2,C1,C2)
```

2.2.4　子域法

以内部加权余量法为例,将整个求解区域 Ω 分成若干个子域 Ω_i,在各个子域内将式(2-6)中权函数取为1,即

$$W_i(x)=\begin{cases}1, & x\in\Omega_i\\0, & x\notin\Omega_i\end{cases},i=1,2,\cdots,n。 \tag{2-14}$$

将式(2-14)代入式(2-6)得

$$\int_\Omega W_i(x)R(x)\mathrm{d}\Omega=\int_{\Omega_i}R(x)\mathrm{d}\Omega=0,\quad i=1,2,\cdots,n, \tag{2-15}$$

求解该方程组,即可得到近似解(2-2)中的待定系数 C_i。

上述方法的实质是,通过令余量在子域内的积分等于零,确定近似解中的待定系数。该方法称为**子域法**。

实践 2-4

【**例 2-4**】　设微分方程边值问题

$$\frac{\mathrm{d}^2u}{\mathrm{d}x^2}+12x=0,\quad x\in[0,1]$$
$$u(0)=u(1)=0$$

的近似解为

$$\bar{u}(x)=C_1x(x-1)+C_2x^2(x-1),$$

利用子域法求待定系数 C_1 和 C_2。

【**解**】　近似解满足边界条件,将其代入微分方程,得到余量

$$R(x)=\frac{\mathrm{d}^2\bar{u}}{\mathrm{d}x^2}+12x^2。$$

根据式(2-15)得

$$\int_0^{1/2}R(x)\mathrm{d}x=0$$
$$\int_{1/2}^1R(x)\mathrm{d}x=0,$$

求解该方程组得

$$C_1=-1,\quad C_2=-2。$$

求解该问题的 MATLAB 程序为 ex0204.m,具体内容如下:

```
clear;
clc;
syms('x','C1','C2','C3')
u(x) = C1 * x * (x-1) + C2 * x^2 * (x-1)
R(x) = diff(u,x,2) + 12 * x^2
```

```
eq1 = int(R,x,0,1/2) == 0
eq2 = int(R,x,1/2,1) == 0
[C1,C2] = solve(eq1,eq2,C1,C2)
```

2.2.5　矩量法

以内部加权余量法为例,将式(2-6)中的权函数取为幂函数,即

$$W_i(x) = x^{i-1}, \quad i = 1,2,\cdots,n。$$ (2-16)

将式(2-16)代入式(2-6)得

$$\int_\Omega x^{i-1} R(x) \mathrm{d}\Omega = 0, \quad i = 1,2,\cdots,n,$$ (2-17)

求解该方程组,即可得到近似解(2-2)中的待定系数 C_i。

上述方法的实质是,通过令幂函数和余量的乘积在求解域内的积分等于零,确定近似解中的待定系数。该方法称为**矩量法**。

实践 2-5

【例 2-5】 设微分方程边值问题

$$\left.\begin{array}{l} \dfrac{\mathrm{d}^2 u}{\mathrm{d}x^2} + 12x = 0, \quad x \in [0,1] \\[2mm] u(0) = u(1) = 0 \end{array}\right\}$$

的近似解为

$$\bar{u}(x) = C_1 x(x-1) + C_2 x^2(x-1),$$

利用矩量法求待定系数 C_1 和 C_2。

【解】 近似解满足边界条件,将其代入微分方程,得到余量

$$R(x) = \dfrac{\mathrm{d}^2 \bar{u}}{\mathrm{d}x^2} + 12x^2。$$

根据式(2-17)得

$$\left.\begin{array}{l} \displaystyle\int_0^1 R(x)\mathrm{d}x = 0 \\[3mm] \displaystyle\int_0^1 x R(x)\mathrm{d}x = 0 \end{array}\right\},$$

求解该方程组,得

$$C_1 = -1, \quad C_2 = -2。$$

求解该问题的 MATLAB 程序为 ex0205.m,具体内容如下:

```
clear;
clc;
syms('x','C1','C2','C3')
u(x) = C1 * x * (x - 1) + C2 * x^2 * (x - 1)
R(x) = diff(u,x,2) + 12 * x^2
eq1 = int(R,x,0,1) == 0
eq2 = int(x * R,x,0,1) == 0
[C1,C2] = solve(eq1,eq2,C1,C2)
```

2.3　加权余量法的应用

2.3.1　梁的弯曲问题

实践 2-6

【例 2-6】　如图 2-1 所示,两端固定的等截面梁受到均布载荷 q 的作用,梁的长度为 L、抗弯刚度为 EI。用伽辽金法求梁的挠曲线方程 $w(x)$。

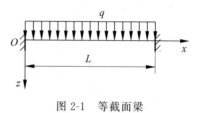

图 2-1　等截面梁

【解】　梁的挠曲线微分方程为

$$EI\,\frac{\mathrm{d}^4 w}{\mathrm{d}x^4} - q = 0,$$

边界条件为

$$w\,|_{x=0,L} = 0, \qquad \frac{\mathrm{d}w}{\mathrm{d}x}\,|_{x=0,L} = 0。$$

设挠曲线方程的近似解为

$$\bar{w} = Cx^2(L-x)^2,$$

不难验证,该近似解满足边界条件。将近似解代入微分方程,得到余量

$$R(x) = EI\,\frac{\mathrm{d}^4 \bar{w}}{\mathrm{d}x^4} - q。$$

根据伽辽金法得

$$\int_0^L x^2(L-x)^2 R(x)\,\mathrm{d}x = 0,$$

据此求得

$$C = \frac{q}{24EI}。$$

求解该问题的 MATLAB 程序为 ex0206.m,具体内容如下:

```
clear;
clc;
syms('C','x','L','EI','q')
w = C * x^2 * (L-x)^2;
R = EI * diff(w,x,4) - q;
eq = int(x^2 * (L-x)^2 * R,x,0,L) == 0;
C = solve(eq,C)
```

实践 2-7

【例 2-7】　如图 2-2 所示为简支梁,抗弯刚度为 EI。利用配点法求梁的挠曲线方程 $w(x)$。
【解】　梁的挠曲线微分方程为

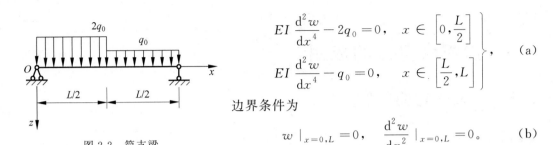

图 2-2　简支梁

$$EI\frac{\mathrm{d}^2w}{\mathrm{d}x^4} - 2q_0 = 0, \quad x \in \left[0, \frac{L}{2}\right]$$

$$EI\frac{\mathrm{d}^2w}{\mathrm{d}x^4} - q_0 = 0, \quad x \in \left[\frac{L}{2}, L\right]$$

(a)

边界条件为

$$w\,|_{x=0,L} = 0, \quad \frac{\mathrm{d}^2w}{\mathrm{d}x^2}\Big|_{x=0,L} = 0。$$

(b)

设微分方程(a)的近似解为

$$\bar{w}(x) = C_0 + C_1x + C_2x^2 + C_3x^3 + C_4x^4 + C_5x^5,$$

(c)

将其代入微分方程(a),得到余量方程

$$R_1(x) = EI\frac{\mathrm{d}^2\bar{w}}{\mathrm{d}x^4} - 2q_0, \quad x \in \left[0, \frac{L}{2}\right]$$

$$R_2(x) = EI\frac{\mathrm{d}^2\bar{w}}{\mathrm{d}x^4} - q_0, \quad x \in \left[\frac{L}{2}, L\right]$$

(d)

将近似解(c)代入边界条件(b)得

$$\bar{w}(0) = 0, \quad \bar{w}(L) = 0, \quad \frac{\mathrm{d}^2\bar{w}}{\mathrm{d}x^2}\Big|_{x=0} = 0, \quad \frac{\mathrm{d}^2\bar{w}}{\mathrm{d}x^2}\Big|_{x=L} = 0。$$

(e)

取配点 $x = L/3, 2L/3$,利用配点法,根据式(d)得

$$R_1(L/3) = 0, \quad R_2(2L/3) = 0。$$

(f)

联立求解式(e)和式(f),得

$$C_0 = C_2 = 0, \quad C_1 = \frac{q_0L^3}{15EI}, \quad C_3 = -\frac{q_0L}{6EI}, \quad C_4 = \frac{q_0}{8EI}, \quad C_5 = -\frac{q_0}{40EIL}。$$

求解该问题的 MATLAB 程序为 ex0207.m,具体内容如下:

```
clear;
clc;
syms ('C0','C1','C2','C3','C4','C5')
syms ('x','EI','L','q0')
w(x) = C0 + C1 * x + C2 * x^2 + C3 * x^3 + C4 * x^4 + C5 * x^5;
w_xx(x) = diff(w,x,2);
R1(x) = EI * diff(w,x,4) - 2 * q0;
R2(x) = EI * diff(w,x,4) - q0;
eq1 = w(0) == 0;
eq2 = w(L) == 0;
eq3 = w_xx(0) == 0;
eq4 = w_xx(L) == 0;
eq5 = R1(L/3) == 0;
eq6 = R2(2 * L/3) == 0;
X = [C0,C1,C2,C3,C4,C5];
[C0,C1,C2,C3,C4,C5] = solve(eq1,eq2,eq3,eq4,eq5,eq6,X)
```

2.3.2　薄板的弯曲问题

实践 2-8

【例 2-8】　如图 2-3 所示,边长分别为 a 和 b 的四边简支矩形薄板承受均布载荷 q_0 作

用。用伽辽金法求薄板挠度函数的近似解。

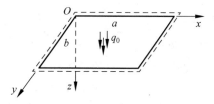

图 2-3　四边简支矩形薄板

【解】　薄板的挠曲微分方程为

$$\frac{\partial^4 w}{\partial x^4} + 2\frac{\partial^4 w}{\partial x^2 \partial y^2} + \frac{\partial^4 w}{\partial y^4} - \frac{q_0}{D} = 0, \qquad (a)$$

其中，D 为薄板的抗弯刚度，$D = \dfrac{Eh^3}{12(1-\mu^2)}$。$D$ 的表达式中，h 为薄板厚度；E 为弹性模量；μ 为泊松比。

设微分方程（a）的近似解为

$$\bar{w}(x) = CB(x,y) = C\sin\frac{\pi x}{a}\sin\frac{\pi y}{b}, \qquad (b)$$

显然，该近似解满足图 2-3 所示薄板的边界条件。

将近似解（b）代入微分方程（a），得到余量方程

$$R(x,y) = \frac{\partial^4 \bar{w}}{\partial x^4} + 2\frac{\partial^4 \bar{w}}{\partial x^2 \partial y^2} + \frac{\partial^4 \bar{w}}{\partial y^4} - \frac{q_0}{D} = 0。 \qquad (c)$$

根据伽辽金法得

$$\int_0^b \int_0^a B(x,y)R(x,y)\mathrm{d}x\mathrm{d}y = 0, \qquad (d)$$

求解该方程，得

$$C = \frac{16q_0}{\left(\dfrac{\pi^2}{a^2} + \dfrac{\pi^2}{b^2}\right)^2 \pi^2 D}。$$

求解该问题的 MATLAB 程序为 ex0208.m，具体内容如下：

```
clear;
clc;
syms('C','x','y','a','b')
syms('q0','D')
B(x,y) = sin(pi * x/a) * sin(pi * y/b);
w(x,y) = C * B(x,y);
w_xx = diff(w,x,2);
w_xxyy = diff(w_xx,y,2);
R(x,y) = diff(w,x,4) + 2 * w_xxyy + diff(w,y,4) - q0/D;
II = int(B * R,x,0,a);
II = int(II,y,0,b);
eq = II == 0;
C = solve(eq,C)
```

实践 2-9

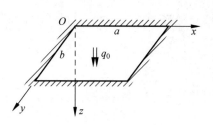

图 2-4　四边固支矩形薄板

【例 2-9】　如图 2-4 所示，边长分别为 a 和 b 的四边固支矩形薄板承受均布载荷 q_0 作用。用伽辽金法求薄板挠度函数的近似解。

【解】　薄板的挠曲微分方程为

$$\frac{\partial^4 w}{\partial x^4} + 2\frac{\partial^4 w}{\partial x^2 \partial y^2} + \frac{\partial^4 w}{\partial y^4} - \frac{q_0}{D} = 0, \qquad (a)$$

其中，$D = \dfrac{Eh^3}{12(1-\mu^2)}$，为薄板的抗弯刚度。$D$ 的表达式中，h 为薄板厚度；E 为弹性模量；μ 为泊松比。

设微分方程(a)的近似解为

$$\bar{w}(x,y) = CB(x,y) = C(x^2-a^2)^2(y^2-b^2)^2, \tag{b}$$

显然，该近似解满足图 2-4 所示薄板的边界条件。

将近似解(b)代入微分方程(a)，得到余量方程

$$R(x,y) = \frac{\partial^4 \bar{w}}{\partial x^4} + 2\frac{\partial^4 \bar{w}}{\partial x^2 \partial y^2} + \frac{\partial^4 \bar{w}}{\partial y^4} - \frac{q_0}{D} = 0。 \tag{c}$$

根据伽辽金法得

$$\int_0^b \int_0^a B(x,y)R(x,y)\,\mathrm{d}x\,\mathrm{d}y = 0, \tag{d}$$

求解该方程，得

$$C = \frac{7q_0}{128\left(a^4+b^4+\dfrac{4}{7}a^2 b^2\right)D}。$$

求解该问题的 MATLAB 程序为 ex0209.m，具体内容如下：

```
clear;
clc;
syms('C','x','y','a','b')
syms('q0','D')
B(x,y) = (x^2 - a^2)^2 * (y^2 - b^2)^2;
w(x,y) = C * B(x,y);
w_xx = diff(w,x,2);
w_xxyy = diff(w_xx,y,2);
R(x,y) = diff(w,x,4) + 2 * w_xxyy + diff(w,y,4) - q0/D;
II = int(B * R,x,0,a);
II = int(II,y,0,b);
eq = II == 0;
C = solve(eq,C)
```

习题

习题 2-1 利用伽辽金法求微分方程边值问题

$$\left.\begin{array}{c} y'' - y + x = 0, \quad 0 \leqslant x \leqslant 1 \\ y(0) = y(1) = 0 \end{array}\right\}$$

的近似解。

习题 2-2 利用最小二乘法求微分方程边值问题

$$\left.\begin{array}{c} y'' - y + x = 0, \quad 0 \leqslant x \leqslant 1 \\ y(0) = y(1) = 0 \end{array}\right\}$$

的近似解。

习题 2-3　利用配点法求微分方程边值问题

$$\left. \begin{array}{l} y'' - y + x = 0, \quad 0 \leqslant x \leqslant 1 \\ y(0) = y(1) = 0 \end{array} \right\}$$

的近似解。

习题 2-4　利用子域法求微分方程边值问题

$$\left. \begin{array}{l} y'' - y + x = 0, \quad 0 \leqslant x \leqslant 1 \\ y(0) = y(1) = 0 \end{array} \right\}$$

的近似解。

习题 2-5　利用矩量法求微分方程边值问题

$$\left. \begin{array}{l} y'' - y + x = 0, \quad 0 \leqslant x \leqslant 1 \\ y(0) = y(1) = 0 \end{array} \right\}$$

的近似解。

第3章

数值积分

3.1 Newton-Cotes 积分

3.1.1 数值积分概述

以一维积分

$$I = \int_a^b F(x)\,\mathrm{d}x \tag{3-1}$$

为例,数值积分的基本思想是:构造一个多项式函数 $\varphi(x)$,使得

$$F(x_i) = \varphi(x_i), \quad i = 1, 2, \cdots, n, \tag{3-2}$$

其中,x_i——积分点;

n——积分点总数。

根据构造的多项式函数 $\varphi(x)$,将积分式(3-1)近似写为如下形式:

$$I = \int_a^b F(x)\,\mathrm{d}x \approx \int_a^b \varphi(x)\,\mathrm{d}x = \sum_{i=1}^n A_i F(x_i), \tag{3-3}$$

其中,x_i——积分点;

A_i——权系数。

积分点的数目和位置决定了 $\varphi(x)$ 与 $F(x)$ 的接近程度,也决定了近似积分式(3-3)的数值精度。按照积分点位置分布方案的不同,通常采用两种不同的数值积分方案,即 Newton-Cotes 积分方案和 Gauss 积分方案。

3.1.2 Newton-Cotes 积分原理

下面以标准积分

$$I = \int_0^1 F(\xi)\,\mathrm{d}\xi \tag{3-4}$$

为例,介绍 Newton-Cotes 积分。

在 Newton-Cotes 积分中,将被积函数近似写为 Lagrange 插值多项式,即

$$F(\xi) \approx \varphi(\xi) = \sum_{i=1}^n L_i^{(n-1)}(\xi) F(\xi_i), \tag{3-5}$$

其中，

$$
\left.\begin{aligned}
L_i^{(n-1)}(\xi) &= \prod_{j=1, j\neq i}^{n} \frac{\xi-\xi_j}{\xi_i-\xi_j} \\
\xi_i &= \frac{i-1}{n-1}, \quad i=1,2,\cdots,n
\end{aligned}\right\}。
\tag{3-6}
$$

Lagrange 多项式具有性质：$L_i^{(n-1)}(\xi_j)=\delta_{ij}$，因此有

$$
\varphi(\xi_i)=F(\xi_i), \quad i=1,2,\cdots,n。
\tag{3-7}
$$

根据式(3-5)~式(3-7)，可将积分式(3-4)近似写为

$$
\int_0^1 F(\xi)\mathrm{d}x \approx \sum_{i=1}^{n} C_i^{(n-1)}F(\xi_i),
\tag{3-8}
$$

其中，

$$
C_i^{(n-1)} = \int_0^1 L_i^{(n-1)}(\xi)\mathrm{d}\xi
\tag{3-9}
$$

为 $n-1$ 阶 Newton-Cotes 积分的权系数。

根据式(3-9)计算得到各阶 Newton-Cotes 积分的权系数列于表 3-1。

表 3-1　Newton-Cotes 积分的权系数

积分点数 n	$C_1^{(n-1)}$	$C_2^{(n-1)}$	$C_3^{(n-1)}$	$C_4^{(n-1)}$	$C_5^{(n-1)}$	$C_6^{(n-1)}$	$C_7^{(n-1)}$
2	1/2	1/2					
3	1/6	4/6	1/6				
4	1/8	3/8	3/8	1/8			
5	7/90	32/90	12/90	32/90	7/90		
6	19/288	75/288	50/288	50/288	75/288	19/288	
7	41/840	216/840	27/840	272/840	27/840	216/840	41/840

由含 n 个等间距分布积分点的 Newton-Cotes 积分构造的近似函数 $\varphi(x)$ 是 $n-1$ 次多项式，这说明 n 个积分点的 Newton-Cotes 积分可达到 $n-1$ 阶精度，即如果原被积分函数 $F(x)$ 是 $n-1$ 次多项式，则积分结果是精确的。

对于形如式(3-1)的非标准积分，可通过坐标变换

$$
x=a+(b-a)\xi
\tag{3-10}
$$

将其改写为形如式(3-4)的标准积分，然后通过查表 3-1，利用式(3-8)进行 Newton-Cotes 积分运算。

实践 3-1

【例 3-1】　计算积分点数 $n=3$ 时的 Newton-Cotes 积分的权系数。

【解】　编写 MATLAB 程序 ex0301.m，内容如下：

```
clear;
clc;
syms r
r1 = 0
r2 = 0.5
r3 = 1
```

```
L1 = (r − r2)/(r1 − r2) * (r − r3)/(r1 − r3)
L2 = (r − r1)/(r2 − r1) * (r − r3)/(r2 − r3)
L3 = (r − r1)/(r3 − r1) * (r − r2)/(r3 − r2)
A1 = int(L1,0,1)
A2 = int(L2,0,1)
A3 = int(L3,0,1)
```

运行程序 ex0301.m,得到

```
A1 = 1/6
A2 = 2/3
A3 = 1/6
```

实践 3-2

【例 3-2】 证明:当积分点数 $n=4$ 时利用 Newton-Cotes 数值积分可对

$$I = \int_0^1 (a + bx + cx^2 + dx^3)\,\mathrm{d}x \tag{a}$$

进行精确计算。

【解】 编写 MATLAB 程序 ex0302.m,内容如下:

```
clear;
clc;
syms a b c d
syms f(x)
f(x) = a + b*x + c*x^2 + d*x^3
I1 = int(f(x),0,1)
I2 = 1/8 * f(0) + 3/8 * f(1/3) + 3/8 * f(2/3) + 1/8 * f(1)
```

运行程序 ex0302.m,得到

```
I1 = a + b/2 + c/3 + d/4          % 解析解
I2 = a + b/2 + c/3 + d/4          % Newton − Cotes 积分解
```

3.2 Gauss 积分

3.2.1 一维 Gauss 积分

　　Newton-Cotes 积分适用于被积函数便于等间距选取积分点的情况。但在有限元法的实际应用中,很容易通过程序计算单元内任意指定点被积函数的值,可以不采用等间距分布的积分点,而通过优化积分点的位置进一步提高积分的数值精度,即在给定积分点数目的情况下更合理地选择积分点位置,以达到更高的数值积分精度。Gauss 积分就是这种积分方案中最常用的一种,在有限元法中被广泛应用。

　　Gauss 积分的实质是通过选取 n 个结点使数值积分达到 $2n-1$ 阶精度,而 Newton-Cotes 积分则是通过选取 n 个结点使数值积分达到 $n-1$ 阶精度,显然在积分点个数相同的情况下 Gauss 积分的数值精度更高。

对于一维积分,被积函数 $F(\xi)$ 在积分域 $[-1,1]$ 的积分可近似表示为

$$\int_{-1}^{1} F(\xi)\mathrm{d}\xi \approx \sum_{i=1}^{n} G_i F(\xi_i),\qquad(3\text{-}11)$$

其中,G_i——权系数;

ξ_i——积分点。

常用 Gauss 积分的积分点和权系数列于表 3-2。

表 3-2 Gauss 积分的积分点和权系数

积分点个数 n	积分点坐标 ζ_i	权系数 G_i
1	0.000 000 000 0	2.000 000 000 0
2	±0.577 350 269 2	1.000 000 000 0
3	0.000 000 000 0	0.888 888 888 9
	±0.774 569 669 2	0.555 555 555 6
4	±0.339 981 043 6	0.652 145 154 9
	±0.861 136 311 6	0.347 854 845 1
5	0.000 000 000 0	0.568 888 888 9
	±0.538 469 310 1	0.478 628 670 5
	±0.906 179 845 9	0.236 926 885 0

实践 3-3

【例 3-3】 当积分点个数 $n=2$ 时,计算一维 Gauss 积分

$$\int_{-1}^{1} F(\xi)\mathrm{d}\xi \approx G_1 F(\xi_1) + G_2 F(\xi_2)\qquad(\mathrm{a})$$

的积分点及权系数。

【解】 当被积函数 $F(\xi)$ 为 ξ^0、ξ^1、ξ^2、ξ^3 时,利用式(a)可对 $F(\xi)$ 精确积分,因此有

$$\left.\begin{aligned}
G_1\xi_1^0 + G_2\xi_2^0 &= \int_{-1}^{1} \xi^0 \mathrm{d}\xi\\
G_1\xi_1 + G_2\xi_2 &= \int_{-1}^{1} \xi \mathrm{d}\xi\\
G_1\xi_1^2 + G_2\xi_2^2 &= \int_{-1}^{1} \xi^2 \mathrm{d}\xi\\
G_1\xi_1^3 + G_2\xi_2^3 &= \int_{-1}^{1} \xi^3 \mathrm{d}\xi
\end{aligned}\right\},\qquad(\mathrm{b})$$

求解方程组(b),得

$$\left.\begin{aligned}
G_1 &= G_2 = 1.0\\
\xi_1 &= -1/\sqrt{3}\\
\xi_2 &= 1/\sqrt{3}
\end{aligned}\right\}.$$

求解本题的 MATLAB 程序为 ex0303.m,内容如下:

```
clear;
clc;
syms x
```

```
syms x1 x2 G1 G2
f0(x) = x^0;
f1(x) = x^1;
f2(x) = x^2;
f3(x) = x^3;
eq1 = G1 + G2 == int(f0(x), -1,1);
eq2 = G1 * x1 + G2 * x2 == int(f1(x), -1,1);
eq3 = G1 * x1^2 + G2 * x2^2 == int(f2(x), -1,1);
eq4 = G1 * x1^3 + G2 * x2^3 == int(f3(x), -1,1);
S = solve(eq1,eq2,eq3,eq4,x1,G1,x2,G2);
x1 = S.x1
G1 = S.G1
x2 = S.x2
G2 = S.G2
```

实践 3-4

【例 3-4】 利用 Gauss 积分法，取两个积分点，计算

$$I = \int_0^1 (x + x^2)\sin(\pi x)\,\mathrm{d}x, \tag{a}$$

并和其精确解进行比较。

【解】 利用坐标变换

$$x = \frac{1}{2} + \frac{1}{2}t, \quad t \in [-1, 1], \tag{b}$$

将式(a)改写为

$$I = \int_{-1}^{1} \frac{1}{2}(x + x^2)\sin(\pi x)\,\mathrm{d}t。 \tag{c}$$

编写 MATLAB 程序 ex0304.m，内容如下：

```
clear;
clc;
syms t
x = 1/2 + 1/2 * t;
F(t) = 1/2 * (x + x^2) * sin(pi * x);
t1 = -1/(3^0.5);
t2 = 1/(3^0.5);
G1 = 1;
G2 = 1;
I_Gauss = G1 * F(t1) + G2 * F(t2);
I_true = int(F(t), -1,1);
I_Gauss = eval(I_Gauss)
I_true = eval(I_true)
```

运行程序 ex0304.m，得到

```
I_Gauss = 0.5135          % 数值解
I_true = 0.5076           % 精确解
```

3.2.2 二维 Gauss 积分

二维 Gauss 积分可由式(3-11)扩展得到，表示为

$$\int_{-1}^{1}\int_{-1}^{1} F(\xi,\eta)\,\mathrm{d}\xi\mathrm{d}\eta \approx \sum_{j=1}^{n}\sum_{i=1}^{m} G_i G_j F(\xi_i,\eta_j), \tag{3-12}$$

其中, G_i, G_j——权系数;

　　ξ_i, η_j——积分点。

实践 3-5

　　【例 3-5】　利用 Gauss 积分法, 取 4 个积分点, 计算

$$I = \int_{0}^{2}\int_{0}^{2}(x+y)\sin\left[\frac{\pi}{4}(x+y)\right]\mathrm{d}x\,\mathrm{d}y, \tag{a}$$

并和其精确解进行比较。

　　【解】　利用坐标变换

$$\left.\begin{array}{l} x = 1+r \\ y = 1+s \end{array}\right\},$$

将式(a)改写为

$$I = \int_{-1}^{1}\int_{-1}^{1}(x+y)\sin\left[\frac{\pi}{4}(x+y)\right]\mathrm{d}r\,\mathrm{d}s。$$

编写 MATLAB 程序 ex0305.m, 内容如下:

```
clear;
clc;
syms r s
x = 1 + r;
y = 1 + s;
F(r,s) = (x + y) * sin(pi/4 * (x + y));
r1 = -1/(3^0.5);
r2 = 1/(3^0.5);
s1 = -1/(3^0.5);
s2 = 1/(3^0.5);
I_gauss = F(r1,s1) + F(r1,s2) + F(r2,s1) + F(r2,s2);
I_gauss = eval(I_gauss)
I_true = int(F,r, -1,1);
I_true = int(I_true,s, -1,1);
I_true = eval(I_true)
```

运行程序 ex0305.m, 得到

```
I_gauss = 6.4648          % 数值解
I_true = 6.4846           % 精确解
```

3.2.3　三维 Gauss 积分

　　三维 Gauss 积分可由式(3-11)扩展得到, 表示为

$$\int_{-1}^{1}\int_{-1}^{1}\int_{-1}^{1} F(\xi,\eta,\zeta)\,\mathrm{d}\xi\mathrm{d}\eta\mathrm{d}\zeta \approx \sum_{k=1}^{l}\sum_{j=1}^{n}\sum_{i=1}^{m} G_i G_j G_k F(\xi_i,\eta_j,\zeta_k), \tag{3-13}$$

其中, G_i, G_j, G_k——权系数;

　　ξ_i, η_j, ζ_k——积分点。

实践 3-6

【例 3-6】 利用 Gauss 积分法，取 8 个积分点，计算

$$I = \int_0^2 \int_0^2 \int_0^2 (x+y+z)\sin\left[\frac{\pi}{6}(x+y+z)\right] dx\,dy\,dz, \tag{a}$$

并和其精确解进行比较。

【解】 利用坐标变换

$$\left.\begin{array}{l} x = 1+r \\ y = 1+s \\ z = 1+t \end{array}\right\},$$

将式(a)改写为

$$I = \int_{-1}^1 \int_{-1}^1 \int_{-1}^1 (x+y+z)\sin\left[\frac{\pi}{6}(x+y+z)\right] dr\,ds\,dt 。$$

编写 MATLAB 程序 ex0306.m，内容如下：

```
clear;
clc;
syms r s t
x = 1+r;
y = 1+s;
z = 1+t;
F(r,s,t) = (x+y+z)*sin(pi/6*(x+y+z));
r1 = -1/(3^0.5);
r2 = 1/(3^0.5);
s1 = -1/(3^0.5);
s2 = 1/(3^0.5);
t1 = -1/(3^0.5);
t2 = 1/(3^0.5);
I_gauss = F(r1,s1,t1) + F(r1,s1,t2) + ...
          F(r1,s2,t1) + F(r1,s2,t2) + ...
          F(r2,s1,t1) + F(r2,s1,t2) + ...
          F(r2,s2,t1) + F(r2,s2,t2);
I_gauss = eval(I_gauss)
I_true = int(F,r,-1,1);
I_true = int(I_true,s,-1,1);
I_true = int(I_true,t,-1,1);
I_true = eval(I_true)
```

运行程序 ex0306.m，得到

```
I_gauss = 20.8809        % 数值解
I_true = 20.8990         % 精确解
```

3.3　Hammer 积分

3.3.1　二维 Hammer 积分

对于积分域为图 3-1 所示三角形的二维积分

$$I = \int_0^1 \int_0^{1-\xi} F(\xi, \eta) \mathrm{d}\eta \mathrm{d}\xi, \qquad (3\text{-}14)$$

可采用 Hammer 积分,进行数值积分运算,即

$$\int_0^1 \int_0^{1-\xi} F(\xi, \eta) \mathrm{d}\eta \mathrm{d}\xi \approx \sum_{i=1}^n H_i F(\xi_i, \eta_i), \qquad (3\text{-}15)$$

其中,H_i——权系数;

(ξ_i, η_i)——积分点坐标。

也可用面积坐标,将二维 Hammer 积分表示为

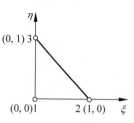

图 3-1 三角形积分域

$$\int_0^1 \int_0^{1-L_1} F(L_1, L_2, L_3) \mathrm{d}L_2 \mathrm{d}L_1 = \sum_{i=1}^n H_i F(L_{1i}, L_{2i}, L_{3i}), \qquad (3\text{-}16)$$

其中,H_i——权系数;

(L_{1i}, L_{2i}, L_{3i})——积分点面积坐标。

常用的二维 Hammer 积分的积分点及权系数列于表 3-3。

表 3-3 二维 Hammer 积分的积分点及权系数

精度阶次	积分点	面积坐标	直角坐标	权系数
线性	a	$(1/3, 1/3, 1/3)$	$(1/3, 1/3)$	$1/2$
二次	a	$(2/3, 1/6, 1/6)$	$(1/6, 1/6)$	$1/6$
	b	$(1/6, 2/3, 1/6)$	$(2/3, 1/6)$	$1/6$
	c	$(1/6, 1/6, 2/3)$	$(1/6, 2/3)$	$1/6$
三次	a	$(1/3, 1/3, 1/3)$	$(1/3, 1/3)$	$-27/96$
	b	$(3/5, 1/5, 1/5)$	$(1/5, 1/5)$	$25/96$
	c	$(1/5, 3/5, 1/5)$	$(3/5, 1/5)$	$25/96$
	d	$(1/5, 1/5, 3/5)$	$(1/5, 3/5)$	$25/96$

实践 3-7

【例 3-7】 利用 Hammer 积分法,分别取 1 个和 3 个积分点,计算

$$I = \int_0^1 \int_0^{1-x} (ax + bxy + cy) \mathrm{d}y \mathrm{d}x,$$

并和其精确解进行比较。

【解】 编写 MATLAB 程序 ex0307.m,内容如下:

```
clear;
clc;
syms a b c
syms f(x,y)
f(x,y) = a*x + b*x*y + c*y
I1 = 1/2 * f(1/3,1/3)
I3 = 1/6 * f(2/3,1/6) + 1/6 * f(1/6,2/3) + 1/6 * f(1/6,1/6)
I = int(f,y,0,1-x);
I = int(I,x,0,1)
```

运行程序 ex0307.m,得到

```
I1 = a/6 + b/18 + c/6        % 取 1 个积分点
```

```
I3 = a/6 + b/24 + c/6        % 取 3 个积分点
I  = a/6 + b/24 + c/6        % 精确解
```

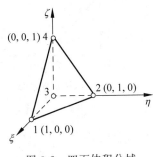

图 3-2　四面体积分域

3.3.2　三维 Hammer 积分

对于积分域为图 3-2 所示四面体的三维积分

$$I = \int_0^1 \int_0^{1-\xi} \int_0^{1-\xi-\eta} F(\xi,\eta,\zeta)\mathrm{d}\eta\mathrm{d}\xi\mathrm{d}\zeta, \qquad (3\text{-}17)$$

Hammer 积分表示为

$$\int_0^1 \int_0^{1-\xi} \int_0^{1-\xi-\eta} F(\xi,\eta,\zeta)\mathrm{d}\eta\mathrm{d}\xi\mathrm{d}\zeta \approx \sum_{i=1}^{n} H_i F(\xi_i,\eta_i,\zeta_i), \qquad (3\text{-}18)$$

其中，H_i——权系数；

(ξ_i,η_i,ζ_i)——积分点坐标。

也可用体积坐标，将三维 Hammer 积分表示为

$$\int_0^1 \int_0^{1-L_1} \int_0^{1-L_2-L_1} F(L_1,L_2,L_3,L_4)\mathrm{d}L_3\mathrm{d}L_2\mathrm{d}L_1 = \sum_{i=1}^{n} H_i F(L_{1i},L_{2i},L_{3i},L_{4i}), \qquad (3\text{-}19)$$

其中，H_i——权系数；

$(L_{1i},L_{2i},L_{3i},L_{4i})$——积分点体积坐标。

常用的三维 Hammer 积分的积分点及权系数列于表 3-4。

表 3-4　常用的三维 Hammer 积分的积分点及权系数

精度阶次	积分点	体积坐标	直角坐标	权系数
线性	a	$(1/4,1/4,1/4,1/4)$	$(1/4,1/4,1/4)$	$1/6$
二次	a	$(\alpha,\beta,\beta,\beta)$	(α,β,β)	$1/24$
	b	$(\beta,\alpha,\beta,\beta)$	(β,α,β)	$1/24$
	c	$(\beta,\beta,\alpha,\beta)$	(β,β,β)	$1/24$
	d	$(\beta,\beta,\beta,\alpha)$	(β,β,α)	$1/24$
	$\alpha=0.585\,410\,20,\ \beta=0.138\,196\,60$			
三次	a	$(1/4,1/4,1/4,1/4)$	$(1/4,1/4,1/4)$	$-2/15$
	b	$(1/2,1/6,1/6,1/6)$	$(1/2,1/6,1/6)$	$3/40$
	c	$(1/6,1/2,1/6,1/6)$	$(1/6,1/2,1/6)$	$3/40$
	d	$(1/6,1/6,1/2,1/6)$	$(1/6,1/6,1/2)$	$3/40$
	e	$(1/6,1/6,1/6,1/2)$	$(1/6,1/6,1/2)$	$3/40$

实践 3-8

【例 3-8】　当积分点个数 $n=4$ 时，计算三维 Hammer 积分的积分点坐标及其权系数。

【解】　当 $n=4$ 时，Hammer 积分具有二次计算精度，因此可对式

$$f_1(x,y,z) = x^0 + y^0 + z^0$$

$$f_2(x,y,z) = x^1 + y^1 + z^1$$

$$f_3(x,y,z) = x^2 + y^2 + z^2 + xy + yz + zx$$

精确积分。据此可得

$$\alpha = \frac{5+3\sqrt{5}}{20}, \quad \beta = \frac{5-\sqrt{5}}{20}, \quad H = \frac{1}{24}.$$

求解该问题的 MATLAB 程序为 ex0308.m，内容如下：

```
clear;
clc;
syms x y z
syms af bt H
f1(x,y,z) = x^0 + y^0 + z^0;
f2(x,y,z) = x + y + z;
f3(x,y,z) = x^2 + y^2 + z^2 + x*y + y*z + z*x;
I1 = int(f1,z,0,1-x-y);
I1 = int(I1,y,0,1-x);
I1 = int(I1,x,0,1);
I1_h = f1(af,bt,bt) + f1(bt,af,bt) + f1(bt,bt,bt) ...
        + f1(bt,bt,af);
I1_h = H * I1_h;
eq1 = I1_h == I1;
% --------------------------
I2 = int(f2,z,0,1-x-y);
I2 = int(I2,y,0,1-x);
I2 = int(I2,x,0,1);
I2_h = f2(af,bt,bt) + f2(bt,af,bt) + f2(bt,bt,bt)...
        + f2(bt,bt,af);
I2_h = H * I2_h;
eq2 = I2_h == I2;
% --------------------------
I3 = int(f3,z,0,1-x-y);
I3 = int(I3,y,0,1-x);
I3 = int(I3,x,0,1);
I3_h = f3(af,bt,bt) + f3(bt,af,bt) + f3(bt,bt,bt)...
        + f3(bt,bt,af);
I3_h = H * I3_h;
eq3 = I3_h == I3;
% --------------------------
[af,bt,H] = solve(eq1,eq2,eq3,af,bt,H)
```

实践 3-9

【例 3-9】 利用 Hammer 积分法，分别取 1 个和 4 个积分点，计算

$$I = \int_0^1 \int_0^{1-x} \int_0^{1-x-y} (2xy + 4yz + 6zx) \mathrm{d}z\,\mathrm{d}y\,\mathrm{d}x,$$

并和其精确解进行比较。

【解】 编写 MATLAB 程序 ex0309.m，内容如下：

```
clear;
clc;
syms f(x,y,z)
f(x,y,z) = 2*x*y + 4*y*z + 6*z*x;
I1 = 1/6 * f(1/4,1/4,1/4);
```

```
af = (5 + 3 * 5^0.5)/20;
bt = (5 - 5^0.5)/20;
I4 = 1/24 * (f(af,bt,bt) + f(bt,af,bt)...
     + f(bt,bt,af) + f(bt,bt,bt));
I = int(f,z,0,1-x-y);
I = int(I,y,0,1-x);
I = int(I,x,0,1);
I1 = eval(I1)
I4 = eval(I4)
I = eval(I)
```

运行程序 ex0309.m,得到

```
I1 = 0.1250        % 取 1 个积分点
I4 = 0.1000        % 取 4 个积分点
I  = 0.1000        % 精确解
```

习题

习题 3-1 取 3 个等间距分布积分点,利用 Newton-Cotes 积分法,计算

$$I = \int_0^1 (x + x^2)\cos(\pi x)\,\mathrm{d}x,$$

并和精确解进行比较。

习题 3-2 当积分点个数 $n = 3$ 时,计算一维 Gauss 积分

$$\int_{-1}^{1} F(\xi)\,\mathrm{d}\xi \approx G_1 F(\xi_1) + G_2 F(\xi_2) + G_3 F(\xi_3)$$

的积分点及权系数。

习题 3-3 利用 Hammer 积分法,取 4 个积分点,计算

$$I = \int_0^1 \int_0^{1-x} \int_0^{1-x-y} (2xy + 4yz + 6zx)\sin[\pi(x+y+z)]\,\mathrm{d}z\,\mathrm{d}y\,\mathrm{d}x,$$

并和精确解进行比较。

第2篇

有限元法

· · · · · · · · ·

　　根据党的二十大精神,必须坚持守正创新,以科学的态度对待科学、以真理的精神追求真理,不断拓展认识的广度和深度。有限元法是目前工程应用最广、理论发展最成熟的计算力学领域的重要成果。依托有限元法培养科学研究能力,是加深认识深度与实践广度的重要途径之一。本篇主要介绍有限元法的理论及计算实践,具体内容如下。

　　第4章　弹性平面问题的有限元法

　　主要包括有限元法概述、单元位移分析、单元特征矩阵分析、系统整体分析、等效结点载荷、位移边界条件处理等方面的内容。

　　第5章　单元形函数的构造

　　主要包括单元类型概述、有限元形函数构造法、一维单元形函数、二维单元形函数、三维单元形函数等方面的内容。

　　第6章　等参元及其应用

　　主要包括等参元的概念、等参变换、平面三角形等参元、平面四边形等参元、空间四面体等参元、空间六面体等参元、弹性平面问题的等参元分析等方面的内容。

　　第7章　弹性空间问题的有限元法

　　主要包括弹性力学有限元法一般格式、弹性空间四面体单元分析、弹性空间六面体单元分析、弹性轴对称单元分析等方面的内容。

　　第8章　三角形单元的综合实践

　　以弹性平面问题的平面三角形单元为例,结合科学计算语言 MATLAB,介绍单元形函数及其偏导数计算、单元应变矩阵计算、单元刚度矩阵计算、直边三角形单元的综合实践、曲边三角形单元的综合实践等方面的内容。

　　第9章　四边形单元的综合实践

　　以弹性平面问题的平面四边单元为例,结合科学计算语言 MATLAB,介绍单元的形函数及其偏导数计算、单元应变矩阵计算、单元刚度矩阵计算、直边四边形单元的综合实践、曲边四边形单元的综合实践等方面的内容。

第4章

弹性平面问题的有限元法

4.1 引言

4.1.1 有限元法概述

有限元法是求解微分方程边值问题近似解的有效方法之一。利用其求解具体工程实际问题时，首先，将研究对象剖分成包含有限个互不重叠**单元**的**有限元离散系统**（或称**有限元模型**），各单元之间通过**结点**连接，并将待求场变量设置为单元结点的插值函数；然后，通过变分原理等方法，将原问题转化为以所有结点处场变量为有限个未知量的代数方程组；最后，求解代数方程组得到所有结点处的场变量值，再将其回代到单元场变量的结点插值函数，得到单元场变量的近似解。

有限元法的基本步骤包括：①结构或物体的离散化；②选取单元场变量的插值函数；③通过单元分析得到单元特性矩阵；④通过整体分析得到结构或物体的整体特征矩阵，建立整体特征方程，求出所有结点处的场变量值；⑤利用单元插值函数计算单元内任一点的场变量值。

对于弹性平面问题，最简单的单元类型是平面 3 结点三角形单元，各单元在结点处通过铰接联系起来。例如，图 4-1(a)所示为深梁的有限元离散系统，图 4-1(b)所示为水坝的有限元离散系统。

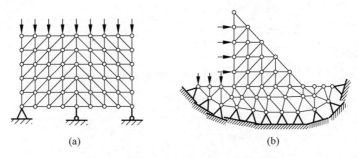

(a)   (b)

图 4-1 深梁和水坝的有限元离散系统

4.1.2 弹性平面问题概述

实际结构或物体都是空间物体，作用于其上的外力系也都是空间力系，因此弹性力学问题本质上都是空间问题。但是如果所研究结构或物体具有特殊形状，并且承受某些特殊外力的作用，这时就可以把空间问题转化为平面问题。弹性平面问题可以分为**平面应力问题**和**平面应变问题**两类。

平面应力问题是指满足以下条件的弹性力学问题：

(1) 几何条件：研究对象是一个很薄且等厚度的薄板。

(2) 载荷条件：所受外力平行于板面且沿厚度方向均匀分布。

平面应力问题最显著的特征为出平面应力为零，若用 z 代表板的厚度方向，则应力分量 σ_z、τ_{yz}、τ_{zx} 都等于零。

平面应变问题是指满足以下条件的弹性力学问题：

(1) 几何条件：研究对象是很长的柱体，且横截面沿长度方向不变。

(2) 载荷条件：作用于柱体上的载荷平行于横截面，且沿长度方向均匀分布。

平面应变问题最显著的特征是出平面应变等于零，若用 z 代表柱体的长度方向，则应变分量 ε_z、γ_{yz}、γ_{xz} 都等于零。

1. 平衡方程

根据弹性力学可知，弹性平面问题的平衡方程可用矩阵表示为

$$\boldsymbol{L}^{\mathrm{T}}\boldsymbol{\sigma} + \boldsymbol{b} = \boldsymbol{0}, \tag{4-1}$$

其中，$\boldsymbol{L} = \begin{bmatrix} \dfrac{\partial}{\partial x} & 0 \\ 0 & \dfrac{\partial}{\partial y} \\ \dfrac{\partial}{\partial y} & \dfrac{\partial}{\partial x} \end{bmatrix}$ ——微分算子矩阵；

$\boldsymbol{\sigma} = [\sigma_x, \sigma_y, \tau_{xy}]^{\mathrm{T}}$ ——应力列阵；

$\boldsymbol{b} = [b_x, b_y]^{\mathrm{T}}$ ——体力列阵。

2. 几何方程

根据弹性力学可知，弹性平面问题的几何方程可用矩阵表示为

$$\boldsymbol{\varepsilon} = \boldsymbol{L}\boldsymbol{u}, \tag{4-2}$$

其中，$\boldsymbol{\varepsilon} = [\varepsilon_x, \varepsilon_y, \gamma_{xy}]^{\mathrm{T}}$ ——应变列阵；

$\boldsymbol{u} = [u, v]^{\mathrm{T}}$ ——位移列阵。

3. 物理方程

根据弹性力学可知，弹性平面问题的物理方程可用矩阵表示为

$$\boldsymbol{\sigma} = \boldsymbol{D}\boldsymbol{\varepsilon}, \tag{4-3}$$

其中，$\boldsymbol{\sigma} = [\sigma_x, \sigma_y, \tau_{xy}]^{\mathrm{T}}$ ——应力列阵；

$\boldsymbol{\varepsilon} = [\varepsilon_x, \varepsilon_y, \gamma_{xy}]^{\mathrm{T}}$ ——应变列阵；

$\boldsymbol{D}$ ——弹性矩阵。

平面应力问题和平面应变问题的弹性矩阵可统一表示为

$$\boldsymbol{D} = \frac{E'}{1-(\mu')^2}\begin{bmatrix} 1 & \mu' & 0 \\ \mu' & 1 & 0 \\ 0 & 0 & 0.5(1-\mu') \end{bmatrix}, \tag{4-4}$$

其中，$\left.\begin{array}{l} E'=E \\ \mu'=\mu \end{array}\right\}$——平面应力问题；

$\left.\begin{array}{l} E'=\dfrac{E}{1-\mu^2} \\[3mm] \mu'=\dfrac{\mu}{1-\mu} \end{array}\right\}$——平面应变问题；

E——弹性模量；

μ——泊松比。

4. 虚位移原理

虚位移是指质点或物体在某一瞬时为所受约束所允许的、任意的、可能发生的无限小的位移，又称为**位移的变分**。在虚位移的定义中，任意的是指位移类型和方向不受限制；无限小的是指在发生虚位移过程中，物体或结构上各力作用线保持不变。

与实际位移相比，虚位移的重要特性是：它的发生与时间无关、与结构或物体所受到的外力无关。弹性体在发生虚位移过程中，外力在虚位移上所做的功称为**虚功**。弹性体由于发生虚位移而产生的变形能称为**虚应变能**。

弹性体的**虚位移原理**为：在外力作用下处于平衡状态的弹性体，在虚位移作用下，外力的虚功等于物体的虚应变能，也称**虚功原理**。即

$$\delta W = \delta U, \tag{4-5}$$

其中，$\delta W = \displaystyle\int_{\Omega} \boldsymbol{b}^{\mathrm{T}} \delta \boldsymbol{u} \, \mathrm{d}\Omega + \int_{\Gamma} \boldsymbol{s}^{\mathrm{T}} \delta \boldsymbol{u} \, \mathrm{d}\Gamma$——外力虚功；

$\delta U = \displaystyle\int_{\Omega} \boldsymbol{\sigma}^{\mathrm{T}} (\delta \boldsymbol{\varepsilon}) \, \mathrm{d}\Omega$——虚应变能；

$\boldsymbol{s} = [s_x, s_y]^{\mathrm{T}}$——面力列阵；

$\delta \boldsymbol{u} = [u_x, u_y]^{\mathrm{T}}$——虚位移列阵；

$\delta \boldsymbol{\varepsilon} = [\delta \varepsilon_x, \delta \varepsilon_y, \delta \gamma_{xy}]^{\mathrm{T}}$——虚应变列阵；

Ω——弹性体的体域；

Γ——Ω 的外表面。

可以证明：满足虚位移原理的位移解一定满足平衡方程和应力边界条件，即虚位移原理等价于平衡方程及应力边界条件。虚位移原理还可以表述为：变形体平衡的充要条件是，弹性体所受外力在虚位移下所做总虚功等于弹性体所产生的总虚应变能。

4.2　单元位移分析

4.2.1　单元位移模式

用位移法求解弹性力学问题时，以位移作为基本未知量。求出位移分量后，根据几何方程求出应变分量，然后再利用物理方程求出应力分量。下面以平面 3 结点三角形单元为例，分析弹性平面问题的**单元位移模式**。

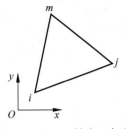

图 4-2 平面 3 结点三角形
单元

如图 4-2 所示为平面 3 结点三角形单元,其中 i、j、m 为单元的结点编号。结点 i 的水平位移分量和竖直位移分量分别表示为 u_i 和 v_i,结点 j 的水平位移分量和竖直位移分量分别表示为 u_j 和 v_j,结点 m 的水平位移分量和竖直位移分量分别表示为 u_m 和 v_m。而单元内任一点的水平位移分量和竖直位移分量分别表示为 u 和 v。

以水平位移为例,将单元内任一点的水平位移分量描述为该点坐标 (x,y) 的线性函数,即

$$u(x,y) = \alpha_1 + \alpha_2 x + \alpha_3 y = [1, x, y] \begin{bmatrix} \alpha_1 \\ \alpha_2 \\ \alpha_3 \end{bmatrix}, \tag{4-6}$$

其中,x,y——整体坐标;

$\alpha_1, \alpha_2, \alpha_3$——**待定系数**或**广义坐标**。

根据位移模式(4-6),图 4-2 中单元 3 个结点水平位移可表示为

$$\begin{bmatrix} 1 & x_i & y_i \\ 1 & x_j & y_j \\ 1 & x_m & y_m \end{bmatrix} \begin{bmatrix} \alpha_1 \\ \alpha_2 \\ \alpha_3 \end{bmatrix} = \begin{bmatrix} u_i \\ u_j \\ u_m \end{bmatrix}. \tag{4-7}$$

求解式(4-7),得到待定系数

$$\begin{bmatrix} \alpha_1 \\ \alpha_2 \\ \alpha_3 \end{bmatrix} = \begin{bmatrix} 1 & x_i & y_i \\ 1 & x_j & y_j \\ 1 & x_m & y_m \end{bmatrix}^{-1} \begin{bmatrix} u_i \\ u_j \\ u_m \end{bmatrix}. \tag{4-8}$$

将式(4-8)代入式(4-6)得

$$u(x,y) = [1, x, y] \begin{bmatrix} 1 & x_i & y_i \\ 1 & x_j & y_j \\ 1 & x_m & y_m \end{bmatrix}^{-1} \begin{bmatrix} u_i \\ u_j \\ u_m \end{bmatrix}. \tag{4-9a}$$

将式(4-9a)改写为

$$u(x,y) = [N_i(x,y), N_j(x,y), N_m(x,y)] \begin{bmatrix} u_i \\ u_j \\ u_m \end{bmatrix}. \tag{4-9b}$$

其中,

$$\left. \begin{aligned} N_i(x,y) &= \frac{1}{2A}(a_i + b_i x + c_i y) \\ N_j(x,y) &= \frac{1}{2A}(a_j + b_j x + c_j y) \\ N_m(x,y) &= \frac{1}{2A}(a_m + b_m x + c_m y) \end{aligned} \right\}, \tag{4-10}$$

称为单元位移的**形函数**。

式(4-10)中,

$$A = \frac{1}{2} \begin{vmatrix} 1 & x_i & y_i \\ 1 & x_j & y_j \\ 1 & x_m & y_m \end{vmatrix}, \tag{4-11}$$

为图 4-2 所示三角形单元的面积。

$$a_i = \begin{vmatrix} x_j & y_j \\ x_m & y_m \end{vmatrix}, \quad b_i = -\begin{vmatrix} 1 & y_j \\ 1 & y_m \end{vmatrix}, \quad c_i = \begin{vmatrix} 1 & x_j \\ 1 & x_m \end{vmatrix}; \tag{4-12a}$$

$$a_j = \begin{vmatrix} x_m & y_m \\ x_i & y_i \end{vmatrix}, \quad b_j = -\begin{vmatrix} 1 & y_m \\ 1 & y_i \end{vmatrix}, \quad c_j = \begin{vmatrix} 1 & x_m \\ 1 & x_i \end{vmatrix}; \tag{4-12b}$$

$$a_m = \begin{vmatrix} x_i & y_i \\ x_j & y_j \end{vmatrix}, \quad b_m = -\begin{vmatrix} 1 & y_i \\ 1 & y_j \end{vmatrix}, \quad c_m = \begin{vmatrix} 1 & x_i \\ 1 & x_j \end{vmatrix}。 \tag{4-12c}$$

对于竖直位移分量,设

$$v(x,y) = \beta_1 + \beta_2 x + \beta_3 y = [1, x, y] \begin{bmatrix} \beta_1 \\ \beta_2 \\ \beta_3 \end{bmatrix}, \tag{4-13}$$

其中,$\beta_1, \beta_2, \beta_3$——**待定系数**或**广义坐标**。

经过类似推导可得到相同的结论,即

$$v(x,y) = [1, x, y] \begin{bmatrix} 1 & x_i & y_i \\ 1 & x_j & y_j \\ 1 & x_m & y_m \end{bmatrix}^{-1} \begin{bmatrix} v_i \\ v_j \\ v_m \end{bmatrix}, \tag{4-14a}$$

或改写为

$$v(x,y) = [N_i(x,y), N_j(x,y), N_m(x,y)] \begin{bmatrix} v_i \\ v_j \\ v_m \end{bmatrix}。 \tag{4-14b}$$

通常将上述通过求解广义坐标确定形函数的方法称为**广义坐标法**,其具体计算过程可归纳如下:

(1) 先假定含有任意选择的待定系数(即广义坐标)的位移模式;

(2) 根据结点位移,求出待定系数(即广义坐标);

(3) 将位移模式改写为结点位移与形函数之积的代数和的形式,得到形函数表达式。

实践 4-1

【例 4-1】　一平面三角形单元的 3 个结点坐标分别为 1(0,0)、2(1,0)和 3(0,1),求结点 1、2、3 的形函数 N_1、N_2、N_3。

【解】　根据广义坐标法,编写 MATLAB 程序 ex0401_1.m,内容如下:

```
clear;
clc;
syms x y
syms a b c
syms u1 u2 u3
```

```
u(x,y) = a + b*x + c*y;
x1 = 0;
y1 = 0;
x2 = 1;
y2 = 0;
x3 = 0;
y3 = 1;
eq1 = u(x1,y1) == u1;
eq2 = u(x2,y2) == u2;
eq3 = u(x3,y3) == u3;
[a, b, c] = solve(eq1,eq2,eq3,a,b,c)
u = eval(u);
N1 = diff(u,u1,1)
N2 = diff(u,u2,1)
N3 = diff(u,u3,1)
```

运行程序 ex0401_1.m, 得到

```
N₁ = 1 - y - x
N₂ = x
N₃ = y
```

【另解】 编写 MATLAB 程序 ex0401_2.m, 内容如下:

```
clear;
clc;
xy = [0,0; 1,0; 0,1];
T = [ones(3,1),sym(xy)];
syms x y
N = [1, x, y] * inv(T);
N1 = N(1)
N2 = N(2)
N3 = N(3)
```

运行程序 ex0401_2.m, 得到

```
N₁ = 1 - y - x
N₂ = x
N₃ = y
```

实践 4-2

【例 4-2】 一平面三角形单元的 3 个结点坐标分别为 $1(0,0)$、$2(2,0)$ 和 $3(0,4)$, 利用函数 fun_shp3.m 求结点 1、2、3 的形函数 N_1、N_2、N_3。

【解】 编写 MATLAB 程序 ex0402.m, 内容如下:

```
clear;
clc;
xy = [0,0; 2,0; 0,4];
[A,a,b,c] = fun_shp3(xy);
syms x y
for i = 1:3
    N(i) = a(i) + b(i) * x + c(i) * y;
```

```
        N(i) = N(i)/(2 * A);
    end
N1 = N(1)
N2 = N(2)
N3 = N(3)
sum_N = N1 + N2 + N3
```

运行程序 ex0402.m,得到

```
N₁ = 1 - y/4 - x/2
N₂ = x/2
N₃ = y/4
sum_N = 1
```

函数 fun_shp3.m

在例 4-2 中,MATLAB 程序 ex0402.m 调用了 MATLAB 功能函数 fun_shp3.m,其具
体内容如下:

```
function [A,a,b,c] = fun_shp3(xy)
% shape function for triangle element with 3 nodes
% xy(3 * 2) -- node coordinates of an element
% A(1 * 1) --- A in Eq.(4 - 10)
% a(1 * 3) --- a1, a2, a3 in Eq.(4 - 10)
% b(1 * 3) --- b1, b2, b3 in Eq.(4 - 10)
% c(1 * 3) --- c1, c2, c3 in Eq.(4 - 10)
A = [1, xy(1,1), xy(1,2); ...
     1, xy(2,1), xy(2,2); ...
     1, xy(3,1), xy(3,2)];
A = 0.5 * det(A);
% ------------------------------
a1 = [xy(2,1),xy(2,2); ...
      xy(3,1),xy(3,2)];
a(1) = det(a1);
a2 = [xy(3,1),xy(3,2); ...
      xy(1,1),xy(1,2)];
a(2) = det(a2);
a3 = [xy(1,1),xy(1,2); ...
      xy(2,1),xy(2,2)];
a(3) = det(a3);
% ------------------------------
b1 = [1,xy(2,2); ...
      1,xy(3,2)];
b(1) = -det(b1);
b2 = [1,xy(3,2); ...
      1,xy(1,2)];
b(2) = -det(b2);
b3 = [1,xy(1,2); ...
      1,xy(2,2)];
b(3) = -det(b3);
% ------------------------------
c1 = [1,xy(2,1); ...
      1,xy(3,1)];
c(1) = det(c1);
```

```
c2 = [1,xy(3,1); ...
      1,xy(1,1)];
c(2) = det(c2);
c3 = [1,xy(1,1); ...
      1,xy(2,1)];
c(3) = det(c3);
end
```

4.2.2 形函数的性质

图 4-2 所示平面 3 结点三角形单元的形函数(4-10)具有如下性质:

(1) **在结点上形函数的值满足 δ 属性**,即

$$N_r(x_s,y_s)=\delta_{rs}=\begin{cases}1, & r=s \\ 0, & r\neq s\end{cases}, \quad r,s=i,j,m, \quad (4\text{-}15a)$$

其中 δ_{rs} 称为 Kronecker delta 符号;

(2) **在单元中任一点各形函数之和等于 1**,即

$$N_i+N_j+N_m=1。 \tag{4-15b}$$

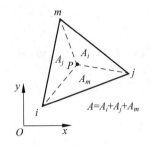

图 4-3　三角形内点的面积
　　　　坐标

需要说明的是,上述单元形函数的性质不只是针对平面 3 结点三角形单元,对于有限元法中所有类型的单元都是适用的。

根据上述性质,平面 3 结点三角形单元的形函数还可以用**面积坐标**表示。图 4-3 所示三角形内任一点 P 的**面积坐标**的定义为

$$\left.\begin{aligned}L_i(x,y)&=\frac{A_i(x,y)}{A}\\[4pt]L_j(x,y)&=\frac{A_j(x,y)}{A}\\[4pt]L_m(x,y)&=\frac{A_m(x,y)}{A}\end{aligned}\right\}, \tag{4-16}$$

其中,A——三角形 ijm 的面积;

A_i,A_j,A_m——由 P 点分割的 3 个子三角形的面积。

平面 3 结点三角形单元的形函数还可以用面积坐标表示为

$$\left.\begin{aligned}N_i(x,y)&=L_i(x,y)\\N_j(x,y)&=L_j(x,y)\\N_m(x,y)&=L_m(x,y)\end{aligned}\right\}, \tag{4-17}$$

其中,x,y——整体坐标;

L_i,L_j,L_m——面积坐标。

实践 4-3

【例 4-3】　证明平面 3 结点三角形单元的形函数具有如下性质:

$$N_i+N_j+N_m=1。$$

【解】　编写 MATLAB 程序 ex0403.m,内容如下:

```
clear;
clc;
syms x1 x2 x3
syms y1 y2 y3
syms x y
A = [1,x1,y1;
     1,x2,y2;
     1,x3,y3];
A = det(A);
A1 = [1,x,y;
      1,x2,y2;
      1,x3,y3];
A1 = det(A1);
A2 = [1,x1,y1;
      1,x,y;
      1,x3,y3];
A2 = det(A2);
A3 = [1,x1,y1;
      1,x2,y2;
      1,x,y];
A3 = det(A3);
N1 = A1/A;
N2 = A2/A;
N3 = A3/A;
sum_N123 = N1 + N2 + N3;
sum_N123 = simplify(sum_N123)
```

运行程序 ex0403.m,得到

```
sum_N123 = 1
```

4.2.3　位移收敛准则

有限元法的求解精度一方面取决于有限元离散化模型与真实结构的逼近程度,另一方面更依赖于位移模式与真实位移形态的逼近程度。

在弹性力学有限元法中,位移、应力、应变等物理量的计算都和位移模式的选取有关。因此,合理地选择单元位移模式,是保证弹性力学有限元法求解精度的重要前提。

要使有限元法的近似解收敛于实际问题的真实解析解,所采用的位移模式要满足下列 3 个条件。

1. 能反映单元的刚体位移

每个单元的位移一般包含两部分:一部分是单元自身的变形引起的;另一部分是由于其他相邻单元发生变形或位移而连带引起的,该部分和单元本身的变形无关,称为**刚体位移**。

为了正确反映单元的位移形态,位移模式必须能反映单元的刚体位移。根据线性位移模式

$$\left.\begin{array}{l} u = \alpha_1 + \alpha_2 x + \alpha_3 y \\ v = \beta_1 + \beta_2 x + \beta_3 y \end{array}\right\}, \tag{a}$$

可以得到相对位移

$$\begin{bmatrix} \mathrm{d}u \\ \mathrm{d}v \end{bmatrix} = \boldsymbol{T} \begin{bmatrix} \mathrm{d}x \\ \mathrm{d}y \end{bmatrix}, \tag{b}$$

其中，

$$\boldsymbol{T} = \begin{bmatrix} \alpha_2 & \alpha_3 \\ \beta_2 & \beta_3 \end{bmatrix}。 \tag{c}$$

对式（c）表示的矩阵 $\boldsymbol{T}$ 进行对称分解，得到

$$\boldsymbol{T} = \boldsymbol{T}_\varepsilon + \boldsymbol{T}_\omega,$$

其中，$\boldsymbol{T}_\varepsilon = \begin{bmatrix} \alpha_2 & (\alpha_3+\beta_2)/2 \\ (\beta_2+\alpha_3)/2 & \beta_2 \end{bmatrix}$——单元应变矩阵；

$$\boldsymbol{T}_\omega = \begin{bmatrix} \alpha_2 & (\alpha_3-\beta_2)/2 \\ (\beta_2-\alpha_3)/2 & \beta_2 \end{bmatrix}$$——单元刚体转动矩阵。

综上可知，线性位移模式（a）能反映单元的刚体位移。

2. 能反映单元的常量应变

单元的应变一般由两部分组成，即和点的位置有关的变量应变，以及和位置无关的常量应变。当单元无限缩小时，单元内各点的应变趋于相等，常量应变成为应变的主要部分，所以位移模式必须能够反映单元的常量应变。

将线性位移模式（a）代入几何方程（4-2），可得

$$\varepsilon_x = \alpha_2, \quad \varepsilon_y = \beta_3, \quad \gamma_{xy} = \alpha_3 + \beta_2。$$

因此，线性位移模式能反映单元的常量应变。

3. 能反映位移的连续性

该条件要求不仅要保证单元内部的连续性，而且相邻单元的位移应协调，即具有共同边界的不同单元在共同边界处应该有相同的位移分量。

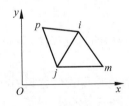

图4-4 两个相邻的平面3结点
三角形单元

如图 4-4 所示两个相邻的平面 3 结点三角形单元，它们的共同边界为 ij。因为线性位移模式（a）描述的位移是单值连续的，所以在一个单元内部位移是连续的。而在两个单元的公共边界 ij 上，由于公共结点处的位移是同一个值，且位移在 ij 边界上也是线性变化的，故 ij 上任一点都具有相同的位移，即保证了相邻单元之间位移的连续性。因此线性位移模式能反映单元位移的连续性。

以上 3 个条件就是单元的**位移收敛准则**。理论和实践证明，只要位移函数满足这个准则，则在逐步加密有限元网格时，所得到的有限单元法的近似解就收敛于解析解。

4.3 单元特征矩阵

4.3.1 单元应变矩阵

根据位移分量表达式（4-9）和式（4-14），可将图 4-2 所示平面 3 结点三角形单元的位移

场用矩阵统一表示为

$$u = Na_e = [N_i, N_j, N_m] \begin{bmatrix} u_i \\ u_j \\ u_m \end{bmatrix},$$ (4-18)

其中，$u = \begin{bmatrix} u \\ v \end{bmatrix}$——位移列阵；

$N = [N_i, N_j, N_m]$——**单元形函数矩阵**；

$a_e = \begin{bmatrix} u_i \\ u_j \\ u_m \end{bmatrix}$——单元结点位移列阵；

$u_r = \begin{bmatrix} u_r \\ v_r \end{bmatrix}$——结点 r 的结点位移列阵；

$N_r = \begin{bmatrix} N_r & 0 \\ 0 & N_r \end{bmatrix}$——结点 r 的结点形函数矩阵；

$r = i, j, m$——单元结点编号。

将单元位移场表达式(4-18)代入弹性平面问题的几何方程式(4-2)，得到图 4-2 所示平面 3 结点三角形单元的应变场表达式，即

$$\varepsilon = Ba_e = B_i u_i + B_j u_j + B_m u_m,$$ (4-19)

其中，$B = [B_i, B_j, B_m]$——**单元应变矩阵**；

$$B_r = \begin{bmatrix} \dfrac{\partial N_r}{\partial x} & 0 \\ 0 & \dfrac{\partial N_r}{\partial y} \\ \dfrac{\partial N_r}{\partial y} & \dfrac{\partial N_r}{\partial x} \end{bmatrix}$$——结点 r 的应变子矩阵；

N_r——结点 r 的形函数；

$r = i, j, m$——单元结点编号。

式(4-19)示出了单元内任一点应变分量与单元结点位移之间的关系，即单元应变列阵等于单元应变矩阵与结点位移列阵的积。

对于图 4-2 所示平面 3 结点三角形单元，各结点的应变子矩阵可进一步表示为

$$B_r = \begin{bmatrix} \dfrac{\partial N_r}{\partial x} & 0 \\ 0 & \dfrac{\partial N_r}{\partial y} \\ \dfrac{\partial N_r}{\partial y} & \dfrac{\partial N_r}{\partial x} \end{bmatrix} = \dfrac{1}{2A} \begin{bmatrix} b_r & 0 \\ 0 & c_r \\ c_r & b_r \end{bmatrix},$$ (4-20)

其中，b_r, c_r——常系数，根据式(4-12)计算；

A——单元面积，根据式(4-11)计算；

$r=i,j,m$——单元结点编号。

由式(4-20)可知,图 4-2 所示平面 3 结点三角形单元内各点的应变都相同,因此平面 3 结点三角形单元为常量应变单元。

实践 4-4

【例 4-4】 已知平面三角形单元的 3 个结点坐标分别为 1(0,0)、2(1,0)、3(0,2),计算该单元的应变矩阵 **B**。

【解】 编写 MATLAB 程序 ex0404.m,内容如下:

```
clear;
clc;
xy = [0,0; 1,0; 0, 2];
B = fun_StrainM_3n(xy)
```

运行程序 ex0404.m,得到

```
B =
    -1.0    0.0  1.0  0.0  0.0  0.0
     0.0   -0.5  0.0  0.0  0.0  0.5
    -0.5   -1.0  0.0  1.0  0.5  0.0
```

函数 fun_StrainM_3n.m

在例 4-4 中,程序 ex0404.m 调用了 MATLAB 功能函数 fun_StrainM_3n.m,其具体内容如下:

```
function B = fun_StrainM_3n(xy)
% a strain matrix function for 3 - node triangle element
% xy --- node coordinates of 3 - node triangle element
% B(3 * 6) --- strain matrix of 3 - node triangle element
A = [1, xy(1,1), xy(1,2); ...
     1, xy(2,1), xy(2,2); ...
     1, xy(3,1), xy(3,2)];
A = 0.5 * det(A);
% ----------------------------
b1 = [1,xy(2,2); ...
      1,xy(3,2)];
b(1) = -det(b1);
b2 = [1,xy(3,2); ...
      1,xy(1,2)];
b(2) = -det(b2);
b3 = [1,xy(1,2); ...
      1,xy(2,2)];
b(3) = -det(b3);
% ----------------------------
c1 = [1,xy(2,1); ...
      1,xy(3,1)];
c(1) = det(c1);
c2 = [1,xy(3,1); ...
      1,xy(1,1)];
c(2) = det(c2);
c3 = [1,xy(1,1); ...
```

```
        1,xy(2,1)];
c(3) = det(c3);
%--------------------------------------
B1 = 1/(2 * A) * [b(1),0; 0,c(1); c(1),b(1)];
B2 = 1/(2 * A) * [b(2),0; 0,c(2); c(2),b(2)];
B3 = 1/(2 * A) * [b(3),0; 0,c(3); c(3),b(3)];
B = [B1, B2, B3];
end
```

4.3.2　单元应力矩阵

将单元应变场表达式(4-19)代入物理方程式(4-3),得到图 4-2 所示平面 3 结点三角形单元的应力场表达式,即

$$\boldsymbol{\sigma} = \boldsymbol{DB}\boldsymbol{a}_e = \boldsymbol{S}\boldsymbol{a}_e = [\boldsymbol{S}_i, \boldsymbol{S}_j, \boldsymbol{S}_m] \begin{bmatrix} \boldsymbol{u}_i \\ \boldsymbol{u}_j \\ \boldsymbol{u}_m \end{bmatrix}, \tag{4-21}$$

其中,$\boldsymbol{D}$——弹性矩阵,根据式(4-4)计算;

$\boldsymbol{S} = \boldsymbol{DB} = [\boldsymbol{S}_i, \boldsymbol{S}_j, \boldsymbol{S}_m]$——**单元应力矩阵**;

$\boldsymbol{S}_r = \boldsymbol{DB}_r$——结点 r 的应力矩阵;

$\boldsymbol{B} = [\boldsymbol{B}_i, \boldsymbol{B}_j, \boldsymbol{B}_m]$——单元应变矩阵;

$\boldsymbol{B}_r$——结点 r 的应变矩阵;

$r = i, j, m$——单元结点编号。

单元应力场表达式(4-21)示出了单元内任一点应力分量与单元结点位移之间的关系,即单元应力列阵等于单元应力矩阵与结点位移列阵的积。

对于弹性平面问题,图 4-2 所示平面 3 结点三角形单元中各结点的应力矩阵可进一步表示为

$$\boldsymbol{S}_r = \frac{E'}{2[1-(\mu')^2]A} \begin{bmatrix} b_r & -\mu'c_r \\ \mu'b_r & c_r \\ \dfrac{1-\mu'}{2}c_r & \dfrac{1-\mu'}{2}b_r \end{bmatrix}, \tag{4-22}$$

其中,b_r, c_r——常系数,根据式(4-12)计算;

A——单元面积,根据式(4-11)计算;

$r = i, j, m$——单元结点编号;

$\left.\begin{aligned} E' &= E \\ \mu' &= \mu \end{aligned}\right\}$——平面应力问题;

$\left.\begin{aligned} E' &= \dfrac{E}{1-\mu^2} \\ \mu' &= \dfrac{\mu}{1-\mu} \end{aligned}\right\}$——平面应变问题;

E——弹性模量;

μ——泊松比。

4.3.3 单元刚度矩阵

单元结点力是其他单元通过结点施加于单元上的力,它的大小和单元的结点位移有关。如图 4-2 所示的平面 3 结点三角形单元,每个结点有两个结点力分量,其所有结点力可以表示为

$$\boldsymbol{F}_e = [U_i, V_i, U_j, V_j, U_m, V_m]^{\mathrm{T}},$$

称为**单元结点力列阵**,其中 U 和 V 分别代表水平和竖直方向的结点力分量,下标 i、j、m 代表单元的结点编号。

对于图 4-2 所示的平面 3 结点三角形单元,设其中任一点的虚位移表示为

$$\delta \boldsymbol{u} = [\delta u, \delta v]^{\mathrm{T}},$$

称为**虚位移列阵**;各结点的虚位移表示为

$$\delta \boldsymbol{a}_e = [\delta u_i, \delta v_i, \delta u_j, \delta v_j, \delta u_m, \delta v_m]^{\mathrm{T}},$$

称为单元结点虚位移列阵;由虚位移引起的虚应变表示为

$$\delta \boldsymbol{\varepsilon} = [\delta \varepsilon_x, \delta \varepsilon_y, \delta \gamma_{xy}]^{\mathrm{T}},$$

称为**虚应变列阵**。

对于图 4-2 所示的平面 3 结点三角形单元,其结点力在虚位移作用下的外力虚功为

$$\delta W = (\delta \boldsymbol{a}_e)^{\mathrm{T}} \boldsymbol{F}_e, \tag{4-23}$$

其中,$\boldsymbol{F}_e = [U_i, V_i, U_j, V_j, U_m, V_m]^{\mathrm{T}}$——单元结点力列阵;

$\delta \boldsymbol{a}_e = [\delta u_i, \delta v_i, \delta u_j, \delta v_j, \delta u_m, \delta v_m]^{\mathrm{T}}$——单元结点虚位移列阵;

δW——外力虚功。

在虚位移作用下单元产生的虚应变能为

$$\delta U = \int_{\Omega_e} (\delta \boldsymbol{\varepsilon})^{\mathrm{T}} \boldsymbol{\sigma} \mathrm{d}\Omega, \tag{4-24}$$

其中,$\delta \boldsymbol{\varepsilon} = [\delta \varepsilon_x, \delta \varepsilon_y, \delta \gamma_{xy}]^{\mathrm{T}}$——虚应变列阵;

$\boldsymbol{\sigma} = [\sigma_x, \sigma_y, \tau_{xy}]^{\mathrm{T}}$——应力列阵;

Ω_e——单元体积域。

根据单元应变场表达式(4-19)可得

$$\delta \boldsymbol{\varepsilon} = \boldsymbol{B} \delta \boldsymbol{a}_e, \tag{4-25}$$

其中,$\delta \boldsymbol{a}_e = [\delta u_i, \delta v_i, \delta u_j, \delta v_j, \delta u_m, \delta v_m]^{\mathrm{T}}$——单元结点虚位移列阵;

$\boldsymbol{B}$——单元应变矩阵。

将单元应力场表达式(4-21)和虚应变场表达式(4-25)代入单元虚应变能表达式(4-24),得

$$\delta U = (\delta \boldsymbol{a}_e)^{\mathrm{T}} \left[\int_{\Omega_e} \boldsymbol{B}^{\mathrm{T}} \boldsymbol{D} \boldsymbol{B} \mathrm{d}\Omega \right] \boldsymbol{a}_e, \tag{4-26}$$

其中,$\delta \boldsymbol{a}_e = [\delta u_i, \delta v_i, \delta u_j, \delta v_j, \delta u_m, \delta v_m]^{\mathrm{T}}$——单元结点虚位移列阵;

$\boldsymbol{a}_e = [u_i, v_i, u_j, v_j, u_m, v_m]^{\mathrm{T}}$——单元结点位移列阵;

$\boldsymbol{D}$——弹性矩阵;

$\boldsymbol{B}$——单元应变矩阵。

将外力虚功表达式(4-23)和虚应变能表达式(4-26)代入根据虚位移原理得到的表达

式(4-5),得到单元结点应力表达式,即

$$F_e = k_e a_e,\tag{4-27}$$

其中,$F_e = [U_i, V_i, U_j, V_j, U_m, V_m]^T$——单元结点力列阵;

$a_e = [u_i, v_i, u_j, v_j, u_m, v_m]^T$——单元结点位移列阵;

$k_e = \displaystyle\int_{\Omega_e} B^T D B \, d\Omega$—— 单元刚度矩阵;

D——弹性矩阵;

B——单元应变矩阵;

Ω_e——单元体积域。

单元结点力表达式(4-27)示出了单元结点力和单元结点位移间的关系,即单元结点力列阵等于单元刚度矩阵和单元结点位移列阵的积。

单元结点力表达式(4-27)中单元刚度矩阵的表达式

$$k_e = \int_{\Omega_e} B^T D B \, d\Omega \tag{4-28}$$

是弹性力学问题有限元法的单元刚度矩阵的普遍公式。对于不同类型的单元,单元应变矩阵 B 和弹性矩阵 D 具有不同的表达式。

设图 4-2 所示平面 3 结点三角形单元的厚度为 t,单元刚度矩阵可进一步表示为

$$k_e = \begin{bmatrix} k_{ii} & k_{ij} & k_{im} \\ k_{ji} & k_{jj} & k_{jm} \\ k_{mi} & k_{mj} & k_{mm} \end{bmatrix}, \tag{4-29}$$

其中,

$$k_{rs} = At B_r^T D B_s, \quad r,s = i,j,m, \tag{4-30}$$

为结点 r 和结点 s 对应的**单元刚度子矩阵**。

单元刚度子矩阵的表达式(4-30)可进一步表示为

$$k_{rs} = \frac{E't}{4A[1-(\mu')^2]} \begin{bmatrix} b_r b_s + \dfrac{1-\mu'}{2} c_r c_s & \mu' b_r c_s + \dfrac{1-\mu'}{2} c_r b_s \\ \mu' c_r b_s + \dfrac{1-\mu'}{2} b_r c_s & c_r c_s + \dfrac{1-\mu'}{2} b_r b_s \end{bmatrix}, \tag{4-31}$$

其中,b_r, c_r——常系数,根据式(4-12)计算;

A——单元面积,根据式(4-11)计算;

$r = i, j, m$——单元结点编号;

$\left.\begin{aligned} E' &= E \\ \mu' &= \mu \end{aligned}\right\}$——平面应力问题;

$\left.\begin{aligned} E' &= \dfrac{E}{1-\mu^2} \\ \mu' &= \dfrac{\mu}{1-\mu} \end{aligned}\right\}$——平面应变问题;

E——弹性模量;

μ——泊松比。

分析前面介绍的弹性平面问题的平面 3 结点三角形单元,可以发现单元刚度矩阵具有如下性质。

(1) 单元刚度矩阵为对称矩阵。

证明:根据式(4-28)可得

$$(\boldsymbol{k}_e)^{\mathrm{T}} = \int_{\Omega_e} \boldsymbol{B}^{\mathrm{T}} \boldsymbol{D}^{\mathrm{T}} \boldsymbol{B} \, \mathrm{d}\Omega \, .$$

由于弹性矩阵 $\boldsymbol{D}$ 为对称矩阵,因此

$$(\boldsymbol{k}_e)^{\mathrm{T}} = \int_{\Omega_e} \boldsymbol{B}^{\mathrm{T}} \boldsymbol{D} \boldsymbol{B} \, \mathrm{d}\Omega = \boldsymbol{k}_e \, ,$$

可见,单元刚度矩阵为对称矩阵。

(2) 单元刚度矩阵的每一行或列的元素的代数和为零。

证明:将平面 3 结点三角形单元的单元结点力表达式(4-27)展开为

$$
\begin{bmatrix} U_i \\ V_i \\ U_j \\ V_i \\ U_m \\ V_m \end{bmatrix} =
\begin{bmatrix}
k_{11} & k_{12} & k_{13} & k_{14} & k_{15} & k_{16} \\
k_{21} & k_{22} & k_{23} & k_{24} & k_{25} & k_{26} \\
k_{31} & k_{32} & k_{33} & k_{34} & k_{35} & k_{36} \\
k_{41} & k_{42} & k_{43} & k_{44} & k_{45} & k_{46} \\
k_{51} & k_{52} & k_{53} & k_{54} & k_{55} & k_{56} \\
k_{61} & k_{62} & k_{63} & k_{64} & k_{65} & k_{66}
\end{bmatrix}
\begin{bmatrix} u_i \\ v_i \\ u_j \\ v_j \\ u_m \\ v_m \end{bmatrix} \, .
\tag{4-32}
$$

当 $u_i = 1$,而其他结点位移分量都为零时,根据式(4-32)可得

$$U_i = k_{11}, \quad V_i = k_{21}, \quad U_j = k_{31}, \quad V_j = k_{41}, \quad U_m = k_{51}, \quad V_m = k_{61} \, .$$

根据 3 结点三角形单元的静力学平衡条件可知

$$U_i + U_j + U_m = 0, \quad V_i + V_j + V_m = 0 \, ,$$

由此可进一步得到

$$k_{11} + k_{21} + k_{31} + k_{41} + k_{51} + k_{61} = 0 \, .$$

同理,可以证明其他列的每一列元素的代数和也为零。再利用单元刚度矩阵的对称性,可知任一行元素的代数和也为零。

(3) 单元刚度矩阵为奇异矩阵。

证明:利用性质(2),很容易证明单元刚度矩阵对应的行列式等于零,因此单元刚度矩阵为奇异矩阵,不存在逆矩阵。

(4) 单元刚度矩阵与空间方位无关。

证明:根据式(4-31)可知,单元刚度矩阵的各元素值取决于单元的形式、方位和弹性常数,而与单元的空间位置无关,平面图形相似的单元,如果具有相同的材料性质和厚度,则它们具有相同的单元刚度矩阵。

实践 4-5

【例 4-5】 一平面 3 结点三角形单元三个结点坐标分别为 1(1,1)、2(4,2)和 3(3,5),坐标单位为 m。单元厚度 $t = 1$ mm,弹性模量为 120 GPa,泊松比为 0.35。计算平面应力情况下该单元的刚度矩阵 $\boldsymbol{K}$。

【解】 编写 MATLAB 程序 ex0405.m,内容如下:

```
clear;
clc;
xy = [1,1;4,2;3,5];
A = [ones(3,1),xy];
A = 0.5 * det(A);
E = 120e9;
mu = 0.35;
t = 10e - 3;
D = [1,mu,0;
    mu,1,0;
    0,0,(1 - mu)/2]
D = E/(1 - mu^2) * D
B = fun_StrainM_3n(xy);
K = B' * D * B;
K = A * t * K
```

运行程序 ex0405.m,得到

```
K =
        6.376E + 08      1.385E + 08    - 7.761E + 08      5.470E + 07      1.385E + 08    - 1.932E + 08
        1.385E + 08      2.684E + 08      3.761E + 07    - 1.299E + 08    - 1.761E + 08    - 1.385E + 08
      - 7.761E + 08      3.761E + 07      1.183E + 09    - 3.692E + 08    - 4.068E + 08      3.316E + 08
        5.470E + 07    - 1.299E + 08    - 3.692E + 08      6.291E + 08      3.145E + 08    - 4.991E + 08
        1.385E + 08    - 1.761E + 08    - 4.068E + 08      3.145E + 08      2.684E + 08    - 1.385E + 08
      - 1.932E + 08    - 1.385E + 08      3.316E + 08    - 4.991E + 08    - 1.385E + 08      6.376E + 08
```

4.4　系统整体分析

根据 4.3 节的介绍可知,只要获得结点位移,就可以通过单元的应变矩阵计算出单元应变场,通过单元的应力矩阵计算出单元应力场。可见,弹性平面问题有限元法最终归结为求解有限元离散系统的结点位移。

从力学基本概念上看,位移法中求解位移的控制方程是力学平衡方程。对实际结构进行有限元离散与分析后得到的以结点位移为待求量的离散系统方程,本质上是有限元离散系统中各结点的力学平衡方程。

离散系统的整体分析就是建立离散系统中各结点的力学平衡方程,并引入位移边界条件;然后求解力学平衡方程得到结点位移;再利用所求得的结点位移进一步计算出应变、应力等其他场变量。

4.4.1　结点平衡分析

如图 4-5(a)所示为有限元法离散系统中与结点 i 连接的所有单元组成的局部放大图,其中不带括号的英文字母代表结点编号,带括号的英文字母代表单元编号。

以结点 i 为研究对象,其受力情况如图 4-5(b)所示。结点 i 受到的力包括如下两类:

$$\boldsymbol{P}_i = \begin{bmatrix} P_{ix} \\ P_{iy} \end{bmatrix}$$——等效结点载荷;

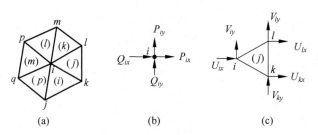

图 4-5　结点受力分析

$$\boldsymbol{Q}_i = \begin{bmatrix} Q_{ix} \\ Q_{iy} \end{bmatrix} \text{——结点力的反作用力。}$$

等效结点载荷是由所有与结点 i 相连单元上的外载荷按静力等效原则移置到结点 i 的，可表示为

$$\left. \begin{aligned} P_{ix} &= \sum_e X_i^{(e)} = X_i^{(i)} + X_i^{(j)} + X_i^{(k)} + X_i^{(l)} + X_i^{(m)} + X_i^{(p)} \\ P_{iy} &= \sum_e Y_i^{(e)} = Y_i^{(i)} + Y_i^{(j)} + Y_i^{(k)} + Y_i^{(l)} + Y_i^{(m)} + Y_i^{(p)} \end{aligned} \right\}, \tag{a}$$

其中，$\begin{bmatrix} X_i^{(e)} \\ Y_i^{(e)} \end{bmatrix}$——单元 e 在结点 i 处的单元等效结点载荷；

$e = i, j, k, l, m, p$——单元编号。

结点力的反作用力是与结点 i 相连单元施加给结点 i 的力，表示为

$$\left. \begin{aligned} Q_{ix} &= -\sum_e U_i^{(e)} = -[U_i^{(i)} + U_i^{(j)} + U_i^{(k)} + U_i^{(l)} + U_i^{(m)} + U_i^{(p)}] \\ Q_{iy} &= -\sum_e V_i^{(e)} = -[V_i^{(i)} + V_i^{(j)} + V_i^{(k)} + V_i^{(l)} + V_i^{(m)} + V_i^{(p)}] \end{aligned} \right\}. \tag{b}$$

其中，$\begin{bmatrix} U_i^{(e)} \\ V_i^{(e)} \end{bmatrix}$——单元 e 在结点 i 处的单元结点力，如图 4-5(c)所示；

$e = i, j, k, l, m, p$——单元编号。

图 4-5 中结点 i 的平衡条件为

$$\left. \begin{aligned} Q_{ix} + P_{ix} &= 0 \\ Q_{iy} + P_{iy} &= 0 \end{aligned} \right\}, \quad i = 1, 2, \cdots, n, \tag{c}$$

其中 n 为有限元离散结构的结点总数。将式(a)和式(b)代入式(c)，得

$$\left. \begin{aligned} \sum_e U_i^{(e)} &= \sum_e X_i^{(e)} \\ \sum_e V_i^{(e)} &= \sum_e Y_i^{(e)} \end{aligned} \right\}, \quad i = 1, 2, \cdots, n. \tag{d}$$

利用单元刚度方程(4-27)，将式(d)中等号左端的单元结点力分量用结点位移分量表示，然后将式(d)写成矩阵形式，得到**有限元离散系统方程**，即

$$\boldsymbol{Ka} = \boldsymbol{P}, \tag{4-33}$$

其中，$\boldsymbol{a} = [u_1, v_1, u_2, v_2, \cdots, u_n, v_n]^{\mathrm{T}}$——整体结点位移列阵；

$\boldsymbol{P} = [P_{1x}, P_{1y}, P_{2x}, P_{2y}, \cdots, P_{nx}, P_{ny}]^{\mathrm{T}}$——整体结点载荷列阵；

K——系统刚度矩阵或整体刚度矩阵。

有限元系统离散方程式(4-33)示出了有限元离散结构中结点位移和等效结点载荷间的关系,即结点等效载荷列阵,等于整体刚度矩阵与整体结点位移列阵的积。

有限元系统离散方程式(4-33)中的整体刚度矩阵 K 可进一步表示为

$$K = \begin{bmatrix} K_{11} & K_{12} & \cdots & K_{1n} \\ K_{21} & K_{22} & \cdots & K_{2n} \\ \vdots & \vdots & & \vdots \\ K_{n1} & K_{n2} & \cdots & K_{nn} \end{bmatrix}, \tag{4-34}$$

其中,K_{ij}——整体刚度矩阵的子矩阵;

n——整个离散结构中的结点总数。

在整体刚度矩阵表达式(4-34)中,整体刚度矩阵的子矩阵可通过相关单元的单元刚度矩阵的子矩阵集成得到,即

$$K_{ij} = \sum_e k_{ij}^{(e)}, \tag{4-35}$$

其中,$k_{ij}^{(e)} = \int_{\Omega_e} B_i^{\mathrm{T}} D B_j \, \mathrm{d}\Omega$——单元刚度矩阵的子矩阵;

$$B_r = \begin{bmatrix} \dfrac{\partial N_r}{\partial x} & 0 \\ 0 & \dfrac{\partial N_r}{\partial y} \\ \dfrac{\partial N_r}{\partial y} & \dfrac{\partial N_r}{\partial x} \end{bmatrix}, r = i, j$$——结点 r 的应变子矩阵;

$i, j = 1, 2, \cdots, n$——离散结构的结点整体编号;

n——整个离散结构中的结点总数。

实践 4-6

【例 4-6】 如图 4-6 所示为有限元离散结构及其结点与单元编号。该离散结构的整体刚度矩阵子矩阵表示为 K_{ij},单元刚度矩阵的子矩阵表示为 $k_{ij}^{(e)}$。其中 $i, j = 1, 2, 3, 4, 5, 6$ 为结点编号,$e = 1, 2, 3, 4, 5$ 为单元编号。由式(4-35)写出 K_{ij} 和 $k_{ij}^{(e)}$ 之间的关系。

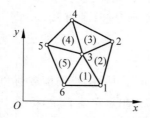

单元编号	结点编号		
(1)	1	3	6
(2)	1	2	3
(3)	3	2	4
(4)	3	4	5
(5)	5	6	3

图 4-6 有限元离散结构及其结点与单元编号

【解】 包含结点 1 的单元有(1)、(2),因此 $K_{11} = k_{11}^{(1)} + k_{11}^{(2)}$。包含结点 1、2 的单元只有(2),因此 $K_{12} = k_{12}^{(2)}$;包含结点 1、3 的单元有(1)、(2),因此有 $K_{13} = k_{13}^{(1)} + k_{13}^{(2)}$;包含结

点 1、6 的单元只有(1),因此 $K_{16}=k_{16}^{(1)}$。经过类似的分析过程,可以得到所有的非零整体刚度矩阵子矩阵表达式,按行给出结果如下:

(1) $K_{11}=k_{11}^{(1)}+k_{11}^{(2)}$,$K_{12}=k_{12}^{(2)}$,$K_{13}=k_{13}^{(1)}+k_{13}^{(2)}$,$K_{16}=k_{16}^{(1)}$;

(2) $K_{21}=k_{21}^{(1)}$,$K_{22}=k_{22}^{(2)}+k_{22}^{(3)}$,$K_{23}=k_{23}^{(2)}+k_{23}^{(3)}$,$K_{24}=k_{24}^{(3)}$;

(3) $K_{31}=k_{31}^{(1)}+k_{31}^{(2)}$,$K_{32}=k_{32}^{(2)}+k_{32}^{(3)}$,$K_{33}=k_{33}^{(1)}+k_{33}^{(2)}+k_{33}^{(3)}+k_{33}^{(4)}+k_{33}^{(5)}$,$K_{34}=k_{34}^{(3)}+k_{34}^{(4)}$,$K_{35}=k_{35}^{(4)}+k_{35}^{(5)}$,$K_{36}=k_{36}^{(1)}+k_{36}^{(5)}$;

(4) $K_{42}=k_{42}^{(3)}$,$K_{43}=k_{43}^{(3)}+k_{43}^{(4)}$,$K_{44}=k_{44}^{(3)}+k_{44}^{(4)}$,$K_{45}=k_{45}^{(4)}$;

(5) $K_{53}=k_{53}^{(4)}+k_{53}^{(5)}$,$K_{54}=k_{54}^{(4)}$,$K_{55}=k_{55}^{(4)}+k_{55}^{(5)}$,$K_{56}=k_{56}^{(5)}$;

(6) $K_{61}=k_{61}^{(1)}$,$K_{63}=k_{63}^{(1)}+k_{63}^{(5)}$,$K_{65}=k_{65}^{(5)}$,$K_{66}=k_{66}^{(1)}+k_{66}^{(5)}$。

4.4.2　整体刚度矩阵的性质

由于整体刚度矩阵是由单元的刚度矩阵集成而来,因此根据 4.3.3 节中介绍的单元刚度矩阵的性质可知整体刚度矩阵式(4-34)具有如下性质:

(1) 整体刚度矩阵是对称矩阵;

(2) 整体刚度矩阵的各行和各列元素之和均为零;

(3) 整体刚度矩阵是奇异矩阵,即整体刚度矩阵的行列式值等于零。

此外,整体刚度矩阵为大型稀疏矩阵,非零元素主要分布在对角线附近,如图 4-7 所示。

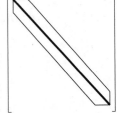

图 4-7　大型稀疏矩阵

4.5　等效结点载荷

4.5.1　单元等效结点载荷

弹性平面结构经过有限元离散后,变成由有限个单元组成的**有限元离散结构**(或称为**有限元模型**)。在有限元离散结构中,各单元之间通过结点联系在一起,一切力和变形也只能通过结点来传递,因此需要将作用于单元上的各种外载荷向单元结点简化,简化后的结果称为**单元等效结点载荷**。这种简化应按静力等效原则来进行,根据圣维南原理可知这种简化的影响是局部的。对于变形体,静力等效原则是指,原载荷与结点载荷在任何虚位移上的虚功都相等。外载荷的简化和位移模式有关,且在一定的位移模式下,简化结果是唯一的。

一般情况下,弹性平面问题的外载荷包括重力、惯性力、温度载荷和作用在计算区域边缘上的集中载荷及分布载荷。对于平面 3 结点三角形单元来说,把重力和边界上集中力及分布转化为结点载荷的规律,符合常规的力的合成与分解法则。

对于体力为常量的、等厚度平面 3 结点三角形单元,根据变形体的静力等效原则,可以求出常体力的等效结点载荷为

$$X_r^{(e)} = \frac{1}{3}Atb_x \;\Big\}$$
$$Y_r^{(e)} = \frac{1}{3}Atb_y \;\Big\} \tag{4-36}$$

其中，b_x，b_y——体力分量；

　　A——三角形单元面积；

　　t——三角形单元厚度；

　　$r=i,j,m$——单元结点编号。

如图 4-8 所示，对于作用在单元边界 ij 上 c 点的集中力 $\boldsymbol{P}=[P_x,P_y]^\mathrm{T}$，利用变形体的静力等效原则，可求出其等效结点载荷为

$$X_i^{(e)} = \frac{l_j}{l}P_x, \quad Y_i^{(e)} = \frac{l_j}{l}P_y \;\Big\}$$
$$X_j^{(e)} = \frac{l_i}{l}P_x, \quad Y_j^{(e)} = \frac{l_i}{l}P_y \;\Big\} \tag{4-37}$$
$$X_m^{(e)} = 0, \quad Y_m^{(e)} = 0 \;\Big\}$$

其中，l_i——c 点到 i 点的距离；

　　l_j——c 点到 j 点的距离；

　　l——i 点和 j 点间的距离；

　　i,j,m——单元结点编号。

如图 4-9 所示，对于在 3 结点三角形单元某一边 ij 上的线性分布载荷，利用变形体的静力等效原则，可求出其等效结点载荷为

$$X_i^{(e)} = \frac{q_{ix}l}{3} + \frac{q_{jx}l}{6}, \quad Y_i^{(e)} = \frac{q_{iy}l}{3} + \frac{q_{jy}l}{6} \;\Big\}$$
$$X_j^{(e)} = \frac{q_{jx}l}{3} + \frac{q_{ix}l}{6}, \quad Y_j^{(e)} = \frac{q_{jy}l}{3} + \frac{q_{iy}l}{6} \;\Big\} \tag{4-38}$$
$$X_m^{(e)} = 0, \quad\quad Y_m^{(e)} = 0 \;\Big\}$$

其中，q_{ix}，q_{iy}——结点 i 处的载荷分布集度；

　　q_{jx}，q_{jy}——结点 j 处的载荷分布集度；

　　l——边 ij 的长度；

　　i,j,m——单元结点编号。

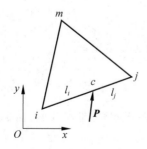
图 4-8　单元边界上的集中力

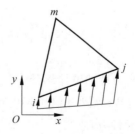
图 4-9　单元边界上的分布力

4.5.2　整体结点载荷列阵

得到各个单元的等效结点载荷后,就可将各单元的等效结点载荷集合成有限元模型的整体结点载荷列阵,表达式为

$$\left.\begin{array}{l} P_{ix} = \sum_e X_i^{(e)} \\ P_{iy} = \sum_e Y_i^{(e)} \end{array}\right\}, \tag{4-39}$$

其中,P_{ix},P_{iy}——结点 i 处的整体等效结点载荷分量;

$X_i^{(e)}$,$Y_i^{(e)}$——包含结点 i 的单元(e)在结点 i 处的单元等效结点载荷分量;

$i=1,2,\cdots,n$——有限元离散系统的整体结点编号;

n——整个有限元模型的结点总数。

4.6　位移边界条件处理

在有限元离散系统方程式(4-33)中,整体刚度矩阵 $\boldsymbol{K}$ 是奇异矩阵,因此有限元离散系统方程式(4-33)是奇异方程,无法利用其直接求解结点位移分量。需要根据给定的位移边界条件,对有限元离散系统方程式(4-33)进行适当的处理,才能求出结点位移。常用的位移边界条件的处理方法包括直接法和罚函数法。下面分别介绍。

4.6.1　直接法

设有限元离散系统方程为

$$\begin{bmatrix} K_{1,1} & \cdots & K_{1,i-1} & K_{1,i} & K_{1,i+1} & \cdots & K_{1,N} \\ \vdots & & \vdots & \vdots & \vdots & & \vdots \\ K_{i-1,1} & \cdots & K_{i-1,i-1} & K_{i-1,i} & K_{i-1,i+1} & \cdots & K_{i-1,N} \\ K_{i,1} & \cdots & K_{i,i-1} & K_{i,i} & K_{i,i+1} & \cdots & K_{i,N} \\ K_{i+1,1} & \cdots & K_{i+1,i-1} & K_{i+1,i} & K_{i+1,i+1} & \cdots & K_{i+1,N} \\ \vdots & & \vdots & \vdots & \vdots & & \vdots \\ K_{N,1} & \cdots & K_{N,i-1} & K_{N,i} & K_{N,i+1} & \cdots & K_{N,N} \end{bmatrix} \begin{bmatrix} a_1 \\ \vdots \\ a_{i-1} \\ a_i \\ a_{i+1} \\ \vdots \\ a_N \end{bmatrix} = \begin{bmatrix} F_1 \\ \vdots \\ F_{i-1} \\ F_i \\ F_{i+1} \\ \vdots \\ F_N \end{bmatrix} . \tag{4-40a}$$

在该系统方程中,某一结点自由度(即结点位移分量)a_i 给定,即

$$a_i = \bar{a}_i, \tag{4-40b}$$

其中,i——结点自由度的整体编号。

为求解位移边界条件为式(4-40b)的有限元离散系统方程,即式(4-40a),可将方程式(4-40a)修改为如下非奇异性方程:

$$
\begin{bmatrix}
K_{1,1} & \cdots & K_{1,i-1} & 0 & K_{1,i+1} & \cdots & K_{1,N} \\
\vdots & & \vdots & \vdots & \vdots & & \vdots \\
K_{i-1,1} & \cdots & K_{i-1,i-1} & 0 & K_{i-1,i+1} & \cdots & K_{i-1,N} \\
0 & \cdots & 0 & 1 & 0 & \cdots & 0 \\
K_{i+1,1} & \cdots & K_{i+1,i-1} & 0 & K_{i+1,i+1} & \cdots & K_{i+1,N} \\
\vdots & & \vdots & \vdots & \vdots & & \vdots \\
K_{N,1} & \cdots & K_{N,i-1} & 0 & K_{N,i+1} & \cdots & K_{N,N}
\end{bmatrix}
\begin{bmatrix}
a_1 \\ \vdots \\ a_{i-1} \\ a_i \\ a_{i+1} \\ \vdots \\ a_N
\end{bmatrix}
=
\begin{bmatrix}
F_1 \\ \vdots \\ F_{i-1} \\ \bar{a}_i \\ F_{i+1} \\ \vdots \\ F_N
\end{bmatrix}
- \bar{a}_i
\begin{bmatrix}
K_{1,i} \\ \vdots \\ K_{i-1,i} \\ 0 \\ K_{i+1,i} \\ \vdots \\ K_{N,i}
\end{bmatrix}。
$$

$$(4\text{-}41)$$

根据修改后的非奇异性方程式(4-41)可直接求出满足位移边界条件的有限元离散系统方程式(4-40)中的所有结点自由度 $a_j (j = 1, 2, \cdots, N)$。这种处理位移边界条件的方法称为**直接法**。不难发现,在直接法中,将与给定自由度相关的整体刚度矩阵的非对角线元素化为 0,而将与给定自由度相关的整体刚度矩阵的对角线元素置为 1。因此,可将处理位移边界条件的直接法形象地称为**化 0 置 1 法**。

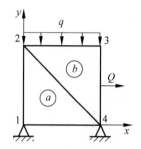

图 4-10　平面问题有限元离散系统

例如,图 4-10 所示有限元离散系统在结点 1 和结点 4 的水平位移和竖直位移分量等于零。其离散系统方程为

$$
\begin{bmatrix}
K_{11} & K_{12} & K_{13} & K_{14} & K_{15} & K_{16} & K_{17} & K_{18} \\
K_{21} & K_{22} & K_{23} & K_{24} & K_{25} & K_{26} & K_{27} & K_{28} \\
K_{31} & K_{32} & K_{33} & K_{34} & K_{35} & K_{36} & K_{37} & K_{38} \\
K_{41} & K_{42} & K_{43} & K_{44} & K_{45} & K_{46} & K_{47} & K_{48} \\
K_{51} & K_{52} & K_{53} & K_{54} & K_{55} & K_{56} & K_{57} & K_{58} \\
K_{61} & K_{62} & K_{63} & K_{64} & K_{65} & K_{66} & K_{67} & K_{68} \\
K_{71} & K_{72} & K_{73} & K_{74} & K_{75} & K_{76} & K_{77} & K_{78} \\
K_{81} & K_{82} & K_{83} & K_{84} & K_{85} & K_{86} & K_{87} & K_{88}
\end{bmatrix}
\begin{bmatrix}
u_1 \\ v_1 \\ u_2 \\ v_2 \\ u_3 \\ v_3 \\ u_4 \\ v_4
\end{bmatrix}
=
\begin{bmatrix}
P_{1x} \\ P_{1y} \\ P_{2x} \\ P_{2y} \\ P_{3x} \\ P_{3y} \\ P_{4x} \\ P_{4y}
\end{bmatrix}。
\qquad (\text{a})
$$

根据上述介绍的处理位移边界条件的直接法,可将离散系统方程式(a)转化为如下非奇异性的简化方程:

$$
\begin{bmatrix}
1 & 0 & 0 & 0 & 0 & 0 & 0 & 0 \\
0 & 1 & 0 & 0 & 0 & 0 & 0 & 0 \\
0 & 0 & K_{33} & K_{34} & K_{35} & K_{36} & 0 & 0 \\
0 & 0 & K_{43} & K_{44} & K_{45} & K_{46} & 0 & 0 \\
0 & 0 & K_{53} & K_{54} & K_{55} & K_{56} & 0 & 0 \\
0 & 0 & K_{63} & K_{64} & K_{65} & K_{66} & 0 & 0 \\
0 & 0 & 0 & 0 & 0 & 0 & 1 & 0 \\
0 & 0 & 0 & 0 & 0 & 0 & 0 & 1
\end{bmatrix}
\begin{bmatrix}
u_1 \\ v_1 \\ u_2 \\ v_2 \\ u_3 \\ v_3 \\ u_4 \\ v_4
\end{bmatrix}
=
\begin{bmatrix}
0 \\ 0 \\ P_{2x} \\ P_{2y} \\ P_{3x} \\ P_{3y} \\ 0 \\ 0
\end{bmatrix}。
\qquad (\text{b})
$$

通过求解非奇异性方程(b),得到有限元离散系统方程(a)中的所有结点位移分量。

实践 4-7

【例 4-7】 利用直接法(化 0 置 1 法)求解代数方程组:

$$\begin{bmatrix} 2 & 3 & 4 & 1 \\ 1 & 1 & 1 & 1 \\ 5 & 2 & 1 & 6 \\ 4 & 5 & 3 & 2 \end{bmatrix} \begin{bmatrix} 0 \\ x_2 \\ 0 \\ x_4 \end{bmatrix} = \begin{bmatrix} b_1 \\ 6 \\ b_3 \\ 18 \end{bmatrix}。$$

【解】 编写 MATLAB 程序 ex0407.m,内容如下:

```
clear;
clc;
A = [2,3,4,1;
    1,1,1,1;
    5,2,1,6;
    4,5,3,2];
A1 = A;
A1(1,:) = 0
A1(1,1) = 1
b(1,1) = 0
A1(3,:) = 0
A1(3,3) = 1
b(3,1) = 0
b(2,1) = 6
b(4,1) = 18
x = A1\b
b1 = A(1,:) * x
b3 = A(3,:) * x
x2 = x(2)
x4 = x(4)
```

运行程序 ex0407.m,得到

```
b1 = 10
b3 = 28
x2 = 2
x4 = 4
```

4.6.2 罚函数法

为求解位移边界条件为式(4-40b)的有限元离散系统方程(4-40a),还可将方程(4-40a)修改为如下非奇异性方程:

$$\begin{bmatrix} K_{1,1} & \cdots & K_{1,i-1} & K_{1,i} & K_{1,i+1} & \cdots & K_{1,N} \\ \vdots & & \vdots & \vdots & \vdots & & \vdots \\ K_{i-1,1} & \cdots & K_{i-1,i-1} & K_{i-1,i} & K_{i-1,i+1} & \cdots & K_{i-1,N} \\ K_{i,1} & \cdots & K_{i,i-1} & CK_{i,i} & K_{i,i+1} & \cdots & K_{i,N} \\ K_{i+1,1} & \cdots & K_{i+1,i-1} & K_{i+1,i} & K_{i+1,i+1} & \cdots & K_{i+1,N} \\ \vdots & & \vdots & \vdots & \vdots & & \vdots \\ K_{N,1} & \cdots & K_{N,i-1} & K_{N,i} & K_{N,i+1} & \cdots & K_{N,N} \end{bmatrix} \begin{bmatrix} a_1 \\ \vdots \\ a_{i-1} \\ a_i \\ a_{i+1} \\ \vdots \\ a_N \end{bmatrix} = \begin{bmatrix} F_1 \\ \vdots \\ F_{i-1} \\ CK_{i,i}\bar{a}_i \\ F_{i+1} \\ \vdots \\ F_N \end{bmatrix}, \quad (4\text{-}42)$$

其中，C 为一个数值很大的数(如取 $C=10^9$)。

通过修改后的方程(4-42)也可求出包含位移边界条件的有限元系统离散方程(4-40)的所有结点自由度 $a_j(j=1,2,\cdots,N)$。这种处理位移边界条件的方法称为**罚函数法**。不难发现，在罚函数法中将与给定自由度相关的整体刚度矩阵的对角线元素乘以一个很大的数，因此，可将处理位移边界条件的罚函数法形象地称为**乘大数法**。

实践 4-8

【例 4-8】　利用罚函数法(乘大数法)求解代数方程组：

$$\begin{bmatrix} 2 & 3 & 4 & 1 \\ 1 & 1 & 1 & 1 \\ 5 & 2 & 1 & 6 \\ 4 & 5 & 3 & 2 \end{bmatrix} \begin{bmatrix} 1 \\ x_2 \\ x_3 \\ 4 \end{bmatrix} = \begin{bmatrix} b_1 \\ 10 \\ 36 \\ b_4 \end{bmatrix}。$$

【解】　编写 MATLAB 程序 ex0408.m，具体内容如下：

```
clear;
clc;
A = [2,3,4,1;
    1,1,1,1;
    5,2,1,6;
    4,5,3,2];
A1 = A;
A1(1,1) = 10e7 * A1(1,1)
b(1,1) = A1(1,1) * 1
A1(4,4) = 10e7 * A1(4,4)
b(4,1) = A1(4,4) * 4
b(2,1) = 10;
b(3,1) = 36;
x = A1\b
b1 = A(1,:) * x
b4 = A(4,:) * x
x2 = x(2)
x3 = x(3)
```

运行程序 ex0408.m，得到

```
b1 = 24.0000
b4 = 31.0000
x2 = 2.0000
x3 = 3.0000
```

习题

习题 4-1　某平面结构的位移场为

$$\left.\begin{array}{l} u = a_1 + a_2 x + a_3 y \\ v = b_1 + b_2 x + b_3 y \end{array}\right\},$$

求该位移场为刚体位移场的条件。

习题 4-2 验证平面 3 结点三角形单元的形函数满足

$$N_i(x_j, y_j) = \delta_{ij}$$

和

$$N_i + N_j + N_m = 1。$$

习题 4-3 图示 3 结点三角形单元,厚度为 1 cm,弹性模量为 200 GPa,泊松比为 0.3。求单元的:(1)形函数;(2)应变矩阵;(3)应力矩阵;(4)单元刚度矩阵。

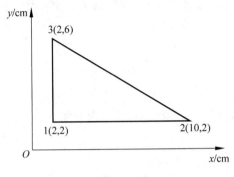

习题 4-3 图

习题 4-4 图示弹性平面应力问题的有限元离散结构,已知弹性模量为 100 GPa,泊松比为 0.35,板厚为 1 cm。求各结点位移和各单元的应力。

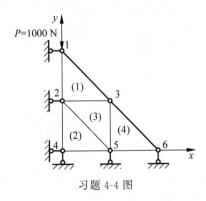

习题 4-4 图

第5章

单元形函数的构造

5.1　引言

5.1.1　单元类型概述

在利用有限元法求解实际问题时,需要根据求解域的几何特点、方程类型、连续性、求解精度等多方面因素,合理选择不同的单元类型。根据几何特点划分,单元类型包括**一维单元、二维单元和三维单元**。一维单元可以是直线,也可以是曲线;二维单元可以是三角形、矩形或一般四边形等;三维单元可以是四面体、五面体、长方体或一般六面体等。

根据单元交界处的场函数连续性要求,可以将单元类型分为 C_0 型单元和 C_1 型单元。如果在单元交界处只需保证场函数值连续,即保持 C_0 连续,则这样单元的结点参数只需包括场函数的结点值即可,这样的单元称为 **C_0 型单元**。如果在单元交界处要同时满足场函数值和场函数导数的连续性,即保持 C_1 连续,则这样单元的结点参数既包括场函数的结点值,还包括场函数导数的结点值,这样的单元称为 **C_1 型单元**。

除上述两种单元类型划分外,还有很多种单元类型的划分,在后面的章节中将结合具体问题介绍一些其他的单元类型划分。

5.1.2　形函数构造法

第 4 章介绍了确定单元形函数的广义坐标法,这种方法对于结点数较少的简单单元类型行之有效。但对于结点数较多的复杂单元类型,这种方法的计算过程过于烦琐。

下面介绍一种基于形函数性质的,对很多复杂单元类型也适用的**形函数构造法**。

根据式(4-15a),即形函数的 δ 属性可知,对于任一类型单元,其结点 i 对应的形函数可统一表示为

$$N_i(\boldsymbol{x}) = \frac{\prod\limits_{k=1}^{m} F_k(\boldsymbol{x})}{\prod\limits_{k=1}^{m} F_k(\boldsymbol{x})\,|_i},\tag{5-1}$$

其中,$F_k(\boldsymbol{x})$——不通过结点 i,而通过其他结点的点、线或面的方程;

　　$F_k(\boldsymbol{x})\,|_i$——$F_k(\boldsymbol{x})$ 在结点 i 处的值。

本书中我们将式(5-1)称为有限元法的**形函数构造式**。

对于一维单元,形函数构造式(5-1)中的

$$F_k = x - x_k = 0, \quad k \neq i \tag{5-2}$$

为单元的结点坐标方程,其中 x_k 为结点坐标。

对于二维单元,形函数构造式(5-1)中的

$$F_k = F(x, y) = 0 \tag{5-3}$$

为通过其他结点而不通过 i 结点的曲线方程。

对于三维单元,形函数构造式(5-1)中的

$$F_k = F(x, y, z) = 0 \tag{5-4}$$

为通过其他结点而不通过 i 结点的曲面方程。

函数 fun_line. m

为便于构造二维单元的形函数,编写生成通过两点的直线方程的 MATLAB 功能函数 fun_line. m,具体内容和说明如下:

```
function F = fun_line(xy)
% a line equation function
% xy(2 * 2) —— coordinates of two points
% F —— a line equation
syms x y
x1 = xy(1,1);
y1 = xy(1,2);
x2 = xy(2,1);
y2 = xy(2,2);
if x1 == x2
    F = x - x1;
elseif y1 == y2
    F = y - y1;
else
    k = (y2 - y1)/(x2 - x1);
    F = y - y1 - k * (x - x1);
end
end
```

函数 fun_plane. m

为便于构造三维单元的形函数,编写生成通过 3 点的平面方程的功能函数 fun_plane. m,内容如下:

```
function F = fun_plane(xyz)
% a plane equation function
% xyz(3 * 3) —— coordinates of two points
% F —— a plane equation
syms x y z
x1 = xyz(1,1);
y1 = xyz(1,2);
z1 = xyz(1,3);
x2 = xyz(2,1);
y2 = xyz(2,2);
z2 = xyz(2,3);
```

```
x3 = xyz(3,1);
y3 = xyz(3,2);
z3 = xyz(3,3);
A = [y1, z1, 1; ...
     y2, z2, 1; ...
     y3, z3, 1];
B = -[x1; x2; x3];
if x1 == x2 && x1 == x3
    F = x - x1;
elseif y1 == y2 && y1 == y3
    F = y - y1;
elseif z1 == z2 && z1 == z3
    F = z - z1;else
    bcd = A\B;
    F = x + bcd(1) * y + bcd(2) * z + bcd(3);
end
end
```

5.2 一维单元形函数

本节主要介绍一维 Lagrange 单元及其形函数、一维 Hermite 单元及其形函数,其中 Lagrange 单元属于 C_0 型单元,Hermite 单元属于 C_1 型单元。

5.2.1 Lagrange 一维单元

如图 5-1 所示,具有 n 个结点的一维 C_0 型单元,结点参数只包含场函数的结点值。单元内任一点的场函数值可表示为

$$\phi = \sum_{i=1}^{n} N_i \phi_i, \tag{5-5}$$

其中,N_i——结点 i 的形函数;

ϕ_i——场函数 ϕ 在结点 i 处的值。

根据形函数构造法(5-1),结点 i 的形函数可表示为

$$N_i(x) = \prod_{j=1, j\neq i}^{n} \frac{x-x_j}{x_i-x_j}, \tag{5-6}$$

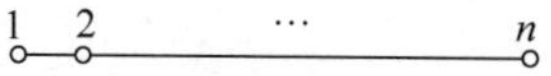

图 5-1 Lagrange 一维单元

它是 $n-1$ 次函数。不难发现式(5-6)等号右端是 Lagrange 插值多项式,因此将这样的单元称为 Lagrange 一维单元。

对于含有两个结点($n=2$)的一维 Lagrange 线性单元,有

$$\phi(x) = N_1(x)\phi_1 + N_2(x)\phi_2,$$

其中

$$N_1(x) = \frac{x-x_2}{x_1-x_2} \\ N_2(x) = \frac{x-x_1}{x_2-x_1} \Bigg\}。$$

对于含有 3 个结点($n=3$)的一维 Lagrange 二次单元,有

$$\phi(x) = N_1(x)\phi_1 + N_2(x)\phi_2 + N_3(x)\phi_3,$$

其中

$$\left.\begin{aligned} N_1(x) &= \frac{(x-x_2)(x-x_3)}{(x_1-x_2)(x_1-x_3)} \\ N_2(x) &= \frac{(x-x_1)(x-x_3)}{(x_2-x_1)(x_2-x_3)} \\ N_3(x) &= \frac{(x-x_1)(x-x_2)}{(x_3-x_1)(x_3-x_2)} \end{aligned}\right\}。$$

引入如下局部坐标：

$$\xi = \frac{x-x_1}{x_n-x_1} = \frac{x-x_1}{l}, \quad 0 \leqslant \xi \leqslant 1, \tag{5-7}$$

其中 l 为单元长度。利用式(5-7)的局部坐标，可将形函数(5-6)表示为

$$N_i(\xi) = \prod_{j=1, j \neq i}^{n} \frac{\xi-\xi_j}{\xi_i-\xi_j}。 \tag{5-8}$$

则对于含有两个结点的一维 Lagrange 线性单元，若 $\xi_1=0, \xi_2=1$，有

$$\left.\begin{aligned} N_1(\xi) &= \frac{\xi-\xi_2}{\xi_1-\xi_2} = 1-\xi \\ N_2(\xi) &= \frac{\xi-\xi_1}{\xi_2-\xi_1} = \xi \end{aligned}\right\};$$

对于含有 3 个结点的一维 Lagrange 二次单元，若 $\xi_1=0, \xi_2=1/2, \xi_3=1$，有

$$\left.\begin{aligned} N_1(\xi) &= \frac{(\xi-\xi_2)(\xi-\xi_3)}{(\xi_1-\xi_2)(\xi_1-\xi_3)} = 2\left(\xi-\frac{1}{2}\right)(\xi-1) \\ N_2(\xi) &= \frac{(\xi-\xi_1)(\xi-\xi_3)}{(\xi_2-\xi_1)(\xi_2-\xi_3)} = -4\xi(\xi-1) \\ N_3(\xi) &= \frac{(\xi-\xi_1)(\xi-\xi_2)}{(\xi_3-\xi_1)(\xi_3-\xi_2)} = 2\xi\left(\xi-\frac{1}{2}\right) \end{aligned}\right\}。$$

引入另一种局部坐标

$$\xi = \frac{2x-(x_1+x_n)}{x_n-x_1}, \quad -1 \leqslant \xi \leqslant 1, \tag{5-9}$$

利用式(5-9)定义的局部坐标，对于含有两个结点的一维 Lagrange 线性单元，根据式(5-8)，有

$$\left.\begin{aligned} N_1(\xi) &= \frac{1}{2}(1-\xi) \\ N_2(\xi) &= \frac{1}{2}(1+\xi) \end{aligned}\right\};$$

对于含有 3 个结点的一维 Lagrange 二次单元，根据式(5-8)，有

$$\left.\begin{aligned} N_1(\xi) &= \frac{1}{2}\xi(\xi-1) \\ N_2(\xi) &= 1-\xi^2 \\ N_3(\xi) &= \frac{1}{2}\xi(\xi+1) \end{aligned}\right\}。$$

实践 5-1

【**例 5-1**】 已知一维 3 结点 Lagrange 单元的结点坐标为 $x_1 = 0, x_2 = 1, x_3 = 2$。绘制形函数 N_1、N_2、N_3 的曲线图。

【**解**】 编写 MATLAB 程序 ex0501.m，内容如下：

```
clear;
clc;
x1 = 0;
x2 = 1;
x3 = 2;
x = linspace(0, 2, 30)
N1 = (x - x2). * (x - x3)./(x1 - x2)./(x1 - x3)
N2 = (x - x3). * (x - x1)./(x2 - x3)./(x2 - x1)
N3 = (x - x1). * (x - x2)./(x3 - x1)./(x3 - x2)
plot(x, N1, 'r - ')
hold on
plot(x, N2, 'b -- ')
plot(x, N3, 'k - .')
legend('N1', 'N2', 'N3')
```

运行程序 ex0501.m，得到形函数 N_1、N_2、N_3 的曲线图，如图 5-2 所示。

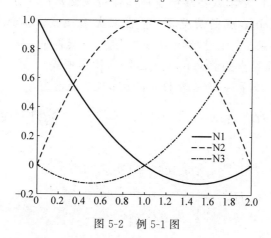

图 5-2 　例 5-1 图

5.2.2　Hermite 一维单元

如果希望在单元间的公共结点上既保持场函数的连续，又保持场函数导数的连续，即为 C_1 型单元，则结点参数应该包含场函数的结点值和场函数导数的结点值。Hermite 多项式插值函数能满足这一要求。

图 5-3 所示为局部坐标系下的一维 2 结点 Hermite 线性单元，其单元内任一点的场函数值表示为

$$\phi(\xi) = \sum_{i=1}^{2} H_i^{(0)}(\xi)\phi_i + \sum_{i=1}^{2} H_i^{(1)}(\xi)\left(\frac{\mathrm{d}\phi}{\mathrm{d}\xi}\right)_i, \quad (5\text{-}10)$$

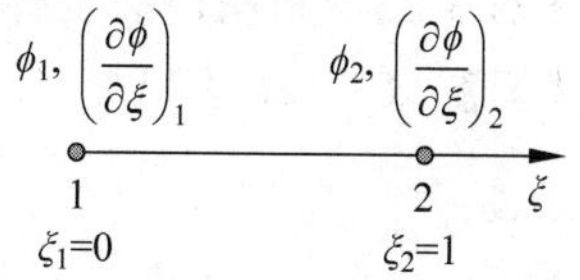

其中形函数即 Hermite 多项式，具有以下性质：

图 5-3 　一维 2 结点 Hermite 单元

$$
\left.\begin{array}{l}
H_i^{(0)}(\xi_j) = \delta_{ij} \\[2mm]
\left.\dfrac{\mathrm{d}H_i^{(0)}(\xi)}{\mathrm{d}\xi}\right|_{\xi_j} = 0 \\[2mm]
H_i^{(1)}(\xi_j) = 0 \\[2mm]
\left.\dfrac{\mathrm{d}H_i^{(1)}(\xi)}{\mathrm{d}\xi}\right|_{\xi_j} = \delta_{ij} \\[2mm]
i,j = 1,2
\end{array}\right\}。
\tag{5-11}
$$

由于 Hermite 单元的结点参数既包括场函数的结点值，又包括场函数导数的结点值，因此不容易利用构造法确定单元形函数，可利用第 4 章介绍的广义坐标法确定单元形函数。对于如图 5-3 所示的 Hermite 线性单元，利用广义坐标法求得其形函数，即 Hermite 多项式，为

$$
\left.\begin{array}{l}
H_1^{(0)}(\xi) = 1 - 3\xi^2 + 2\xi^3 \\[2mm]
H_2^{(0)}(\xi) = 3\xi^2 - 2\xi^3 \\[2mm]
H_1^{(1)}(\xi) = \xi - 2\xi^2 + \xi^3 \\[2mm]
H_2^{(1)}(\xi) = \xi^3 - \xi^2
\end{array}\right\}。
$$

上面介绍的 Hermite 多项式在端结点最高保持场函数的 1 阶导数连续性，称为 1 阶 Hermite 多项式，在两个结点的情况下，它是 3 次多项式。0 阶 Hermite 多项式就是 Lagrange 多项式。在端结点保持场函数 n 阶导数连续性的 Hermite 多项式称为 n 阶 Hermite 多项式，在两个结点的情况下，它是 $2n+1$ 次多项式。

在两个结点情况下，函数 ϕ 的 2 阶 Hermite 多项式插值为

$$
\phi(\xi) = \sum_{i=1}^{2} H_i^{(0)}(\xi)\phi_i + \sum_{i=1}^{2} H_i^{(1)}(\xi)\left(\frac{\mathrm{d}\phi}{\mathrm{d}\xi}\right)_i + \sum_{i=1}^{2} H_i^{(2)}(\xi)\left(\frac{\mathrm{d}^2\phi}{\mathrm{d}\xi^2}\right)_i,
\tag{5-12}
$$

其中，

$$
\left.\begin{array}{l}
H_1^{(0)} = 1 - 10\xi^3 + 15\xi^4 - 6\xi^5 \\[2mm]
H_2^{(0)} = 10\xi^3 - 15\xi^4 + 6\xi^5 \\[2mm]
H_1^{(1)} = \xi - 6\xi^3 + 8\xi^4 - 3\xi^5 \\[2mm]
H_2^{(1)} = -4\xi^3 + 7\xi^4 - 3\xi^5 \\[2mm]
H_1^{(2)} = 0.5(\xi^2 - 3\xi^3 + 3\xi^4 - \xi^5) \\[2mm]
H_2^{(2)} = 0.5(\xi^3 - 2\xi^4 + \xi^5)
\end{array}\right\}。
$$

实践 5-2

【例 5-2】 利用广义坐标法，确定一维 2 结点 1 阶 Hermite 单元的形函数。

【解】 （1）编写 MATLAB 程序 ex0502_1.m，内容如下：

```
clear;
clc;
syms H01(t)
syms a b c d
```

```
H0_1(t) = a + b * t + c * t^2 + d * t^3
DH0_1(t) = diff(H0_1,t)
eq1 = H0_1(0) == 1
eq2 = H0_1(1) == 0
eq3 = DH0_1(0) == 0
eq4 = DH0_1(1) == 0
R = solve(eq1,eq2,eq3,eq4,a,b,c,d)
a = R.a
b = R.b
c = R.c
d = R.d
H0_1 = eval(H0_1)
```

运行程序 ex0502_1.m，得到

$$H0\_1 = 2t^3 - 3t^2 + 1$$

（2）编写 MATLAB 程序 ex0502_2.m，内容如下：

```
clear;
clc;
syms H01(t)
syms a b c d
H0_2(t) = a + b * t + c * t^2 + d * t^3
DH0_2(t) = diff(H0_2,t)
eq1 = H0_2(0) == 0
eq2 = H0_2(1) == 1
eq3 = DH0_2(0) == 0
eq4 = DH0_2(1) == 0
R = solve(eq1,eq2,eq3,eq4,a,b,c,d)
a = R.a
b = R.b
c = R.c
d = R.d
H0_2 = eval(H0_2)
```

运行程序 ex0502_2.m，得到

$$H0\_2 = -2t^3 + 3t^2$$

（3）编写 MATLAB 程序 ex0502_3.m，内容如下：

```
clear;
clc;
syms H01(t)
syms a b c d
H1_1(t) = a + b * t + c * t^2 + d * t^3
DH1_1(t) = diff(H1_1,t)
eq1 = H1_1(0) == 0
eq2 = H1_1(1) == 0
eq3 = DH1_1(0) == 1
eq4 = DH1_1(1) == 0
R = solve(eq1,eq2,eq3,eq4,a,b,c,d)
a = R.a
b = R.b
c = R.c
d = R.d
H1_1 = eval(H1_1)
```

运行程序 ex0502_3.m,得到

H1_1 = t³ - 2t² + t

(4)编写 MATLAB 程序 ex0502_4.m,内容如下:

```
clear;
clc;
syms H01(t)
syms a b c d
H1_2(t) = a + b*t + c*t^2 + d*t^3
DH1_2(t) = diff(H1_2,t)
eq1 = H1_2(0) == 0
eq2 = H1_2(1) == 0
eq3 = DH1_2(0) == 0
eq4 = DH1_2(1) == 1
R = solve(eq1,eq2,eq3,eq4,a,b,c,d)
a = R.a
b = R.b
c = R.c
d = R.d
H1_2 = eval(H1_2)
```

运行程序 ex0502_4.m,得到

H1_2 = t³ - t²

5.3 二维单元形函数

本节主要介绍平面三角形单元及其形函数,Lagrange 矩形单元及其形函数,Hermite 矩形单元及其形函数,Serendipity 矩形单元及其形函数。

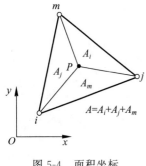

图 5-4 面积坐标

5.3.1 三角形单元

在有限元法中,常用的三角形单元包括平面 3 结点三角形单元和平面 6 结点三角形单元。在分析三角形单元时采用面积坐标比较方便。下面逐一介绍面积坐标及三角形单元形函数的相关内容。

如图 5-4 所示 ijm 三角形单元的面积为 A,其内任一点 P 与其 3 个角点的连线将其分割成 3 个子三角形 Pij、Pjm、Pmi,面积分别为 A_m、A_i、A_j,定义三个面积比

$$\left. \begin{array}{l} L_i = \dfrac{A_i}{A} \\[2mm] L_j = \dfrac{A_j}{A} \\[2mm] L_m = \dfrac{A_m}{A} \end{array} \right\} \ 。$$

(5-13)

不难发现 P 点的位置可由式(5-13)定义的三个面积比(L_i,L_j,L_m)确定,因此将其称为 P 点的**面积坐标**。根据面积坐标的定义,则面积坐标应满足

$$L_i + L_j + L_m = 1。 \tag{5-14}$$

可以证明,面积坐标具有如下特性:①与三角形 jm 边平行的直线上的各点具有相同的面积坐标 L_i,与其他两边平行的直线上各点也具有相似的性质;②角点 i 的面积坐标 $L_i = 1$,$L_j = L_m = 0$,其他两个角点也具有相似的性质。

在面积坐标定义式(5-13)中,三角形单元的面积

$$A = \frac{1}{2} \begin{vmatrix} 1 & x_i & y_i \\ 1 & x_j & y_j \\ 1 & x_m & y_m \end{vmatrix}$$

被 P 点分割出的 3 个子三角形的面积分别为

$$A_i = \frac{1}{2} \begin{vmatrix} 1 & x & y \\ 1 & x_j & y_j \\ 1 & x_m & y_m \end{vmatrix},$$

$$A_j = \frac{1}{2} \begin{vmatrix} 1 & x_i & y_i \\ 1 & x & y \\ 1 & x_m & y_m \end{vmatrix},$$

$$A_m = \frac{1}{2} \begin{vmatrix} 1 & x_i & y_i \\ 1 & x_j & y_j \\ 1 & x & y \end{vmatrix}。$$

因此,面积坐标可用直角坐标表示为

$$L_k = \frac{1}{2A}(a_k + b_k x + c_k y), \quad k = i,j,m, \tag{5-15}$$

其中,

$$a_i = \begin{vmatrix} x_j & y_j \\ x_m & y_m \end{vmatrix},$$

$$b_i = - \begin{vmatrix} 1 & y_j \\ 1 & y_m \end{vmatrix},$$

$$c_i = \begin{vmatrix} 1 & x_j \\ 1 & x_m \end{vmatrix};$$

其余的 a_k、b_k、$c_k (k=j,m)$可由上式通过轮换指标 i、j、m 得到。直角坐标也可以用面积坐标表示为

$$\left. \begin{array}{l} x = x_i L_i + x_j L_j + x_m L_m \\ y = y_i L_i + y_j L_j + y_m L_m \end{array} \right\}。 \tag{5-16}$$

对于二维三角形单元,形函数构造式(5-1)可用面积坐标表示为

$$N_i(L_i,L_j,L_m) = \frac{\prod\limits_{k=1}^{m} F_k(L_i,L_j,L_m)}{\prod\limits_{k=1}^{m} F_k(L_i,L_j,L_m)\mid_i}, \tag{5-17}$$

其中，F_k——不通过结点 i 而通过其他结点的直线方程 $F_k=0$ 的等号左端项；

m——形函数的次数。

根据式(5-17)可以得到图 5-4 所示平面 3 结点三角形单元的形函数为

$$N_r = L_r, \quad r=i,j,m。$$

根据式(5-17)可以得到图 5-5 所示平面 6 结点三角形单元的形函数为

$$\left. \begin{aligned} N_1 &= (2L_1 - 1)L_1 \\ N_2 &= (2L_2 - 1)L_2 \\ N_3 &= (2L_3 - 1)L_3 \\ N_4 &= 4L_1 L_2 \\ N_5 &= 4L_2 L_3 \\ N_6 &= 4L_3 L_1 \end{aligned} \right\}。$$

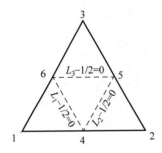

结点编号	L_1	L_2	L_3
1	1	0	0
2	0	1	0
3	0	0	1
4	1/2	1/2	0
5	0	1/2	1/2
6	1/2	0	1/2

图 5-5　平面 6 结点三角形单元

根据式(5-17)可以得到图 5-6 所示平面 10 结点三角形单元的形函数为

$$\left. \begin{aligned} N_i &= \frac{1}{2}(3L_i - 1)(3L_i - 2)L_i, \quad i=1,2,3 \\ N_4 &= \frac{9}{2}L_1 L_2 (3L_1 - 1) \\ N_5 &= \frac{9}{2}L_1 L_2 (3L_2 - 1) \\ N_6 &= \frac{9}{2}L_2 L_3 (3L_2 - 1) \\ N_7 &= \frac{9}{2}L_2 L_3 (3L_3 - 1) \\ N_8 &= \frac{9}{2}L_1 L_3 (3L_3 - 1) \\ N_9 &= \frac{9}{2}L_1 L_3 (3L_1 - 1) \\ N_{10} &= 27 L_1 L_2 L_3 \end{aligned} \right\}。$$

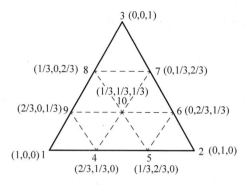

图 5-6　平面 10 结点三角形单元

实践 5-3

【**例 5-3**】　利用 5.1.2 节介绍的功能函数 fun_line.m，构造如图 5-7 所示 3 结点三角形单元的形函数 N_1、N_2、N_3。

【**解**】　编写 MATLAB 程序 ex0503.m，内容如下：

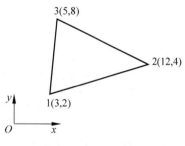

图 5-7　3 结点三角形单元

```
clear;
clc;
syms x y
nxy = [3,2; 12,4; 5,8];
xy = nxy(2:3,:);
F23(x,y) = fun_line(xy);
x1 = nxy(1,1);
y1 = nxy(1,2);
N1(x,y) = F23(x,y)/F23(x1,y1)
 % ----------------------------
xy = nxy([1,3],:);
F13(x,y) = fun_line(xy);
x2 = nxy(2,1);
y2 = nxy(2,2);
N2(x,y) = F13(x,y)/F13(x2,y2)
 % ----------------------------
xy = nxy([1,2],:);
F12(x,y) = fun_line(xy);
x3 = nxy(3,1);
y3 = nxy(3,2);
N3(x,y) = F12(x,y)/F12(x3,y3)
```

运行程序 ex0503.m，得到

```
N₁(x, y) = 38/25 - 7y/50 - 2x/25
N₂(x, y) = 3x/25 - y/25 - 7/25
N₃(x, y) = 9y/50 - x/25 - 6/25
```

实践 5-4

【**例 5-4**】　一平面 6 结点三角形单元的结点坐标分别为 1(0,0)、2(2,0)、3(0,2)、4(1,0)、5(1,1)、6(0,1)。利用函数 fun_line 构造该单元的形函数 N_1 和 N_5。

【解】 编写 MATLAB 程序 ex0504.m,内容如下:

```
clear;
clc;
nxy = [0,0; 2,0; 0,2; ...
       1,0; 1,1; 0,1];
syms x y
F46(x,y) = fun_line(nxy([4,6],:));
F23(x,y) = fun_line(nxy([2,3],:));
N1(x,y) = F46/F46(nxy(1,1),nxy(1,2)) * ...
          F23/F23(nxy(1,1),nxy(1,2))
pretty(N1)
N1_1 = N1(nxy(1,1),nxy(1,2))
N1_2 = N1(nxy(2,1),nxy(2,2))
N1_3 = N1(nxy(3,1),nxy(3,2))
N1_4 = N1(nxy(4,1),nxy(4,2))
N1_5 = N1(nxy(5,1),nxy(5,2))
N1_6 = N1(nxy(6,1),nxy(6,2))
% ------------------------------------------------
F12(x,y) = fun_line(nxy([1,2],:))
F13(x,y) = fun_line(nxy([1,3],:))
N5(x,y) = F12/F12(nxy(5,1),nxy(5,2)) * ...
          F13/F13(nxy(5,1),nxy(5,2))
pretty(N5)
N5_1 = N5(nxy(1,1),nxy(1,2))
N5_2 = N5(nxy(2,1),nxy(2,2))
N5_3 = N5(nxy(3,1),nxy(3,2))
N5_4 = N5(nxy(4,1),nxy(4,2))
N5_5 = N5(nxy(5,1),nxy(5,2))
N5_6 = N5(nxy(6,1),nxy(6,2))
```

运行程序 ex0504.m,得到

$$N_1(x, y) = (x+y-1)(x+y-2)/2$$
$$N_5(x, y) = xy$$

5.3.2 Lagrange 矩形单元

如图 5-8 所示 Lagrange 矩形单元,沿 x 方向各行均有 n 个结点,沿 y 方向各列均有 m

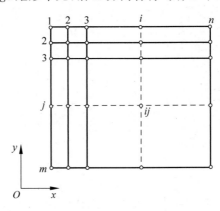

图 5-8 Lagrange 矩形单元

个结点,共有结点总数为 mn。Lagrange 矩形单元的形函数构造式可由 Lagrange 一维单元形函数构造式(5-6)推广至二维得到,即

$$N_{ij}(x,y)=\left(\prod_{k=1,k\neq i}^{n}\frac{x-x_k}{x_i-x_k}\right)\left(\prod_{k=1,k\neq j}^{m}\frac{y-y_k}{y_j-x_k}\right)。\tag{5-18}$$

例如,当 $n=m=2$ 时,有

$$N_{11}(x,y)=\frac{(x-x_2)(y-y_2)}{(x_1-x_2)(y_1-y_2)}$$
$$N_{12}(x,y)=\frac{(x-x_2)(y-y_1)}{(x_1-x_2)(y_2-y_1)}$$
$$N_{21}(x,y)=\frac{(x-x_1)(y-y_2)}{(x_2-x_1)(y_1-y_2)}$$
$$N_{22}(x,y)=\frac{(x-x_1)(y-y_1)}{(x_2-x_1)(y_2-y_1)}$$

5.3.3　Hermite 矩形单元

Hermite 矩形单元的形函数也可根据一维 Hermite 插值函数推广得到。对于如图 5-9 所示包含 4 个结点的矩形单元,可将式(5-10)推广为

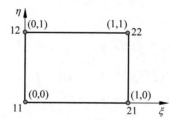

图 5-9　Hermite 矩形单元

$$\phi=H_{11}^{(00)}\phi_{11}+H_{11}^{(10)}\left(\frac{\partial\phi}{\partial\xi}\right)_{11}+H_{11}^{(01)}\left(\frac{\partial\phi}{\partial\eta}\right)_{11}+H_{11}^{(11)}\left(\frac{\partial^2\phi}{\partial\xi\partial\eta}\right)_{11}+H_{12}^{(00)}\phi_{12}+H_{12}^{(10)}\left(\frac{\partial\phi}{\partial\xi}\right)_{12}+$$
$$H_{12}^{(01)}\left(\frac{\partial\phi}{\partial\eta}\right)_{12}+H_{11}^{(11)}\left(\frac{\partial^2\phi}{\partial\xi\partial\eta}\right)_{12}+H_{21}^{(00)}\phi_{21}+H_{21}^{(10)}\left(\frac{\partial\phi}{\partial\xi}\right)_{21}+H_{21}^{(01)}\left(\frac{\partial\phi}{\partial\eta}\right)_{21}+$$
$$H_{21}^{(11)}\left(\frac{\partial^2\phi}{\partial\xi\partial\eta}\right)_{21}+H_{22}^{(00)}\phi_{22}+H_{22}^{(10)}\left(\frac{\partial\phi}{\partial\xi}\right)_{22}+H_{22}^{(01)}\left(\frac{\partial\phi}{\partial\eta}\right)_{22}+H_{22}^{(11)}\left(\frac{\partial^2\phi}{\partial\xi\partial\eta}\right)_{22}。\tag{5-19}$$

式(5-19)中的二维 Hermite 多项式可由一维 Hermite 多项式推广得到,表示为

$$H_{11}^{(00)}=H_1^{(0)}(\xi)H_1^{(0)}(\eta)$$
$$H_{11}^{(10)}=H_1^{(1)}(\xi)H_1^{(0)}(\eta)$$
$$H_{11}^{(01)}=H_1^{(0)}(\xi)H_1^{(1)}(\eta)$$
$$H_{11}^{(11)}=H_1^{(1)}(\xi)H_1^{(1)}(\eta)$$

$$\left.\begin{array}{l} H_{12}^{(00)} = H_1^{(0)}(\xi)H_2^{(0)}(\eta) \\ H_{12}^{(10)} = H_1^{(1)}(\xi)H_2^{(0)}(\eta) \\ H_{12}^{(01)} = H_1^{(0)}(\xi)H_2^{(1)}(\eta) \\ H_{12}^{(11)} = H_1^{(1)}(\xi)H_2^{(1)}(\eta) \end{array}\right\},$$

$$\left.\begin{array}{l} H_{21}^{(00)} = H_2^{(0)}(\xi)H_1^{(0)}(\eta) \\ H_{21}^{(10)} = H_2^{(1)}(\xi)H_1^{(0)}(\eta) \\ H_{21}^{(01)} = H_2^{(0)}(\xi)H_1^{(1)}(\eta) \\ H_{21}^{(11)} = H_2^{(1)}(\xi)H_1^{(1)}(\eta) \end{array}\right\},$$

$$\left.\begin{array}{l} H_{22}^{(00)} = H_2^{(0)}(\xi)H_2^{(0)}(\eta) \\ H_{22}^{(10)} = H_2^{(1)}(\xi)H_2^{(0)}(\eta) \\ H_{22}^{(01)} = H_2^{(0)}(\xi)H_2^{(1)}(\eta) \\ H_{22}^{(11)} = H_2^{(1)}(\xi)H_2^{(1)}(\eta) \end{array}\right\},$$

其中一维 Hermite 多项式为

$$\left.\begin{array}{l} H_1^{(0)}(\xi) = 1 - 3\xi^2 + 2\xi^3 \\ H_1^{(0)}(\eta) = 1 - 3\eta^2 + 2\eta^3 \\ H_2^{(0)}(\xi) = 3\xi^2 - 2\xi^3 \\ H_2^{(0)}(\eta) = 3\eta^2 - 2\eta^3 \end{array}\right\},$$

$$\left.\begin{array}{l} H_1^{(1)}(\xi) = \xi - 2\xi^2 + \xi^3 \\ H_1^{(1)}(\eta) = \eta - 2\eta^2 + \eta^3 \\ H_2^{(1)}(\xi) = \xi^3 - \xi^2 \\ H_2^{(1)}(\eta) = \eta^3 - \eta^2 \end{array}\right\}。$$

需要强调的是,由于 Hermite 矩形单元的插值函数是利用两个坐标方向的一维 Hermite 多项式乘积得到的,二阶混合导数的结点值自然要包含在结点参数中。

5.3.4　Serendipity 矩形单元

在实际有限元计算中,单元结点仅配置在单元边界上,计算和分析都比较简单。像这种结点仅配置在单元边界上的单元称为 Serendipity 单元。常用的 Serendipity 矩形单元如图 5-10 所示,其中图 5-10(a)为线性单元,图 5-10(b)为二次单元,图 5-10(c)为三次单元。

在局部坐标系下,Serendipity 四边形单元的形函数构造式可表示为

$$N_i(\xi,\eta) = \frac{\prod\limits_{k=1}^{m}F_k(\xi,\eta)}{\prod\limits_{k=1}^{m}F_k(\xi,\eta)\mid_i}, \tag{5-20}$$

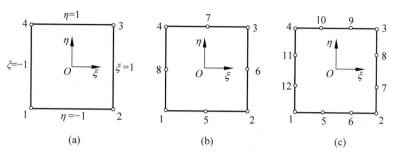

图 5-10 Serendipity 矩形单元

其中，F_k——不通过结点 i 而通过其他结点的曲线 k 的直线方程 $F_k(\xi,\eta)=0$ 的等号左端项；

m——形函数的次数。

利用形函数构造式(5-20)可以得到图 5-10(a)所示 4 结点矩形单元的各结点形函数，统一表示为

$$N_i(\xi,\eta)=\frac{1}{4}(1+\xi_i\xi)(1+\eta_i\eta), \quad i=1,2,3,4。$$

利用形函数构造式(5-20)也可以得到图 5-10(b)所示 8 结点矩形单元的各结点形函数，表示为

$$\left.\begin{aligned}N_i&=\frac{1}{4}(1+\xi_i\xi)(1+\eta_i\eta)(-1+\xi_i\xi+\eta_i\eta), & i=1,2,3,4\\ N_k&=\frac{1}{2}(1+\xi_k\eta+\eta_k\xi)(1-\xi_k\eta-\eta_k\xi)(1+\xi_k\xi+\eta_k\eta), & k=5,6,7,8\end{aligned}\right\}。$$

实践 5-5

【例 5-5】 利用 5.1.2 节介绍的功能函数 fun_line.m 构造如图 5-11 所示 4 结点平面四边形单元的形函数 N_1、N_2、N_3、N_4。

【解】 编写 MATLAB 程序 ex0505.m，内容如下：

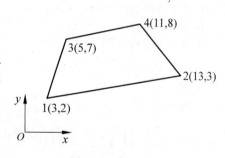

图 5-11 例 5-5 图

```
clear;
clc;
nxy = [3,2; 13,3; 11,8; 5,7];
syms x y
% ------------------------------------
F12(x,y) = fun_line(nxy([1,2],:));
F24(x,y) = fun_line(nxy([2,4],:));
F43(x,y) = fun_line(nxy([4,3],:));
F31(x,y) = fun_line(nxy([3,1],:));
% ------------------------------------
N1(x,y) = F43/F43(nxy(1,1),nxy(1,2)) * ...
          F24/F24(nxy(1,1),nxy(1,2))
```

```
pretty(N1)
N1_1 = N1(nxy(1,1),nxy(1,2))
N1_2 = N1(nxy(2,1),nxy(2,2))
N1_3 = N1(nxy(3,1),nxy(3,2))
N1_4 = N1(nxy(4,1),nxy(4,2))
% ------------------------------------------
N2(x,y) = F43/F43(nxy(2,1),nxy(2,2)) * ...
          F31/F31(nxy(2,1),nxy(2,2))
pretty(N2)
N2_1 = N2(nxy(1,1),nxy(1,2))
N2_2 = N2(nxy(2,1),nxy(2,2))
N2_3 = N2(nxy(3,1),nxy(3,2))
N2_4 = N2(nxy(4,1),nxy(4,2))
% ------------------------------------------
N3(x,y) = F12/F12(nxy(3,1),nxy(3,2)) * ...
          F24/F24(nxy(3,1),nxy(3,2))
pretty(N3)
N3_1 = N3(nxy(1,1),nxy(1,2))
N3_2 = N3(nxy(2,1),nxy(2,2))
N3_3 = N3(nxy(3,1),nxy(3,2))
N3_4 = N3(nxy(4,1),nxy(4,2))
% ------------------------------------------
N4(x,y) = F12/F12(nxy(4,1),nxy(4,2)) * ...
          F31/F31(nxy(4,1),nxy(4,2))
pretty(N4)
N4_1 = N4(nxy(1,1),nxy(1,2))
N4_2 = N4(nxy(2,1),nxy(2,2))
N4_3 = N4(nxy(3,1),nxy(3,2))
N4_4 = N4(nxy(4,1),nxy(4,2))
```

运行程序 ex0505.m,得到

$$N_1(x,y) = -\frac{1}{6}\left(\frac{x}{28} - \frac{3y}{14} + \frac{37}{28}\right)\left(\frac{x}{2} + y - \frac{19}{2}\right)$$

$$N_2(x,y) = -\frac{2}{13}\left(\frac{x}{32} - \frac{3y}{16} + \frac{37}{32}\right)\left(y - \frac{3x}{4} + \frac{1}{4}\right)$$

$$N_3(x,y) = -\frac{1}{4}\left(\frac{x}{52} - \frac{5y}{26} + \frac{17}{52}\right)\left(\frac{x}{2} + y - \frac{19}{2}\right)$$

$$N_4(x,y) = -\frac{2}{7}\left(\frac{x}{48} - \frac{5y}{24} + \frac{17}{48}\right)\left(y - \frac{3x}{4} + \frac{1}{4}\right)$$

实践 5-6

【例 5-6】 利用 5.1.2 节介绍的功能函数 fun_line.m 构造如图 5-10(b)所示 8 结点平面 Serendipity 矩形单元的形函数 N_1 和 N_5。

【解】 编写 MATLAB 程序 ex0506.m,内容如下:

```
clear;
clc;
```

```
nxy = [ - 1, - 1; 1, - 1; 1,1; - 1,1; ...
        0, - 1; 1,0; 0,1; - 1,0];
syms x y
syms r s
F58(x,y) = fun_line(nxy([5,8],:));
F34(x,y) = fun_line(nxy([3,4],:));
F23(x,y) = fun_line(nxy([2,3],:));
N1(x,y) = F58/F58(nxy(1,1),nxy(1,2)) * ...
          F34/F34(nxy(1,1),nxy(1,2)) * ...
          F23/F23(nxy(1,1),nxy(1,2))
pretty(N1)
N1_1 = N1(nxy(1,1),nxy(1,2))
N1_2 = N1(nxy(2,1),nxy(2,2))
N1_3 = N1(nxy(3,1),nxy(3,2))
N1_4 = N1(nxy(4,1),nxy(4,2))
N1_5 = N1(nxy(5,1),nxy(5,2))
N1_6 = N1(nxy(6,1),nxy(6,2))
N1_7 = N1(nxy(7,1),nxy(7,2))
N1_8 = N1(nxy(8,1),nxy(8,2))
% ------------------------------------
F14(x,y) = fun_line(nxy([1,4],:));
N5(x,y) = F14/F14(nxy(5,1),nxy(5,2)) * ...
          F34/F34(nxy(5,1),nxy(5,2)) * ...
          F23/F23(nxy(5,1),nxy(5,2))
pretty(N5)
N5_1 = N5(nxy(1,1),nxy(1,2))
N5_2 = N5(nxy(2,1),nxy(2,2))
N5_3 = N5(nxy(3,1),nxy(3,2))
N5_4 = N5(nxy(4,1),nxy(4,2))
N5_5 = N5(nxy(5,1),nxy(5,2))
N5_6 = N5(nxy(6,1),nxy(6,2))
N5_7 = N5(nxy(7,1),nxy(7,2))
N5_8 = N5(nxy(8,1),nxy(8,2))
% ------------------------------------
N1(r,s) = subs(N1,[x,y],[r,s])
pretty(N1)
N5(r,s) = subs(N5,[x,y],[r,s])
pretty(N5)
```

运行程序 ex0506.m,得到

$$N_1(r, s) = -(r-1)(s-1)(r+s+1)/4$$
$$N_5(r, s) = (r-1)(r+1)(s-1)/2$$

5.4   三维单元形函数

本节主要介绍四面体单元及其形函数、Serendipity 六面体单元及其形函数、Lagrange 六面体单元及其形函数、三角棱柱单元及其形函数的相关内容。

5.4.1   四面体单元

在有限元法中常用的四面体单元包括空间 4 结点四面体单元和空间 10 结点四面体单

元,分析四面体单元应用体积坐标比较方便。下面主要介绍体积坐标和四面体单元形函数的相关内容。

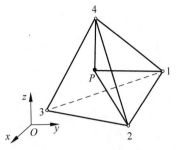

图 5-12 空间 4 结点四面体单元

如图 5-12 所示空间四面体单元的体积为 V,其内任一点 $P(x,y,z)$ 与 4 个角点的 4 条连线可将其分割为 4 个子体积,引入如下体积比:

$$\left.\begin{aligned} L_1 &= \frac{V_{P234}}{V} \\ L_2 &= \frac{V_{P341}}{V} \\ L_3 &= \frac{V_{P412}}{V} \\ L_4 &= \frac{V_{P123}}{V} \end{aligned}\right\} 。 \tag{5-21}$$

上述 4 个体积比可以确定 P 点的位置,将 (L_1,L_2,L_3,L_4) 称为 P 点的**体积坐标**。不难看出,体积坐标满足

$$L_1 + L_2 + L_3 + L_4 = 1 。 \tag{5-22}$$

容易证明,体积坐标具有如下特性:①与四面体的 234 表面平行的面上各点具有相同的体积坐标 L_1,与四面体其他表面平行的面上各点也具有相似的性质;②角点 1 的面积坐标 $L_1=1, L_2=L_3=L_4=0$,其他 3 个角点也具有相似的性质。

在体积坐标定义式(5-21)中,四面体的体积

$$V = \frac{1}{6} \begin{vmatrix} 1 & x_1 & y_1 & z_1 \\ 1 & x_2 & y_2 & z_2 \\ 1 & x_3 & y_3 & z_3 \\ 1 & x_4 & y_4 & z_4 \end{vmatrix},$$

被 P 点分割的四个子体积为

$$V_{P234} = \frac{1}{6} \begin{vmatrix} 1 & x & y & z \\ 1 & x_2 & y_2 & z_2 \\ 1 & x_3 & y_3 & z_3 \\ 1 & x_4 & y_4 & z_4 \end{vmatrix}, \quad V_{P341} = \frac{1}{6} \begin{vmatrix} 1 & x_1 & y_1 & z_1 \\ 1 & x & y & z \\ 1 & x_3 & y_3 & z_3 \\ 1 & x_4 & y_4 & z_4 \end{vmatrix},$$

$$V_{P412} = \frac{1}{6} \begin{vmatrix} 1 & x_1 & y_1 & z_1 \\ 1 & x_2 & y_2 & z_2 \\ 1 & x & y & z \\ 1 & x_4 & y_4 & z_4 \end{vmatrix}, \quad V_{P123} = \frac{1}{6} \begin{vmatrix} 1 & x_1 & y_1 & z_1 \\ 1 & x_2 & y_2 & z_2 \\ 1 & x_3 & y_3 & z_3 \\ 1 & x & y & z \end{vmatrix} 。$$

因此,体积坐标用直角坐标表示为

$$L_i = \frac{1}{6V}(a_i + b_i x + c_i y + d_i z), \quad i = 1,2,3,4, \tag{5-23}$$

其中

$$a_1 = \begin{vmatrix} x_2 & y_2 & z_2 \\ x_3 & y_3 & z_3 \\ x_4 & y_4 & z_4 \end{vmatrix},$$

$$b_1 = - \begin{vmatrix} 1 & y_2 & z_2 \\ 1 & y_3 & z_3 \\ 1 & y_4 & z_4 \end{vmatrix},$$

$$c_1 = - \begin{vmatrix} x_2 & 1 & z_2 \\ x_3 & 1 & z_3 \\ x_4 & 1 & z_4 \end{vmatrix},$$

$$d_1 = \begin{vmatrix} x_2 & y_2 & 1 \\ x_3 & y_3 & 1 \\ x_4 & y_4 & 1 \end{vmatrix};$$

其余的 a_i、b_i、c_i、$d_i (i=2,3,4)$ 可由上式,通过轮换指标 1、2、3、4 得到。直角坐标也可用体积坐标表示为

$$\left. \begin{aligned} x &= x_1 L_1 + x_2 L_2 + x_3 L_3 + x_4 L_4 \\ y &= y_1 L_1 + y_2 L_2 + y_3 L_3 + y_4 L_4 \\ z &= z_1 L_1 + z_2 L_2 + z_3 L_3 + z_4 L_4 \end{aligned} \right\}. \tag{5-24}$$

采用与构造平面三角形单元插值函数相似的方法,可以得到空间四面体单元的形函数。如图 5-12 所示空间 4 结点四面体单元的形函数为

$$N_i = L_i, \quad i=1,2,3,4。$$

如图 5-13 所示空间 10 结点四面体单元的形函数为

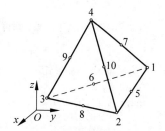

图 5-13 空间 10 结点四面体单元

$$\left. \begin{aligned} N_i &= (2L_i - 1)L_i, \quad i=1,2,3,4 \\ N_5 &= 4L_1 L_2 \\ N_6 &= 4L_1 L_3 \\ N_7 &= 4L_1 L_4 \\ N_8 &= 4L_2 L_3 \\ N_9 &= 4L_3 L_4 \\ N_{10} &= 4L_2 L_4 \end{aligned} \right\}。$$

实践 5-7

【例 5-7】 一空间 4 结点四面体单元的结点坐标分别为 1(1,0,0)、2(0,2,0)、3(0,0,0)、4(0,0,3),利用 5.1.2 节介绍的功能函数 fun_plane.m 构造该单元的形函数 N_1、N_2、N_3、N_4。

【解】 (1) 编写 MATLAB 程序 ex0507_1.m,内容如下:

```
clear;
```

```
clc;
syms x y z
nxyz = [1,0,0; ...
        0,2,0; ...
        0,0,0; ...
        0,0,3];
F234(x,y,z) = fun_plane(nxyz([2,3,4],:))
N1(x,y,z) = F234/F234(nxyz(1,1),nxyz(1,2),nxyz(1,3))
```

运行程序 ex0507_1.m，得到

```
N₁(x, y, z) = x
```

（2）编写 MATLAB 程序 ex0507_2.m，内容如下：

```
clear;
clc;
syms x y z
nxyz = [1,0,0; ...
        0,2,0; ...
        0,0,0; ...
        0,0,3];
F134(x,y,z) = fun_plane(nxyz([1,3,4],:))
N2(x,y,z) = F134/F134(nxyz(2,1),nxyz(2,2),nxyz(2,3))
```

运行程序 ex0507_2.m，得到

```
N₂(x, y, z) = y/2
```

（3）编写 MATLAB 程序 ex0507_3.m，内容如下：

```
clear;
clc;
syms x y z
nxyz = [1,0,0; ...
        0,2,0; ...
        0,0,0; ...
        0,0,3];
F124(x,y,z) = fun_plane(nxyz([1,2,4],:))
N3(x,y,z) = F124/F124(nxyz(3,1),nxyz(3,2),nxyz(3,3))
```

运行程序 ex0507_3.m，得到

```
N₃(x, y, z) = 1 - y/2 - z/3 - x
```

（4）编写 MATLAB 程序 ex0507_4.m，内容如下：

```
clear;
clc;
syms x y z
nxyz = [1,0,0; ...
        0,2,0; ...
        0,0,0; ...
        0,0,3];
F123(x,y,z) = fun_plane(nxyz([1,2,3],:))
N4(x,y,z) = F123/F123(nxyz(4,1),nxyz(4,2),nxyz(4,3))
```

运行程序 ex0507_4.m,得到

```
N₄(x, y, z) = z/3
```

5.4.2　Serendipity 六面体单元

在局部坐标系下,Serendipity 六面体单元的形函数构造式为

$$N_i(\xi,\eta,\zeta)=\frac{\prod\limits_{k=1}^{m}F_k(\xi,\eta,\zeta)}{\prod\limits_{k=1}^{m}F_k(\xi,\eta,\zeta)\mid_i},\qquad(5\text{-}25)$$

其中,F_k——不通过结点 i 而通过其他结点的直线方程 $F_k=0$ 的等号左端项;

　　　　m——形函数的次数。

根据式(5-25)可得如图 5-14 所示空间 8 结点立方体单元的形函数,统一表示为

$$N_i=\frac{1}{8}(1+\xi_0)(1+\eta_0)(1+\zeta_0),\quad i=1,2,\cdots,8,$$

其中,

$$\xi_0=\xi_i\xi,\quad \eta_0=\eta_i\eta,\quad \zeta_0=\zeta_i\zeta,\quad i=1,2,\cdots,8。$$

根据式(5-25)可得如图 5-15 所示空间 20 结点立方体单元的形函数,统一表示为

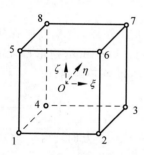

图 5-14　空间 8 结点立方体单元

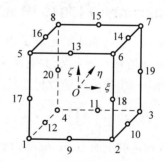

图 5-15　空间 20 结点立方体单元

$$N_i=\frac{1}{8}\xi_i^2\eta_i^2\zeta_i^2(1+\xi_0)(1+\eta_0)(1+\zeta_0)(\xi_0+\eta_0+\zeta_0-2)+$$

$$\frac{1}{4}\eta_i^2\zeta_i^2(1-\xi^2)(1+\eta_0)(1+\zeta_0)(1-\xi_i^2)+\frac{1}{4}\zeta_i^2\xi_i^2(1-\eta^2)(1+\zeta_0)(1+\xi_0)(1-\eta_i^2)+$$

$$\frac{1}{4}\xi_i^2\eta_i^2(1-\zeta^2)(1+\xi_0)(1+\eta_0)(1-\zeta_i^2),$$

其中,

$$\xi_0=\xi_i\xi,\quad \eta_0=\eta_i\eta,\quad \zeta_0=\zeta_i\zeta,\quad i=1,2,\cdots,20。$$

实践 5-8

【例 5-8】　利用 5.1.2 节介绍的功能函数 fun_plane.m 构造如图 5-14 所示 8 结点空间立方体单元的形函数 N_1。

【解】   编写 MATLAB 程序 ex0508.m,内容如下:

```
clear;
clc;
syms x y z
nxyz = [-1, -1, -1;...
        1, -1, -1; ...
        1, 1, -1; ...
        -1, 1, -1; ...
        -1, -1, 1;...
        1, -1, 1; ...
        1, 1, 1; ...
        -1, 1, 1];
F567(x,y,z) = fun_plane(nxyz([5,6,7],:))
F267(x,y,z) = fun_plane(nxyz([2,6,7],:))
F378(x,y,z) = fun_plane(nxyz([3,7,8],:))
N1(x,y,z) = F567/F567(nxyz(1,1),nxyz(1,2),nxyz(1,3)) * ...
            F267/F267(nxyz(1,1),nxyz(1,2),nxyz(1,3)) * ...
            F378/F378(nxyz(1,1),nxyz(1,2),nxyz(1,3));
factor(N1)
```

运行程序 ex0508.m,得到

$$N_1(r,s,t) = -(z-1)(y-1)(x-1)/8$$

5.4.3   Lagrange 六面体单元

空间 Lagrange 正六面体单元沿 x 方向各行均有 n 个结点,沿 y 方向各列均有 m 个结点,沿 y 方向各列均有 l 个结点,共有结点总数为 mnl。Lagrange 矩形单元的形函数构造式可由 Lagrange 一维单元形函数构造式(5-6)推广至三维单元得到,即

$$N_{ijl}(x,y,z) = \left(\prod_{k=1,k \neq i}^{n} \frac{x-x_k}{x_i-x_k} \right) \left(\prod_{k=1,k \neq j}^{m} \frac{y-y_k}{y_j-x_k} \right) \left(\prod_{k=1,k \neq l}^{p} \frac{y-y_k}{y_l-x_k} \right) 。 \quad (5-25)$$

如图 5-16 所示的空间 Lagrange 正六面体单元沿 x、y、z 方向均含 3 个结点,结点总数为 27,其各点的形函数分别为

$$N_{111}(x,y,z) = \frac{(x-x_2)(x-x_3)(y-y_2)(y-y_3)(z-z_2)(z-z_3)}{(x_1-x_2)(x_1-x_3)(y_1-y_2)(y_1-y_3)(z_1-z_2)(z_1-z_3)},$$

$$N_{112}(x,y,z) = \frac{(x-x_2)(x-x_3)(y-y_2)(y-y_3)(z-z_1)(z-z_3)}{(x_1-x_2)(x_1-x_3)(y_1-y_2)(y_1-y_3)(z_2-z_1)(z_2-z_3)},$$

共有 27 个表达式。

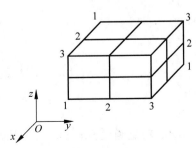

图 5-16   空间 27 结点 Lagrange 单元

5.4.4 三角棱柱单元

在对复杂三维求解区域进行有限元离散时,在某些边界区域采用四面体或六面体单元往往不十分有效,而采用三角棱柱单元就非常必要。在构造三角棱柱单元的形函数时,混合使用面积坐标和直线坐标,其形函数构造式可表示为

$$N_i(L_i,L_j,L_m,\zeta)=\frac{\prod_{k=1}^{m}F_k(L_i,L_j,L_m,\zeta)}{\prod_{k=1}^{m}F_k(L_i,L_j,L_m,\zeta)\mid_i},\tag{5-26}$$

其中,F_k——不通过结点 i 而通过其他结点的曲线 k 的

直线方程 $F_k=0$ 的等号左端项;

m——形函数的次数。

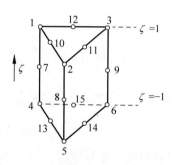

图 5-17 空间 15 结点三角棱柱单元

例如,对于图 5-17 所示空间 15 结点三角棱柱单元,利用构造式(5-20)可得其角结点 1、三角形边内结点 10 和矩形边内结点 7 的形函数为

$$N_1=0.5L_1(2L_1-1)(1+\zeta)-0.5L_1(1-\zeta^2)$$
$$N_{10}=2L_1L_2(1+\zeta)$$
$$N_7=L_1(1-\zeta^2)$$

习题

习题 5-1 利用形函数构造法求图示 8 结点平面四边形单元的形函数 N_1、N_2、N_3、N_4、N_5、N_6、N_7、N_8。

习题 5-2 已知某 4 结点一维 Lagrange 单元的结点坐标为 $x_1=2,x_2=4,x_3=6,x_4=8$。利用广义坐标法求该单元的形函数 N_1、N_2、N_3、N_4。

习题 5-3 已知某 2 结点 2 阶 Hermite 一维单元的结点坐标为 $x_1=2,x_2=4$。利用广义坐标法求该单元的形函数 H_{10}、H_{11}、H_{20}、H_{21}。

习题 5-4 利用广义坐标法求图示 4 结点平面四边形单元的形函数 N_1、N_2、N_3、N_4。

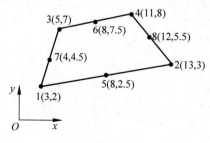

习题 5-1 图

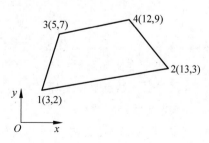

习题 5-4 图

第6章

等参元及其应用

6.1 等参元及其变换

6.1.1 等参元的概念

第 5 章介绍了很多形状规则的单元,如三角形单元、矩形单元、立方体单元等。对于某些具有曲线边界的结构,利用上述形状规则的单元离散结构时会产生以直线代替曲线而引起的模型误差。为消除或减小这种模型误差,需要寻找一种适当的变换方法,将这些形状规则的单元转化为含有曲线或曲面的形状不规则的单元。

为了将局部坐标系(ξ,η,ζ)中形状规则的单元转换为总体坐标系(x,y,z)中形状不规则的单元,需要构造一个坐标变换,即

$$\left.\begin{array}{l} x = x(\xi,\eta,\zeta) \\ y = y(\xi,\eta,\zeta) \\ z = z(\xi,\eta,\zeta) \end{array}\right\}。 \tag{6-1}$$

为便于构造坐标变换,通常将坐标变换式(6-1)改写为

$$\left.\begin{array}{l} x = \sum_{i=1}^{m} N'_i(\xi,\eta,\zeta)x_i \\ y = \sum_{i=1}^{m} N'_i(\xi,\eta,\zeta)y_i \\ z = \sum_{i=1}^{m} N'_i(\xi,\eta,\zeta)z_i \end{array}\right\}, \tag{6-2}$$

其中,N'_i——坐标变换形函数;

x_i,y_i,z_i——结点整体坐标;

m——结点个数。

而单元内任一点的场变量 ϕ 可表示为

$$\phi = \sum_{i=1}^{n} N_i(\xi,\eta,\zeta)\phi_i, \tag{6-3}$$

其中,N_i——场变量形函数;

ϕ_i——结点场变量；

n——结点场变量个数。

如果某单元的坐标变换形函数和场变量形函数相同,坐标变换结点个数和结点场变量个数相等,即 $N'_i = N_i$，$m = n$，则称这种变换为**等参变换**,称这种单元为**等参元**。

如果某单元的坐标变换结点个数大于结点场变量个数,即 $m > n$，则称这种变换为**超参变换**,称这种单元为**超参元**。

如果某单元的坐标变换结点个数小于结点场变量个数,即 $m < n$，则称这种变换为**亚参变换**,称这种单元为**亚参元**。

6.1.2 等参元的变换

在有限元分析中,需要对单元进行各类积分运算,为此需要建立局部坐标系和整体坐标系间的导数、体积微元、面积微元间的变换关系。

1. 形函数导数的变换

根据复合函数求导法则,形函数 N_i 对局部坐标的偏导数可表示为

$$\left.\begin{aligned}
\frac{\partial N_i}{\partial \xi} &= \frac{\partial N_i}{\partial x}\frac{\partial x}{\partial \xi} + \frac{\partial N_i}{\partial y}\frac{\partial y}{\partial \xi} + \frac{\partial N_i}{\partial z}\frac{\partial z}{\partial \xi} \\
\frac{\partial N_i}{\partial \eta} &= \frac{\partial N_i}{\partial x}\frac{\partial x}{\partial \eta} + \frac{\partial N_i}{\partial y}\frac{\partial y}{\partial \eta} + \frac{\partial N_i}{\partial z}\frac{\partial z}{\partial \eta} \\
\frac{\partial N_i}{\partial \zeta} &= \frac{\partial N_i}{\partial x}\frac{\partial x}{\partial \zeta} + \frac{\partial N_i}{\partial y}\frac{\partial y}{\partial \zeta} + \frac{\partial N_i}{\partial z}\frac{\partial z}{\partial \zeta}
\end{aligned}\right\}, \tag{6-4}$$

式(6-4)可改写为

$$\begin{bmatrix} \dfrac{\partial N_i}{\partial \xi} \\[2mm] \dfrac{\partial N_i}{\partial \eta} \\[2mm] \dfrac{\partial N_i}{\partial \zeta} \end{bmatrix} = \boldsymbol{J} \begin{bmatrix} \dfrac{\partial N_i}{\partial x} \\[2mm] \dfrac{\partial N_i}{\partial y} \\[2mm] \dfrac{\partial N_i}{\partial z} \end{bmatrix}, \tag{6-5}$$

其中,

$$\boldsymbol{J} = \frac{\partial(x, y, z)}{\partial(\xi, \eta, \zeta)} = \begin{bmatrix} \dfrac{\partial x}{\partial \xi} & \dfrac{\partial y}{\partial \xi} & \dfrac{\partial z}{\partial \xi} \\[2mm] \dfrac{\partial x}{\partial \eta} & \dfrac{\partial y}{\partial \eta} & \dfrac{\partial z}{\partial \eta} \\[2mm] \dfrac{\partial x}{\partial \zeta} & \dfrac{\partial y}{\partial \zeta} & \dfrac{\partial z}{\partial \zeta} \end{bmatrix} \quad\text{——雅可比(Jacobian)矩阵。}$$

对于等参元,将坐标变换式(6-2)代入雅可比矩阵 $\boldsymbol{J}$，并利用 $N'_i = N_i$ 可得

$$\boldsymbol{J} = \boldsymbol{N}_\partial \boldsymbol{X}_e, \tag{6-6}$$

其中,

$$N_\partial = \begin{bmatrix} \dfrac{\partial N_1}{\partial \xi} & \dfrac{\partial N_2}{\partial \xi} & \cdots & \dfrac{\partial N_n}{\partial \xi} \\ \dfrac{\partial N_1}{\partial \eta} & \dfrac{\partial N_2}{\partial \eta} & \cdots & \dfrac{\partial N_n}{\partial \eta} \\ \dfrac{\partial N_1}{\partial \zeta} & \dfrac{\partial N_2}{\partial \zeta} & \cdots & \dfrac{\partial N_n}{\partial \zeta} \end{bmatrix} ——形函数偏导数矩阵；$$

$$X_e = \begin{bmatrix} x_1 & y_1 & z_1 \\ x_2 & y_2 & z_2 \\ \vdots & \vdots & \vdots \\ x_n & y_n & z_n \end{bmatrix} ——单元结点坐标矩阵。$$

2. 体积微元的变换

三维情况下,在局部坐标系中沿坐标方向的 3 个微线元 $d\xi$、$d\eta$、$d\zeta$ 在整体坐标系下对应的 3 个微线元可分别表示为

$$\left. \begin{aligned} d\boldsymbol{R}_\xi &= \left(\frac{\partial x}{\partial \xi}d\xi\right)\boldsymbol{i} + \left(\frac{\partial y}{\partial \xi}d\xi\right)\boldsymbol{j} + \left(\frac{\partial z}{\partial \xi}d\xi\right)\boldsymbol{k} \\ d\boldsymbol{R}_\eta &= \left(\frac{\partial x}{\partial \eta}d\eta\right)\boldsymbol{i} + \left(\frac{\partial y}{\partial \eta}d\eta\right)\boldsymbol{j} + \left(\frac{\partial z}{\partial \eta}d\eta\right)\boldsymbol{k} \\ d\boldsymbol{R}_\zeta &= \left(\frac{\partial x}{\partial \zeta}d\zeta\right)\boldsymbol{i} + \left(\frac{\partial y}{\partial \zeta}d\zeta\right)\boldsymbol{j} + \left(\frac{\partial z}{\partial \zeta}d\zeta\right)\boldsymbol{k} \end{aligned} \right\}, \tag{6-7}$$

由 $d\boldsymbol{R}_\xi$、$d\boldsymbol{R}_\eta$、$d\boldsymbol{R}_\zeta$ 这 3 个微线元矢量构成的体积微元的体积为

$$dV = d\boldsymbol{R}_\xi \cdot (d\boldsymbol{R}_\eta \times d\boldsymbol{R}_\zeta) = |\boldsymbol{J}| \, d\xi d\eta d\zeta, \tag{6-8}$$

其中,$|\boldsymbol{J}|$——雅可比矩阵的行列式；

$d\xi d\eta d\zeta$——局部坐标系下体积微元的体积；

dV——整体坐标系下体积微元的体积。

式(6-8)示出了整体坐标系下体积微元和局部坐标系下体积微元的关系,即整体坐标系下的体积微元等于雅可比矩阵的行列式与局部坐标系下体积微元的积。

3. 面积微元的变换

二维情况下,在局部坐标系下沿坐标方向的两个微线元 $d\xi$、$d\eta$ 在整体坐标系下对应的两个微线元可分别表示为

$$\left. \begin{aligned} d\boldsymbol{R}_\xi &= \left(\frac{\partial x}{\partial \xi}d\xi\right)\boldsymbol{i} + \left(\frac{\partial y}{\partial \xi}d\xi\right)\boldsymbol{j} \\ d\boldsymbol{R}_\eta &= \left(\frac{\partial x}{\partial \eta}d\eta\right)\boldsymbol{i} + \left(\frac{\partial y}{\partial \eta}d\eta\right)\boldsymbol{j} \end{aligned} \right\}, \tag{6-9}$$

由 $d\boldsymbol{R}_\xi$、$d\boldsymbol{R}_\eta$ 这两个微线元矢量构成的面积微元的面积为

$$dA = |\boldsymbol{J}| \, d\xi d\eta, \tag{6-10}$$

其中,

$$\boldsymbol{J} = \begin{bmatrix} \dfrac{\partial x}{\partial \xi} & \dfrac{\partial y}{\partial \xi} \\ \dfrac{\partial x}{\partial \eta} & \dfrac{\partial y}{\partial \eta} \end{bmatrix} = N_\partial X_e ——雅可比矩阵；$$

$|\boldsymbol{J}|$——雅可比矩阵的行列式；

$$\boldsymbol{N}_{\partial} = \begin{bmatrix} \dfrac{\partial N_1}{\partial \xi} & \dfrac{\partial N_2}{\partial \xi} & \cdots & \dfrac{\partial N_n}{\partial \xi} \\[2mm] \dfrac{\partial N_1}{\partial \eta} & \dfrac{\partial N_2}{\partial \eta} & \cdots & \dfrac{\partial N_n}{\partial \eta} \end{bmatrix}$$ ——形函数偏导数矩阵；

$$\boldsymbol{X}_e = \begin{bmatrix} x_1 & y_1 \\ x_2 & y_2 \\ \vdots & \vdots \\ x_n & y_n \end{bmatrix}$$ ——单元结点坐标矩阵。

实践 6-1

【**例 6-1**】　计算球坐标和直角坐标间的雅可比矩阵及其行列式。

【**解**】　球坐标系 (r,θ,φ) 与直角坐标系 (x,y,z) 的转换关系为
$$x = r\sin\theta\cos\varphi, \quad y = r\sin\theta\sin\varphi, \quad z = r\cos\theta.$$

编写 MATLAB 程序 ex0601.m，内容如下：

```
clear;
clc
syms r xt fi
x = r * sin(xt) * cos(fi);
y = r * sin(xt) * sin(fi);
z = r * cos(xt);
J = [diff(x,r,1),diff(y,r,1),diff(z,r,1)
    diff(x,xt,1),diff(y,xt,1),diff(z,xt,1)
    diff(x,fi,1),diff(y,fi,1),diff(z,fi,1)]
J_det = det(J);
J_det = simplify(J_det)
```

运行程序 ex0601.m，得到

```
J =
    [      cos(fi) * sin(xt),      sin(fi) * sin(xt),      cos(xt)]
    [  r * cos(fi) * cos(xt),  r * sin(fi) * cos(xt),  - r * sin(xt)]
    [ - r * sin(fi) * sin(xt),  r * cos(fi) * sin(xt),          0]

J_det =

    r^2 * sin(xt)
```

实践 6-2

【**例 6-2**】　计算柱坐标和直角坐标间的雅可比矩阵及其行列式。

【**解**】　柱坐标系 (r,φ,z) 与直角坐标系 (x,y,z) 的转换关系为
$$x = r\cos\varphi, \quad y = r\sin\varphi, \quad z = z.$$

编写 MATLAB 程序 ex0602.m，内容如下：

```
clear;
```

```
clc;
syms r fi z1
x = r * cos(fi);
y = r * sin(fi);
z = z1;
J = [diff(x,r,1),diff(y,r,1),diff(z,r,1)
     diff(x,fi,1),diff(y,fi,1),diff(z,fi,1)
     diff(x,z1,1),diff(y,z1,1),diff(z,z1,1)]
J_det = det(J);
J_det = simplify(J_det)
```

运行程序 ex0602.m,得到

```
J =
    [     cos(fi),      sin(fi),  0]
    [ - r * sin(fi),  r * cos(fi),  0]
    [        0,           0,  1]
J_det =
    r
```

6.2　平面三角形等参元

6.2.1　直边三角形单元

如图 6-1 所示的直边三角形单元,其整体坐标和场变量函数分别表示为

$$x = N_1(\xi,\eta)x_1 + N_2(\xi,\eta)x_2 + N_3(\xi,\eta)x_3$$
$$y = N_1(\xi,\eta)y_1 + N_2(\xi,\eta)y_2 + N_3(\xi,\eta)y_3$$

（6-11a）

和

$$\phi = N_1(\xi,\eta)\phi_1 + N_2(\xi,\eta)\phi_2 + N_3(\xi,\eta)\phi_3,$$

（6-11b）

其中,x,y——整体坐标;

ξ,η——局部坐标;

$N_i(\xi,\eta)$——结点 i 的形函数;

x_i,y_i——单元结点整体坐标;

$i=1,2,3$——单元结点编号。

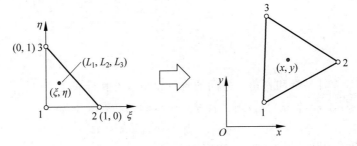

图 6-1　直边三角形单元

利用广义坐标法或构造法求出图 6-1 中直边三角形单元的形函数,表达式为

$$
\left.\begin{array}{l}
N_1 = L_1 = 1 - \xi - \eta \\
N_2 = L_2 = \xi \\
N_3 = L_3 = \eta
\end{array}\right\}, \tag{6-12}
$$

其中,L_1,L_2,L_3——局部面积坐标;

　　ξ,η——局部直角坐标。

根据式(6-12)可以得到图 6-1 所示直边三角形单元的形函数偏导数矩阵,即

$$
\boldsymbol{N}_\partial = \begin{bmatrix} \dfrac{\partial N_1}{\partial \xi} & \dfrac{\partial N_2}{\partial \xi} & \dfrac{\partial N_3}{\partial \xi} \\ \dfrac{\partial N_1}{\partial \eta} & \dfrac{\partial N_2}{\partial \eta} & \dfrac{\partial N_3}{\partial \eta} \end{bmatrix} = \begin{bmatrix} -1 & 1 & 0 \\ -1 & 0 & 1 \end{bmatrix}. \tag{6-13a}
$$

图 6-1 所示直边三角形单元的单元结点坐标矩阵为

$$
\boldsymbol{X}_e = \begin{bmatrix} x_1 & y_1 \\ x_2 & y_2 \\ x_3 & y_3 \end{bmatrix}. \tag{6-13b}
$$

根据式(6-13),得到图 6-1 所示平面 3 结点三角形等参元的雅可比矩阵,即

$$
\boldsymbol{J} = \boldsymbol{N}_\partial \boldsymbol{X}_e = \begin{bmatrix} x_2 - x_1 & y_2 - y_1 \\ x_3 - x_1 & y_3 - y_1 \end{bmatrix}. \tag{6-14}
$$

实践 6-3

【例 6-3】　利用广义坐标法,推导图 6-1 所示直边三角形单元的形函数 N_i、形函数导数矩阵 $\boldsymbol{N}_\partial$ 和雅可比矩阵 $\boldsymbol{J}$ 的表达式。

【解】　编写 MATLAB 程序 ex0603.m,内容如下:

```
clear;
clc;
syms N1(r,s) N2(r,s) N3(r,s)
% -----------------------------------
syms a1 b1 c1
N1(r,s) = a1 + b1 * r + c1 * s;
eq1 = N1(0,0) == 1;
eq2 = N1(1,0) == 0;
eq3 = N1(0,1) == 0;
R1 = solve(eq1,eq2,eq3,a1,b1,c1);
a1 = R1.a1;
b1 = R1.b1;
c1 = R1.c1;
N1(r,s) = eval(N1)
% -----------------------------------
syms a2 b2 c2
N2(r,s) = a2 + b2 * r + c2 * s;
eq1 = N2(0,0) == 0;
eq2 = N2(1,0) == 1;
```

```
eq3 = N2(0,1) == 0;
R2 = solve(eq1,eq2,eq3,a2,b2,c2);
a2 = R2.a2;
b2 = R2.b2;
c2 = R2.c2;
N2(r,s) = eval(N2)
% ------------------------------------
syms a3 b3 c3
N3(r,s) = a3 + b3 * r + c3 * s;
eq1 = N3(0,0) == 0;
eq2 = N3(1,0) == 0;
eq3 = N3(0,1) == 1;
R3 = solve(eq1,eq2,eq3,a3,b3,c3);
a3 = R3.a3;
b3 = R3.b3;
c3 = R3.c3;
N3(r,s) = eval(N3)
% ------------------------------------
Npd = [diff(N1,r),diff(N2,r),diff(N3,r);
    diff(N1,s),diff(N2,s),diff(N3,s)]
syms x1 y1 x2 y2 x3 y3
J = Npd * [x1,y1;x2,y2;x3,y3]
```

运行程序 ex0603.m,得到

```
N1(r, s) = 1 - s - r
N2(r, s) = r
N3(r, s) = s
Npd(r, s) =
        [ -1, 1, 0]
        [ -1, 0, 1]
J(r, s) =
        [ x2 - x1, y2 - y1]
        [ x3 - x1, y3 - y1]
```

6.2.2　曲边三角形单元

如图 6-2 所示的曲边三角形单元有 6 个结点,其整体坐标和场变量函数分别表示为

$$\left.\begin{array}{l} x=\sum_{i=1}^{6}N_i(\xi,\eta)x_i \\ y=\sum_{i=1}^{6}N_i(\xi,\eta)y_i \end{array}\right\} \tag{6-15a}$$

和

$$\phi=\sum_{i=1}^{6}N_i(\xi,\eta)\phi_i, \tag{6-15b}$$

其中,x,y——整体坐标;

ξ,η——局部坐标;

$N_i(\xi,\eta)$——单元形函数;

x_i, y_i——单元结点整体坐标;

ϕ——场变量函数;

ϕ_i——场变量函数结点值;

$i = 1, 2, \cdots, 6$——单元结点编号。

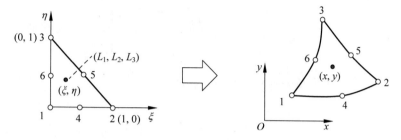

图 6-2 曲边三角形单元

利用广义坐标法或构造法求出图 6-2 所示曲边三角形单元的形函数,用局部直角坐标或局部面积坐标分别表示为

$$
\left.
\begin{aligned}
N_1 &= (1 - 2\xi - 2\eta)(1 - \xi - \eta) \\
N_2 &= (2\xi - 1)\xi \\
N_3 &= (2\eta - 1)\eta \\
N_4 &= 4(1 - \xi - \eta)\xi \\
N_5 &= 4\xi\eta \\
N_6 &= 4\eta(1 - \xi - \eta)
\end{aligned}
\right\}
\tag{6-16a}
$$

或

$$
\left.
\begin{aligned}
N_1 &= (2L_1 - 1)L_1 \\
N_2 &= (2L_2 - 1)L_2 \\
N_3 &= (2L_3 - 1)L_3 \\
N_4 &= 4L_1L_2 \\
N_5 &= 4L_2L_3 \\
N_6 &= 4L_3L_1
\end{aligned}
\right\},
\tag{6-16b}
$$

其中,ξ, η——局部直角坐标;

L_1, L_2, L_3——局部面积坐标;

$L_1 = 1 - \xi - \eta, L_2 = \xi, L_3 = \eta$——局部直角坐标和局部面积坐标间的关系。

根据式(6-16)可求得图 6-2 所示曲边三角形单元的形函数偏导数矩阵

$$
\boldsymbol{N}_{\partial} =
\begin{bmatrix}
\dfrac{\partial N_1}{\partial \xi} & \dfrac{\partial N_2}{\partial \xi} & \cdots & \dfrac{\partial N_6}{\partial \xi} \\[2mm]
\dfrac{\partial N_1}{\partial \eta} & \dfrac{\partial N_2}{\partial \eta} & \cdots & \dfrac{\partial N_6}{\partial \eta}
\end{bmatrix},
\tag{6-17a}
$$

其中,

$$\left.\begin{array}{lll} \dfrac{\partial N_1}{\partial \xi} = -3+4\xi+4\eta, & \dfrac{\partial N_2}{\partial \xi} = 4\xi-1, & \dfrac{\partial N_3}{\partial \xi} = 0 \\[3mm] \dfrac{\partial N_4}{\partial \xi} = 4(1-2\xi-\eta), & \dfrac{\partial N_5}{\partial \xi} = 4\eta, & \dfrac{\partial N_6}{\partial \xi} = -4\eta \end{array}\right\} \text{对}\ \xi\ \text{的偏导数;}$$

$$\left.\begin{array}{lll} \dfrac{\partial N_1}{\partial \eta} = -3+4\eta+4\xi, & \dfrac{\partial N_2}{\partial \eta} = 0, & \dfrac{\partial N_3}{\partial \eta} = 4\eta-1 \\[3mm] \dfrac{\partial N_4}{\partial \eta} = -4\xi, & \dfrac{\partial N_5}{\partial \eta} = 4\xi, & \dfrac{\partial N_6}{\partial \eta} = 4(1-\xi-2\eta) \end{array}\right\} \text{对}\ \eta\ \text{的偏导数。}$$

图 6-2 所示曲边三角形单元的单元结点坐标矩阵为

$$\boldsymbol{X}_e = \begin{bmatrix} x_1 & y_1 \\ x_2 & y_2 \\ \vdots & \vdots \\ x_6 & y_6 \end{bmatrix}。 \tag{6-17b}$$

将式(6-17a)和式(6-17b)代入式 $\boldsymbol{J} = \boldsymbol{N}_\partial \boldsymbol{X}_e$，可以得到图 6-2 所示曲边三角形单元的雅可比矩阵 $\boldsymbol{J}$。

实践 6-4

【**例 6-4**】 利用广义坐标法推导图 6-2 所示平面 6 结点三角形单元的形函数 N_1 和 N_5 在局部坐标系内的表达式。

【**解**】 （1）编写 MATLAB 程序 ex0604_1.m,内容如下:

```
clear;
clc;
syms a1 a2 a3 a4 a5 a6
syms N1(r,s)
N1(r,s) = a1 + a2*r + a3*s + a4*r*s + a5*r^2 + a6*s^2
eq1 = N1(0,0) == 1
eq2 = N1(1,0) == 0
eq3 = N1(0,1) == 0
eq4 = N1(0.5,0) == 0
eq5 = N1(0.5,0.5) == 0
eq6 = N1(0,0.5) == 0
R = solve(eq1,eq2,eq3,eq3,eq4,eq5,eq5,eq6,...
          a1,a2,a3,a4,a5,a6)
a1 = R.a1
a2 = R.a2
a3 = R.a3
a4 = R.a4
a5 = R.a5
a6 = R.a6
N1(r,s) = eval(N1)
N1_f = factor(N1)
```

运行程序 ex0604_1.m,得到

```
N1(r, s) = (r + s - 1)(2r + 2s - 1)
```

（2）编写 MATLAB 程序 ex0604_2.m,内容如下：

```
clear;
clc;
syms a1 a2 a3 a4 a5 a6
syms N5(r,s)
N5(r,s) = a1 + a2 * r + a3 * s + a4 * r * s + a5 * r^2 + a6 * s^2
eq1 = N5(0,0) == 0
eq2 = N5(1,0) == 0
eq3 = N5(0,1) == 0
eq4 = N5(0.5,0) == 0
eq5 = N5(0.5,0.5) == 1
eq6 = N5(0,0.5) == 0
R = solve(eq1,eq2,eq3,eq3,eq4,eq5,eq5,eq6,...
          a1,a2,a3,a4,a5,a6)
a1 = R.a1
a2 = R.a2
a3 = R.a3
a4 = R.a4
a5 = R.a5
a6 = R.a6
N5(r,s) = eval(N5)
N5_f = factor(N5)
```

运行程序 ex0604_2.m,得到

```
N5(r, s) = 4rs
```

实践 6-5

【例 6-5】 曲边三角形单元的结点坐标为 $1(0.1,0.1)$、$2(2,0)$、$3(0,4)$、$4(1,0.2)$、$5(1.2,2)$、$6(0.2,2)$,求该单元的雅可比矩阵 **J**。

【解】 编写 MATLAB 程序 ex0605_1.m,内容如下：

```
clear;
clc;
syms N1(r,s) N2(r,s) N3(r,s)
syms N4(r,s) N5(r,s) N6(r,s)
N1(r,s) = (1-2*r-2*s)*(1-r-s)
N2(r,s) = (2*r-1)*r
N3(r,s) = (2*s-1)*s
N4(r,s) = 4*(1-r-s)*r
N5(r,s) = 4*r*s
N6(r,s) = 4*s*(1-r-s)
x1 = 0.1;y1 = 0.1;
x2 = 2;y2 = 0;
x3 = 0;y3 = 4;
x4 = 1;y4 = 0.2;
x5 = 1.2,y5 = 2;
x6 = 0.2;y6 = 2;
x(r,s) = N1*x1 + N2*x2 + N3*x3 + N4*x4 + N5*x5 + N6*x6
y(r,s) = N1*y1 + N2*y2 + N3*y3 + N4*y4 + N5*y5 + N6*y6
J = [diff(x,r),diff(y,r);
```

```
          diff(x,s),diff(y,s)]
J = simplify(J)
```

运行程序 ex0605_1.m,得到

```
J(r, s) =
          [ 2r/5 + 2s/5 + 17/10,    1/2 - 2s/5 - 6r/5]
          [  2r/5 - 6s/5 + 1/2,  2s/5 - 2r/5 + 37/10]
```

【另解】 编写 MATLAB 程序 ex0605_2.m,内容如下:

```
clear;
clc;
syms N1(r,s) N2(r,s) N3(r,s)
syms N4(r,s) N5(r,s) N6(r,s)
N1(r,s) = (1-2*r-2*s)*(1-r-s)
N2(r,s) = (2*r-1)*r
N3(r,s) = (2*s-1)*s
N4(r,s) = 4*(1-r-s)*r
N5(r,s) = 4*r*s
N6(r,s) = 4*s*(1-r-s)
Npd = [diff(N1,r),diff(N2,r),diff(N3,r),...
            diff(N4,r),diff(N5,r),diff(N6,r);
        diff(N1,s),diff(N2,s),diff(N3,s),...
            diff(N4,s),diff(N5,s),diff(N6,s)]
xy = [0.1,0.1;
2,0;
0,4;
1,0.2;
1.2,2;
0.2,2]
J = Npd * xy
```

运行程序 ex0605_2.m,得到

```
J(r, s) =
          [ 2r/5 + 2s/5 + 17/10,    1/2 - 2s/5 - 6r/5]
          [ 2r/5 - 6s/5 + 1/2,  2s/5 - 2r/5 + 37/10]
```

6.2.3　MATLAB 功能函数

函数 fun_JacM_2D6n.m

编写计算曲边三角形等参元雅克比矩阵 J 及形函数偏导数矩阵 N_∂ 的 MATLAB 功能函数 fun_JacM_2D6n.m,具体内容如下:

```
function [J,Npd] = fun_JacM_2D6n(nxy,rs)
% Jacobian matrix for 6 - node triangle element
% nxy(6 * 2) —— global coordinates of nodes
% rs(1 * 2) —— local coordinates of a calculated point
% J(2 * 2) —— Jacobian matrix
% Npd(2 * 6) —— Partial derivatives of shape function
%                  in local coordinate system
r = rs(1);
```

```
s = rs(2);
N1_r = - 3 + 4 * r + 4 * s;
N2_r = 4 * r - 1;
N3_r = 0;
N4_r = 4 * (1 - 2 * r - s);
N5_r = 4 * s;
N6_r = - 4 * s;
N1_s = - 3 + 4 * s + 4 * r;
N2_s = 0;
N3_s = 4 * s - 1;
N4_s = - 4 * r;
N5_s = 4 * r;
N6_s = 4 * (1 - r - 2 * s);
Npd = [N1_r, N2_r, N3_r, N4_r, N5_r, N6_r;...
       N1_s, N2_s, N3_s, N4_s, N5_s, N6_s];
J = Npd * nxy;
end
```

6.3　平面四边形等参元

6.3.1　直边四边形单元

如图 6-3 所示的直边四边形单元有 4 个结点,其整体坐标和场变量函数分别表示为

$$\left. \begin{array}{l} x = \sum_{i=1}^{4} N_i(\xi,\eta) x_i \\ y = \sum_{i=1}^{4} N_i(\xi,\eta) y_i \end{array} \right\} \qquad (6\text{-}18a)$$

和

$$\phi = \sum_{i=1}^{4} N_i(\xi,\eta) \phi_i, \qquad (6\text{-}18b)$$

其中,x,y——整体坐标;

　　ξ,η——局部坐标;

　　$N_i(\xi,\eta)$——结点 i 的形函数;

　　x_i,y_i——单元结点整体坐标;

　　ϕ——场变量函数;

　　ϕ_i——结点场变量函数值;

　　$i=1,2,3,4$——单元结点编号。

利用广义坐标法或构造法可求得 6-3 所示直边四边形单元的形函数,表示为

$$N_i(\xi,\eta) = \frac{1}{4}(1 + \xi_i\xi)(1 + \eta_i\eta), \qquad (6\text{-}19)$$

其中,ξ,η——局部坐标;

　　ξ_i,η_i——单元结点局部坐标;

　　$i=1,2,3,4$——单元结点编号。

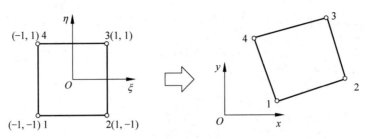

图 6-3   直边四边形单元

根据式(6-19)可求得图 6-3 所示直边四边形单元的形函数偏导数矩阵

$$\boldsymbol{N}_\partial = \begin{bmatrix} \dfrac{\partial N_1}{\partial \xi} & \dfrac{\partial N_2}{\partial \xi} & \dfrac{\partial N_3}{\partial \xi} & \dfrac{\partial N_4}{\partial \xi} \\[2mm] \dfrac{\partial N_1}{\partial \eta} & \dfrac{\partial N_2}{\partial \eta} & \dfrac{\partial N_3}{\partial \eta} & \dfrac{\partial N_4}{\partial \eta} \end{bmatrix}, \qquad (6\text{-}20\text{a})$$

其中,$\dfrac{\partial N_i}{\partial \xi} = \dfrac{1}{4}\xi_i(1+\eta\eta_i)$——对 ξ 的偏导数;

$\dfrac{\partial N_i}{\partial \eta} = \dfrac{1}{4}\eta_i(1+\xi\xi_i)$——对 η 的偏导数;

$i=1,2,3,4$——单元结点编号。

图 6-3 所示平面 4 结点四边形单元的单元结点坐标矩阵为

$$\boldsymbol{X}_e = \begin{bmatrix} x_1 & y_1 \\ x_2 & y_2 \\ x_3 & y_3 \\ x_4 & y_4 \end{bmatrix}。 \qquad (6\text{-}20\text{b})$$

将式(6-20a)和式(6-20b)代入式 $\boldsymbol{J} = \boldsymbol{N}_\partial \boldsymbol{X}_e$,可以得到图 6-3 所示直边四边形单元的雅可比矩阵 $\boldsymbol{J}$。

实践 6-6

【例 6-6】   利用广义坐标法推导图 6-3 所示直边四边形单元的形函数 N_1 和 N_3。

【解】   (1) 编写 MATLAB 程序 ex0606_1.m,内容如下:

```
clear;
clc;
syms a1 a2 a3 a4
syms N1(r,s)
N1(r,s) = a1 + a2 * r + a3 * s + a4 * r * s
eq1 = N1( - 1, - 1) == 1
eq2 = N1(1, - 1) == 0
eq3 = N1(1,1) == 0
eq4 = N1( - 1,1) == 0
R = solve(eq1,eq2,eq3,eq4,a1,a2,a3,a4)
a1 = R.a1
a2 = R.a2
```

```
a3 = R.a3
a4 = R.a4
N1(r,s) = eval(N1)
N1_f = factor(N1)
```

运行程序 ex0606_1.m,得到

$N_1 = 1/4(s - 1)(r - 1)$

(2) 编写 MATLAB 程序 ex0606_2.m,内容如下:

```
clear;
clc;
syms a1 a2 a3 a4
syms N3(r,s)
N3(r,s) = a1 + a2 * r + a3 * s + a4 * r * s
eq1 = N3(-1,-1) == 0
eq2 = N3(1,-1) == 0
eq3 = N3(1,1) == 1
eq4 = N3(-1,1) == 0
R = solve(eq1,eq2,eq3,eq4,a1,a2,a3,a4)
a1 = R.a1
a2 = R.a2
a3 = R.a3
a4 = R.a4
N3(r,s) = eval(N3)
N3_f = factor(N3)
```

运行程序 ex0606_2.m,得到

$N_3 = 1/4(s + 1)(r + 1)$

6.3.2 曲边四边形单元

如图 6-4 所示的曲边四边形单元有 8 个结点,其整体坐标和场变量函数分别表示为

$$\left. \begin{aligned} x &= \sum_{i=1}^{8} N_i(\xi,\eta) x_i \\ y &= \sum_{i=1}^{8} N_i(\xi,\eta) y_i \end{aligned} \right\}, \tag{6-21a}$$

和

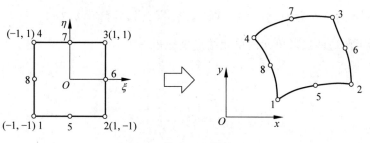

图 6-4 曲边四边形单元

$$\phi = \sum_{i=1}^{8} N_i(\xi, \eta)\phi_i, \qquad (6\text{-}21\text{b})$$

其中, x, y——整体坐标;

ξ, η——局部坐标;

$N_i(\xi, \eta)$——单元形函数;

x_i, y_i——单元结点整体坐标;

ϕ——场变量函数;

ϕ_i——结点场变量函数值;

$i = 1, 2, \cdots, 8$——单元结点编号。

利用广义坐标法或构造法求出图 6-4 所示曲边四边形单元的形函数,可表示为

$$\left.\begin{aligned} N_i(\xi, \eta) &= \frac{1}{4}(1 + \xi_i\xi)(1 + \eta_i\eta)(-1 + \xi_i\xi + \eta_i\eta) \\ N_k(\xi, \eta) &= \frac{1}{2}(1 + \xi_k\eta + \eta_k\xi)(1 - \xi_k\eta - \eta_k\xi)(1 + \xi_k\xi + \eta_k\eta) \end{aligned}\right\}, \qquad (6\text{-}22)$$

其中, ξ, η——局部坐标;

ξ_i, η_i——单元结点局部坐标;

$i = 1, 2, 3, 4$——单元结点编号;

ξ_k, η_k——单元结点局部坐标;

$k = 5, 6, 7, 8$——单元结点编号。

根据式(6-22)可以求出图 6-4 所示曲边四边形单元的形函数偏导数矩阵

$$\boldsymbol{N}_\partial = \begin{bmatrix} \dfrac{\partial N_1}{\partial \xi} & \dfrac{\partial N_2}{\partial \xi} & \cdots & \dfrac{\partial N_8}{\partial \xi} \\[3mm] \dfrac{\partial N_1}{\partial \eta} & \dfrac{\partial N_2}{\partial \eta} & \cdots & \dfrac{\partial N_8}{\partial \eta} \end{bmatrix}, \qquad (6\text{-}23\text{a})$$

其中,

$$\left.\begin{aligned} \frac{\partial N_i}{\partial \xi} &= \frac{1}{4}\xi_i(1 + \eta_i\eta)(2\xi_i\xi + \eta_i\eta) \\ \frac{\partial N_i}{\partial \eta} &= \frac{1}{4}\eta_i(1 + \xi_i\xi)(2\eta_i\eta + \xi_i\xi) \end{aligned}\right\}, \quad i = 1, 2, 3, 4;$$

$$\left.\begin{aligned} \frac{\partial N_k}{\partial \xi} &= \frac{1}{2}(1 + \xi_k\eta + \eta_k\xi)[\xi_k - \xi_k(2\eta_k + \xi_k)\eta - \eta_k(2\eta_k + \xi_k)\xi] \\ \frac{\partial N_k}{\partial \eta} &= \frac{1}{2}(1 + \eta_k\xi + \xi_k\eta)[\eta_k - \eta_k(2\xi_k + \eta_k)\xi - \xi_k(2\xi_k + \eta_k)\eta] \end{aligned}\right\}, \quad k = 5, 6, 7, 8。$$

图 6-4 所示曲边四边形单元的单元结点坐标矩阵为

$$\boldsymbol{X}_e = \begin{bmatrix} x_1 & y_1 \\ x_2 & y_2 \\ \vdots & \vdots \\ x_8 & y_8 \end{bmatrix}。 \qquad (6\text{-}23\text{b})$$

将式(6-23a)和式(6-23b)代入式 $\boldsymbol{J} = \boldsymbol{N}_\partial \boldsymbol{X}_e$,可以得到图 6-4 所示平面 8 结点四边形单

元的雅可比矩阵 J。

实践 6-7

【例 6-7】　利用广义坐标法求图 6-4 中平面 8 结点四边形单元的形函数 N_1 和 N_5，并求它们的偏导数在局部坐标系内的表达式。

【解】　（1）编写 MATLAB 程序 ex0607_1.m，内容如下：

```
clear;
clc;
syms a1 a2 a3 a4 a5 a6 a7 a8
syms N1(r,s)
N1(r,s) = a1 + a2 * r + a3 * s + a4 * r^2 + a5 * s^2 + a6 * r * s ...
          + a7 * r^2 * s + a8 * r * s^2
eq1 = N1( - 1, - 1) == 1
eq2 = N1(1, - 1) == 0
eq3 = N1(1,1) == 0
eq4 = N1( - 1,1) == 0
eq5 = N1(0, - 1) == 0
eq6 = N1(1,0) == 0
eq7 = N1(0,1) == 0
eq8 = N1( - 1,0) == 0
R = solve(eq1,eq2,eq3,eq4,eq5,eq6,eq7,eq8,...
    a1,a2,a3,a4,a5,a6,a7,a8)
a1 = R.a1;
a2 = R.a2;
a3 = R.a3;
a4 = R.a4;
a5 = R.a5;
a6 = R.a6;
a7 = R.a7;
a8 = R.a8;
N1(r,s) = eval(N1)
N1_f = factor(N1)
N1r = diff(N1,r)
N1r_f = factor(N1r)
N1s = diff(N1,s)
N1s_f = factor(N1s)
```

运行程序 ex0607_1.m，得到

$$N_1 = - (s - 1)(r - 1)(r + s + 1)/4$$
$$N_{1,r} = - (s - 1)(2r + s)/4$$
$$N_{1,s} = - (r - 1)(r + 2s)/4$$

（2）编写 MATLAB 程序 ex0607_2.m，内容如下：

```
clear;
clc;
syms a1 a2 a3 a4 a5 a6 a7 a8
syms N5(r,s)
N5(r,s) = a1 + a2 * r + a3 * s + a4 * r^2 + a5 * s^2 + a6 * r * s ...
          + a7 * r^2 * s + a8 * r * s^2
```

```
eq1 = N5( - 1, - 1) == 0
eq2 = N5(1, - 1) == 0
eq3 = N5(1,1) == 0
eq4 = N5( - 1,1) == 0
eq5 = N5(0, - 1) == 1
eq6 = N5(1,0) == 0
eq7 = N5(0,1) == 0
eq8 = N5( - 1,0) == 0
R = solve(eq1,eq2,eq3,eq4,eq5,eq6,eq7,eq8,...
    a1,a2,a3,a4,a5,a6,a7,a8)
a1 = R.a1;
a2 = R.a2;
a3 = R.a3;
a4 = R.a4;
a5 = R.a5;
a6 = R.a6;
a7 = R.a7;
a8 = R.a8;
N5(r,s) = eval(N5)
N5_f = factor(N5)
N5r = diff(N5,r)
N5r_f = factor(N5r)
N5s = diff(N5,s)
N5s_f = factor(N5s)
```

运行程序 ex0607_2.m,得到

```
N5 = (r - 1)(r + 1)(s - 1)/2
N5,r = r( s - 1)
N5,s = (r - 1)(r + 1)/2
```

6.4 空间四面体等参元

6.4.1 平面四面体单元

如图 6-5 所示的平面四面体单元有 4 个结点,其整体坐标和场变量函数分别表示为

$$
\left.
\begin{aligned}
x &= \sum_{i=1}^{4} N_i(\xi,\eta,\zeta) x_i \\
y &= \sum_{i=1}^{4} N_i(\xi,\eta,\zeta) y_i \\
z &= \sum_{i=1}^{4} N_i(\xi,\eta,\zeta) z_i
\end{aligned}
\right\}
\tag{6-24a}
$$

和

$$
\phi = \sum_{i=1}^{4} N_i(\xi,\eta) \phi_i,
\tag{6-24b}
$$

其中,x,y,z——整体坐标;

ξ,η,ζ——局部坐标；

$N_i(\xi,\eta,\zeta)$——结点 i 的形函数；

x_i,y_i,z_i——单元结点坐标；

ϕ——场变量函数；

ϕ_i——结点场变量函数值；

$i=1,2,3,4$——单元结点编号。

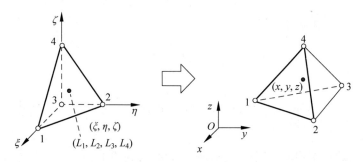

图 6-5　平面四面体单元

利用广义坐标法或形函数构造法可求出图 6-5 所示平面四面体单元的形函数,表示为

$$\left.\begin{aligned} N_1(\xi,\eta) &= L_1(\xi,\eta) = \xi \\ N_2(\xi,\eta) &= L_2(\xi,\eta) = \eta \\ N_3(\xi,\eta) &= L_3(\xi,\eta) = 1-\xi-\eta-\zeta \\ N_4(\xi,\eta) &= L_4(\xi,\eta) = \zeta \end{aligned}\right\}, \tag{6-25}$$

其中,ξ,η,ζ——局部直角坐标；

L_1,L_2,L_3,L_4——局部体积坐标。

根据式(6-25)可以求得图 6-5 所示平面四面体单元的形函数矩阵,即

$$\mathbf{N}_\partial = \begin{bmatrix} \dfrac{\partial N_1}{\partial \xi} & \dfrac{\partial N_2}{\partial \xi} & \dfrac{\partial N_3}{\partial \xi} & \dfrac{\partial N_4}{\partial \xi} \\[2mm] \dfrac{\partial N_1}{\partial \eta} & \dfrac{\partial N_2}{\partial \eta} & \dfrac{\partial N_3}{\partial \eta} & \dfrac{\partial N_4}{\partial \eta} \\[2mm] \dfrac{\partial N_1}{\partial \zeta} & \dfrac{\partial N_2}{\partial \zeta} & \dfrac{\partial N_3}{\partial \zeta} & \dfrac{\partial N_n}{\partial \zeta} \end{bmatrix}, \tag{6-26a}$$

其中,

$$\left.\begin{aligned} \frac{\partial N_1}{\partial \xi}=1, \quad & \frac{\partial N_2}{\partial \xi}=0, \quad & \frac{\partial N_3}{\partial \xi}=-1, \quad & \frac{\partial N_4}{\partial \xi}=0 \\ \frac{\partial N_1}{\partial \eta}=0, \quad & \frac{\partial N_2}{\partial \eta}=1, \quad & \frac{\partial N_3}{\partial \eta}=-1, \quad & \frac{\partial N_4}{\partial \eta}=0 \\ \frac{\partial N_1}{\partial \zeta}=0, \quad & \frac{\partial N_2}{\partial \zeta}=0, \quad & \frac{\partial N_3}{\partial \zeta}=-1, \quad & \frac{\partial N_4}{\partial \zeta}=1 \end{aligned}\right\}。$$

图 6-5 所示平面四面体单元的单元结点坐标矩阵为

$$\boldsymbol{X}_e = \begin{bmatrix} x_1 & y_1 & z_1 \\ x_2 & y_2 & z_2 \\ x_3 & y_3 & y_3 \\ x_4 & y_4 & z_4 \end{bmatrix}。 \tag{6-26b}$$

根据式(6-26a)和式(6-26b)可以求出图 6-5 所示平面四面体单元的雅可比矩阵,即

$$\boldsymbol{J} = \boldsymbol{N}_\partial \boldsymbol{X}_e = \begin{bmatrix} x_1 - x_3 & y_1 - y_3 & z_1 - z_3 \\ x_2 - x_3 & y_2 - y_3 & z_2 - z_3 \\ x_4 - x_3 & y_4 - y_3 & z_4 - z_3 \end{bmatrix}。 \tag{6-27}$$

实践 6-8

【例 6-8】 利用广义坐标法推导图 6-5 所示平面四面体单元的形函数 N_1 和 N_3,并求它们的偏导数。

【解】 (1) 编写 MATLAB 程序 ex0608_1.m,内容如下:

```
clear;
clc;
syms a1 a2 a3 a4
syms N1(r,s,t)
N1(r,s,t) = a1 + a2 * r + a3 * s + a4 * t
eq1 = N1(1,0,0) == 1
eq2 = N1(0,1,0) == 0
eq3 = N1(0,0,0) == 0
eq4 = N1(0,0,1) == 0
R = solve(eq1,eq2,eq3,eq4,a1,a2,a3,a4)
a1 = R.a1
a2 = R.a2
a3 = R.a3
a4 = R.a4
N1(r,s,t) = eval(N1)
N1r = diff(N1,r)
N1s = diff(N1,s)
N1t = diff(N1,t)
```

运行程序 ex0608_1.m,得到

```
N1 = r
N1,r = 1
N1,s = 0
N1,t = 0
```

(2) 编写 MATLAB 程序 ex0608_2.m,内容如下:

```
clear;
clc;
syms a1 a2 a3 a4
syms N3(r,s,t)
N3(r,s,t) = a1 + a2 * r + a3 * s + a4 * t
eq1 = N3(1,0,0) == 0
eq2 = N3(0,1,0) == 0
```

```
eq3 = N3(0,0,0) == 1
eq4 = N3(0,0,1) == 0
R = solve(eq1,eq2,eq3,eq4,a1,a2,a3,a4)
a1 = R.a1
a2 = R.a2
a3 = R.a3
a4 = R.a4
N3(r,s,t) = eval(N3)
N3r = diff(N3,r)
N3s = diff(N3,s)
N3t = diff(N3,t)
```

运行程序 ex0608_2.m,得到

$$N_3 = 1 - s - t - r$$
$$N_{3,r} = -1$$
$$N_{3,s} = -1$$
$$N_{3,t} = -1$$

6.4.2　曲面四面体单元

如图 6-6 所示的曲面四面体单元有 10 个结点,其整体坐标和场变量函数分别表示为

$$\left.\begin{array}{l} x = \sum\limits_{i=1}^{10} N_i(\xi,\eta,\zeta)x_i \\[2mm] y = \sum\limits_{i=1}^{10} N_i(\xi,\eta,\zeta)y_i \\[2mm] z = \sum\limits_{i=1}^{10} N_i(\xi,\eta,\zeta)z_i \end{array}\right\} \tag{6-28a}$$

和

$$\phi = \sum_{i=1}^{10} N_i(\xi,\eta,\zeta)\phi_i, \tag{6-28b}$$

其中,x,y,z——整体坐标;

　　ξ,η,ζ——局部坐标;

　　$N_i(\xi,\eta,\zeta)$——结点 i 的形函数;

　　x_i,y_i,z_i——单元结点坐标;

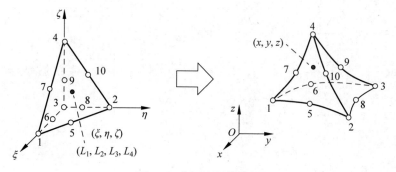

图 6-6　曲面四面体单元

ϕ——场变量函数；

ϕ_i——结点场变量函数值；

$i=1,2,\cdots,10$——单元结点编号。

利用广义坐标法或形函数构造法可求出图 6-6 所示曲面四面体单元的形函数，表达式为

$$\left.\begin{aligned}
N_1 &= L_1(2L_1-1) = \xi(2\xi-1) \\
N_2 &= L_2(2L_2-1) = \eta(2\eta-1) \\
N_3 &= L_3(2L_3-1) = (1-\xi-\eta-\zeta)(1-2\xi-2\eta-2\zeta) \\
N_4 &= L_4(2L_4-1) = \zeta(2\zeta-1)
\end{aligned}\right\}, \tag{6-29a}$$

$$\left.\begin{aligned}
N_5 &= 4L_1L_2 = 4\xi\eta \\
N_6 &= 4L_1L_3 = 4\xi(1-\xi-\eta-\zeta) \\
N_7 &= 4L_1L_4 = 4\xi\zeta
\end{aligned}\right\}, \tag{6-29b}$$

和

$$\left.\begin{aligned}
N_8 &= 4L_2L_3 = 4\eta(1-\xi-\eta-\zeta) \\
N_9 &= 4L_3L_4 = 4\zeta(1-\xi-\eta-\zeta) \\
N_{10} &= 4L_2L_4 = 4\eta\zeta
\end{aligned}\right\}, \tag{6-29c}$$

其中，ξ,η,ζ——局部直角坐标；

$$\left.\begin{aligned}
L_1(\xi,\eta,\zeta) &= \xi \\
L_2(\xi,\eta,\zeta) &= \eta \\
L_3(\xi,\eta,\zeta) &= 1-\xi-\eta-\zeta \\
L_4(\xi,\eta,\zeta) &= \zeta
\end{aligned}\right\}\text{——局部体积坐标。}$$

根据式(6-29)可以求得图 6-6 所示曲面四面体单元的形函数矩阵

$$\boldsymbol{N}_\partial = \begin{bmatrix}
\dfrac{\partial N_1}{\partial \xi} & \dfrac{\partial N_2}{\partial \xi} & \cdots & \dfrac{\partial N_{10}}{\partial \xi} \\[2mm]
\dfrac{\partial N_1}{\partial \eta} & \dfrac{\partial N_2}{\partial \eta} & \cdots & \dfrac{\partial N_{10}}{\partial \eta} \\[2mm]
\dfrac{\partial N_1}{\partial \zeta} & \dfrac{\partial N_2}{\partial \zeta} & \cdots & \dfrac{\partial N_{10}}{\partial \zeta}
\end{bmatrix}, \tag{6-30a}$$

其中，

$$\left.\begin{aligned}
&\frac{\partial N_1}{\partial \xi}=4\xi-1, &&\frac{\partial N_2}{\partial \xi}=0, &&\frac{\partial N_3}{\partial \xi}=4(\xi+\eta+\zeta)-3 \\
&\frac{\partial N_4}{\partial \xi}=0, &&\frac{\partial N_5}{\partial \xi}=\eta, &&\frac{\partial N_6}{\partial \xi}=4(1-2\xi-\eta-\zeta) \\
&\frac{\partial N_7}{\partial \xi}=\zeta, &&\frac{\partial N_8}{\partial \xi}=-4\eta, &&\frac{\partial N_9}{\partial \xi}=-4\zeta, \frac{\partial N_{10}}{\partial \xi}=0
\end{aligned}\right\}\text{——对 }\xi\text{ 的偏导数；}$$

$$\frac{\partial N_1}{\partial \eta}=0, \qquad \frac{\partial N_2}{\partial \eta}=4\eta-1, \qquad \frac{\partial N_3}{\partial \eta}=4(\xi+\eta+\zeta)-3$$

$$\frac{\partial N_4}{\partial \eta}=0, \qquad \frac{\partial N_5}{\partial \eta}=4\xi, \qquad \frac{\partial N_6}{\partial \eta}=-4\xi, \qquad \frac{\partial N_7}{\partial \eta}=0 \quad \Big\} \text{——对 } \eta$$

$$\frac{\partial N_8}{\partial \eta}=4(1-\xi-2\eta-\zeta), \quad \frac{\partial N_9}{\partial \eta}=-4\zeta, \quad \frac{\partial N_{10}}{\partial \eta}=4\zeta$$

的偏导数；

$$\frac{\partial N_1}{\partial \zeta}=0, \qquad \frac{\partial N_2}{\partial \zeta}=0, \qquad \frac{\partial N_3}{\partial \zeta}=4(\xi+\eta+\zeta)-3$$

$$\frac{\partial N_4}{\partial \zeta}=4\zeta-1, \qquad \frac{\partial N_5}{\partial \zeta}=0, \qquad \frac{\partial N_6}{\partial \zeta}=-4\xi, \qquad \frac{\partial N_7}{\partial \zeta}=4\xi \quad \Big\} \text{——对}$$

$$\frac{\partial N_8}{\partial \zeta}=-4\eta, \qquad \frac{\partial N_9}{\partial \zeta}=4(1-\xi-\eta-2\zeta), \qquad \frac{\partial N_{10}}{\partial \zeta}=4\eta$$

ζ 的偏导数。

图 6-6 所示曲面四面体单元的单元结点坐标矩阵为

$$\boldsymbol{X}_e = \begin{bmatrix} x_1 & y_1 & z_1 \\ x_2 & y_2 & z_2 \\ \vdots & \vdots & \vdots \\ x_4 & y_4 & z_4 \end{bmatrix}。 \tag{6-30b}$$

将式(6-30a)和式(6-30b)代入式 $\boldsymbol{J}=\boldsymbol{N}_\partial \boldsymbol{X}_e$，即可得到图 6-6 所示曲面四面体单元的雅可比矩阵 $\boldsymbol{J}$。

6.5　空间六面体等参元

6.5.1　平面六面体单元

如图 6-7 所示的平面六面体单元有 8 个结点，其整体坐标和场变量函数分别表示为

$$\left. \begin{aligned} x &= \sum_{i=1}^{8} N_i(\xi,\eta,\zeta)x_i \\ y &= \sum_{i=1}^{8} N_i(\xi,\eta,\zeta)y_i \\ z &= \sum_{i=1}^{8} N_i(\xi,\eta,\zeta)z_i \end{aligned} \right\} \tag{6-31a}$$

和

$$\phi = \sum_{i=1}^{8} N_i(\xi,\eta,\zeta)\phi_i, \tag{6-31b}$$

其中，$N_i(\xi,\eta,\zeta)$——单元形函数；

x_i,y_i,z_i——单元结点坐标；

$i = 1, 2, \cdots, 8$——单元结点编号。

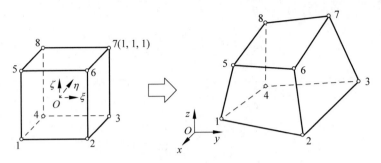

图 6-7 平面六面体单元

利用广义坐标法或形函数构造法可求出图 6-7 所示空间 8 结点平面六面体单元的形函数,表示为

$$N_i(\xi, \eta, \zeta) = \frac{1}{8}(1 + \xi_i\xi)(1 + \eta_i\eta)(1 + \zeta_i\zeta), \qquad (6\text{-}32)$$

其中,$i = 1, 2, \cdots, 8$——单元结点编号。

根据式(6-32)可以求得图 6-7 所示空间 8 结点平面六面体单元的形函数偏导数矩阵

$$\boldsymbol{N}_\partial = \begin{bmatrix} \dfrac{\partial N_1}{\partial \xi} & \dfrac{\partial N_2}{\partial \xi} & \cdots & \dfrac{\partial N_8}{\partial \xi} \\[2mm] \dfrac{\partial N_1}{\partial \eta} & \dfrac{\partial N_2}{\partial \eta} & \cdots & \dfrac{\partial N_8}{\partial \eta} \\[2mm] \dfrac{\partial N_1}{\partial \zeta} & \dfrac{\partial N_2}{\partial \zeta} & \cdots & \dfrac{\partial N_8}{\partial \zeta} \end{bmatrix}, \qquad (6\text{-}33a)$$

其中,

$$\left.\begin{aligned} \frac{\partial N_i}{\partial \xi} &= \frac{1}{8}\xi_i(1 + \eta_i\eta)(1 + \zeta_i\zeta) \\[2mm] \frac{\partial N_i}{\partial \eta} &= \frac{1}{8}\eta_i(1 + \xi_i\xi)(1 + \zeta_i\zeta) \\[2mm] \frac{\partial N_i}{\partial \zeta} &= \frac{1}{8}\zeta_i(1 + \xi_i\xi)(1 + \eta_i\eta) \\[1mm] & i = 1, 2, \cdots, 8 \end{aligned}\right\}。$$

图 6-7 所示空间 8 结点平面六面体单元的单元结点坐标矩阵为

$$\boldsymbol{X}_e = \begin{bmatrix} x_1 & y_1 & z_1 \\ x_2 & y_2 & z_2 \\ \vdots & \vdots & \vdots \\ x_8 & y_8 & z_8 \end{bmatrix}。 \qquad (6\text{-}33b)$$

将式(6-33a)和式(6-33b)代入式 $\boldsymbol{J} = \boldsymbol{N}_\partial \boldsymbol{X}_e$,即可得到图 6-7 所示空间 8 结点平面六面体单元的雅可比矩阵 $\boldsymbol{J}$。

6.5.2　曲面六面体等参元

如图 6-8 所示的空间 20 结点曲面六面体等参元,其整体坐标和场变量函数分别表示为

$$\left.\begin{aligned} x &= \sum_{i=1}^{20} N_i(\xi,\eta,\zeta)x_i \\ y &= \sum_{i=1}^{20} N_i(\xi,\eta,\zeta)y_i \\ z &= \sum_{i=1}^{20} N_i(\xi,\eta,\zeta)z_i \end{aligned}\right\} \tag{6-34a}$$

和

$$\phi = \sum_{i=1}^{20} N_i(\xi,\eta,\zeta)\phi_i, \tag{6-34b}$$

其中,x,y,z——整体坐标;

　　ξ,η,ζ——局部坐标;

　　$N_i(\xi,\eta,\zeta)$——单元形函数;

　　x_i,y_i,z_i——单元结点坐标;

　　ϕ——场变量函数;

　　ϕ_i——结点场变量函数值;

　　$i=1,2,\cdots,20$——单元结点编号。

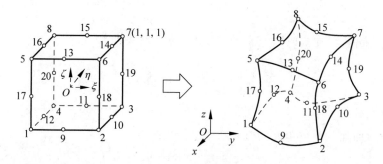

图 6-8　空间 20 结点曲面六面体等参元

利用广义坐标法或形函数构造法可以求出图 6-8 所示曲面六面体单元的形函数,表示为

$$\begin{aligned} N_i = &\frac{1}{8}\xi_i^2\eta_i^2\zeta_i^2(1+\xi_i\xi)(1+\eta_i\eta)(1+\zeta_i\zeta)(\xi_i\xi+\eta_i\eta+\zeta_i\zeta-2) + \\ &\frac{1}{4}\eta_i^2\zeta_i^2(1-\xi_i^2)(1-\xi^2)(1+\eta_i\eta)(1+\zeta_i\zeta) + \\ &\frac{1}{4}\zeta_i^2\xi_i^2(1-\eta_i^2)(1-\eta^2)(1+\zeta_i\zeta)(1+\xi_i\xi) + \\ &\frac{1}{4}\xi_i^2\eta_i^2(1-\zeta_i^2)(1-\zeta^2)(1+\xi_i\xi)(1+\eta_i\eta), \end{aligned} \tag{6-35}$$

其中,ξ,η,ζ——局部坐标;

$\quad\xi_i,\eta_i,\zeta_i$——单元结点局部坐标;

$\quad i=1,2,\cdots,20$——单元结点编号。

根据式(6-35)可以求得图6-8所示曲面六面体单元的形函数偏导数矩阵

$$\boldsymbol{N}_\partial = \begin{bmatrix} \dfrac{\partial N_1}{\partial \xi} & \dfrac{\partial N_2}{\partial \xi} & \cdots & \dfrac{\partial N_{20}}{\partial \xi} \\[2mm] \dfrac{\partial N_1}{\partial \eta} & \dfrac{\partial N_2}{\partial \eta} & \cdots & \dfrac{\partial N_{20}}{\partial \eta} \\[2mm] \dfrac{\partial N_1}{\partial \zeta} & \dfrac{\partial N_2}{\partial \zeta} & \cdots & \dfrac{\partial N_{20}}{\partial \zeta} \end{bmatrix}, \tag{6-36a}$$

其中,

$$\frac{\partial N_i}{\partial \xi} = \frac{1}{8}\xi_i^3\eta_i^2\zeta_i^2(1+\eta_i\eta)(1+\zeta_i\zeta)(2\xi_i\xi+\eta_i\eta+\zeta_i\zeta-1) -$$
$$\frac{1}{2}\eta_i^2\zeta_i^2(1-\xi_i^2)\xi(1+\eta_i\eta)(1+\zeta_i\zeta) + \frac{1}{4}\zeta_i^2\xi_i^3(1-\eta_i^2)(1-\eta^2)(1+\zeta_i\zeta) +$$
$$\frac{1}{4}\xi_i^3\eta_i^2(1-\zeta_i^2)(1-\zeta^2)(1+\eta_i\eta), \quad i=1,2,\cdots,20;$$

$$\frac{\partial N_i}{\partial \eta} = \frac{1}{8}\xi_i^2\eta_i^3\zeta_i^2(1+\xi_i\xi)(1+\zeta_i\zeta)(\xi_i\xi+2\eta_i\eta+\zeta_i\zeta-1) +$$
$$\frac{1}{4}\eta_i^3\zeta_i^2(1-\xi_i^2)(1-\xi^2)(1+\zeta_i\zeta) - \frac{1}{2}\zeta_i^2\xi_i^2(1-\eta_i^2)\eta(1+\zeta_i\zeta)(1+\xi_i\xi) +$$
$$\frac{1}{4}\xi_i^2\eta_i^3(1-\zeta_i^2)(1-\zeta^2)(1+\xi_i\xi), \quad i=1,2,\cdots,20;$$

$$\frac{\partial N_i}{\partial \zeta} = \frac{1}{8}\xi_i^2\eta_i^2\zeta_i^3(1+\xi_i\xi)(1+\eta_i\eta)(\xi_i\xi+\eta_i\eta+2\zeta_i\zeta-1) +$$
$$\frac{1}{4}\eta_i^2\zeta_i^3(1-\xi_i^2)(1-\xi^2)(1+\eta_i\eta) + \frac{1}{4}\zeta_i^3\xi_i^2(1-\eta_i^2)(1-\eta^2)(1+\xi_i\xi) -$$
$$\frac{1}{2}\xi_i^2\eta_i^2(1-\zeta_i^2)\zeta(1+\xi_i\xi)(1+\eta_i\eta), \quad i=1,2,\cdots,20。$$

图6-8所示曲面六面体单元的单元结点坐标矩阵

$$\boldsymbol{X}_e = \begin{bmatrix} x_1 & y_1 & z_1 \\ x_2 & y_2 & z_2 \\ \vdots & \vdots & \vdots \\ x_{20} & y_{20} & z_{20} \end{bmatrix}。 \tag{6-36b}$$

将式(6-36a)和式(6-36b)代入式$\boldsymbol{J}=\boldsymbol{N}_\partial\boldsymbol{X}_e$,即可得到图6-8所示曲面六面体单元的雅可比矩阵$\boldsymbol{J}$。

6.6　弹性平面问题的等参元分析

6.6.1　单元应变矩阵

对于弹性平面问题,直边四边形单元(见图6-3)的整体坐标和位移函数可分别表示为

$$x = [N_1, N_2, N_3, N_4] \begin{bmatrix} x_1 \\ x_2 \\ x_3 \\ x_4 \end{bmatrix} = Nb_e \tag{6-37a}$$

和

$$u = [N_1, N_2, N_3, N_4] \begin{bmatrix} u_1 \\ u_2 \\ u_3 \\ u_4 \end{bmatrix} = Na_e, \tag{6-37b}$$

其中，$x = \begin{bmatrix} x \\ y \end{bmatrix}$——整体坐标列阵；

$b_e = \begin{bmatrix} x_1 \\ x_2 \\ x_3 \\ x_4 \end{bmatrix}$——单元结点坐标列阵；

$x_i = \begin{bmatrix} x_i \\ y_i \end{bmatrix}$——单元结点坐标列阵的子列阵；

$a_e = \begin{bmatrix} u_1 \\ u_2 \\ u_3 \\ u_4 \end{bmatrix}$——单元结点位移列阵；

$u_i = \begin{bmatrix} u_i \\ v_i \end{bmatrix}$——单元结点位移列阵的子列阵；

$N = [N_1, N_2, N_3, N_4]$——单元形函数矩阵；

$N_i = \begin{bmatrix} N_i & 0 \\ 0 & N_i \end{bmatrix}$——单元形函数矩阵的子矩阵；

$N_i(\xi, \eta) = \dfrac{1}{4}(1 + \xi_i \xi)(1 + \eta_i \eta)$——形函数；

ξ_i, η_i——单元结点局部坐标；

$i = 1, 2, 3, 4$——单元结点编号。

将单元位移函数(6-37b)代入平面问题的应变方程(4-3)，得到直边四边形单元的应变方程为

$$\varepsilon = Ba_e = [B_1, B_2, B_3, B_4] \begin{bmatrix} u_1 \\ u_2 \\ u_3 \\ u_4 \end{bmatrix}, \tag{6-38}$$

其中，$B = [B_1, B_2, B_3, B_4]$——单元应变矩阵；

$$\boldsymbol{B}_k = \begin{bmatrix} \dfrac{\partial N_k}{\partial x} & 0 \\[2mm] 0 & \dfrac{\partial N_k}{\partial y} \\[2mm] \dfrac{\partial N_k}{\partial y} & \dfrac{\partial N_k}{\partial x} \end{bmatrix}$$ ——单元应变矩阵的子矩阵；

$k=1,2,3,4$——单元结点编号。

形函数对整体坐标的偏导数可由下式计算：

$$\begin{bmatrix} \dfrac{\partial N_i}{\partial x} \\[2mm] \dfrac{\partial N_i}{\partial y} \end{bmatrix} = \boldsymbol{J}^{-1} \begin{bmatrix} \dfrac{\partial N_i}{\partial \xi} \\[2mm] \dfrac{\partial N_i}{\partial \eta} \end{bmatrix}, \tag{6-39}$$

其中，$\boldsymbol{J} = \boldsymbol{N}_{\partial} \boldsymbol{X}_e$——雅可比矩阵；

$$\boldsymbol{N}_{\partial} = \frac{1}{4}\begin{bmatrix} -(1-\eta) & (1-\eta) & (1+\eta) & -(1+\eta) \\ -(1-\xi) & -(1+\xi) & (1+\xi) & (1-\xi) \end{bmatrix}$$ ——形函数偏导数矩阵；

$$\boldsymbol{X}_e = \begin{bmatrix} x_1 & y_1 \\ x_2 & y_2 \\ x_3 & y_3 \\ x_4 & y_4 \end{bmatrix}$$ ——单元结点坐标矩阵。

实践 6-9

【例 6-9】 已知平面 4 结点等参元的坐标转换公式为

$$\left. \begin{aligned} x &= \sum_{i=1}^{4} N_i(\xi,\eta) x_i \\ y &= \sum_{i=1}^{4} N_i(\xi,\eta) y_i \end{aligned} \right\},$$

其中，

$$N_i(\xi,\eta) = \frac{1}{4}(1+\xi_i \xi)(1+\eta_i \eta), \quad i=1,2,3,4。$$

推导该单元的雅可比矩阵 $\boldsymbol{J}$。

【解】 形函数对局部坐标的偏导数可表示为

$$\left. \begin{aligned} \frac{\partial N_i}{\partial \xi} &= \frac{\partial N_i}{\partial x}\frac{\partial x}{\partial \xi} + \frac{\partial N_i}{\partial y}\frac{\partial y}{\partial \xi} \\ \frac{\partial N_i}{\partial \eta} &= \frac{\partial N_i}{\partial x}\frac{\partial x}{\partial \eta} + \frac{\partial N_i}{\partial y}\frac{\partial y}{\partial \eta} \end{aligned} \right\}, \tag{a}$$

式(a)可改写为

$$\begin{bmatrix} \dfrac{\partial N_i}{\partial \xi} \\[2mm] \dfrac{\partial N_i}{\partial \eta} \end{bmatrix} = \begin{bmatrix} \dfrac{\partial x}{\partial \xi} & \dfrac{\partial y}{\partial \xi} \\[2mm] \dfrac{\partial x}{\partial \eta} & \dfrac{\partial y}{\partial \eta} \end{bmatrix} \begin{bmatrix} \dfrac{\partial N_i}{\partial x} \\[2mm] \dfrac{\partial N_i}{\partial y} \end{bmatrix}, \tag{b}$$

因此

$$
\boldsymbol{J} = \begin{bmatrix} \dfrac{\partial x}{\partial \xi} & \dfrac{\partial y}{\partial \xi} \\[3mm] \dfrac{\partial x}{\partial \eta} & \dfrac{\partial y}{\partial \eta} \end{bmatrix} = \begin{bmatrix} \displaystyle\sum_{i=1}^{4} \dfrac{\partial N_i(\xi,\eta)}{\partial \xi} x_i & \displaystyle\sum_{i=1}^{4} \dfrac{\partial N_i(\xi,\eta)}{\partial \xi} y_i \\[5mm] \displaystyle\sum_{i=1}^{4} \dfrac{\partial N_i(\xi,\eta)}{\partial \eta} x_i & \displaystyle\sum_{i=1}^{4} \dfrac{\partial N_i(\xi,\eta)}{\partial \eta} y_i \end{bmatrix} 。 \tag{c}
$$

可见,求雅可比矩阵 $\boldsymbol{J}$ 的关键是计算形函数对局部坐标的偏导数。

编写 MATLAB 程序 ex0609.m,计算形函数对局部坐标的偏导数:

```
clear;
clc;
syms r s
syms ri si
Ni = 1/4 * (1 + ri * r) * (1 + si * s)
Nir = diff(Ni,r,1)
Nis = diff(Ni,s,1)
Nir_f = factor(Nir)
Nis_f = factor(Nis)
```

运行程序 ex0609.m,得到

$$
N_{i,r} = r_i(ss_i + 1)/4
$$
$$
N_{i,s} = s_i(rr_i + 1)/4
$$

将计算结果代入式(c),得

$$
\boldsymbol{J} = \frac{1}{4} \sum_{i=1}^{4} \begin{bmatrix} \xi_i(1+\eta\eta_i)x_i & \xi_i(1+\eta\eta_i)y_i \\[2mm] \eta_i(1+\xi\xi_i)x_i & \eta_i(1+\xi\xi_i)y_i \end{bmatrix} 。
$$

6.6.2 单元应力矩阵

将单元应变方程式(6-38)代入弹性平面问题的物理方程式(4-3),得到直边四边形单元的单元应力方程为

$$
\boldsymbol{\sigma} = \boldsymbol{S}\boldsymbol{a}_e = [\boldsymbol{S}_1, \boldsymbol{S}_2, \boldsymbol{S}_3, \boldsymbol{S}_4] \begin{bmatrix} \boldsymbol{u}_1 \\ \boldsymbol{u}_2 \\ \boldsymbol{u}_3 \\ \boldsymbol{u}_4 \end{bmatrix}, \tag{6-40}
$$

其中,$\boldsymbol{S} = [\boldsymbol{S}_1, \boldsymbol{S}_2, \boldsymbol{S}_3, \boldsymbol{S}_4]$——单元应力矩阵;

$\boldsymbol{S}_i = \boldsymbol{D}\boldsymbol{B}_i$——单元应力矩阵的子矩阵;

$i = 1, 2, 3, 4$——单元结点编号;

$$
\boldsymbol{D} = \frac{E'}{1-(\mu')^2} \begin{bmatrix} 1 & \mu' & 0 \\ \mu' & 1 & 0 \\ 0 & 0 & \dfrac{1-\mu'}{2} \end{bmatrix}
$$
——弹性矩阵;

$$
\left. \begin{aligned} E' &= E \\ \mu' &= \mu \end{aligned} \right\}
$$
——平面应力问题;

$$E' = \frac{E}{1-\mu^2} \left.\vphantom{\frac{E}{1-\mu^2}}\right\}$$
$$\mu' = \frac{\mu}{1-\mu} \left.\vphantom{\frac{\mu}{1-\mu}}\right\}——平面应变问题；$$

E——弹性模量；

μ——泊松比。

6.6.3　单元刚度矩阵

将上述弹性平面 4 结点四边形等参元的应变矩阵 $\boldsymbol{B}$ 和弹性矩阵 $\boldsymbol{D}$ 代入弹性力学问题的单元刚度矩阵普遍公式(4-28)，得到直边四边形单元的单元刚度矩阵

$$\boldsymbol{k}_e = \begin{bmatrix} \boldsymbol{k}_{11} & \boldsymbol{k}_{12} & \boldsymbol{k}_{13} & \boldsymbol{k}_{14} \\ \boldsymbol{k}_{21} & \boldsymbol{k}_{22} & \boldsymbol{k}_{23} & \boldsymbol{k}_{24} \\ \boldsymbol{k}_{31} & \boldsymbol{k}_{32} & \boldsymbol{k}_{33} & \boldsymbol{k}_{34} \\ \boldsymbol{k}_{41} & \boldsymbol{k}_{42} & \boldsymbol{k}_{43} & \boldsymbol{k}_{44} \end{bmatrix}, \tag{6-41}$$

其中，$\boldsymbol{k}_{ij} = t\displaystyle\int_{A_e} \boldsymbol{B}_i^{\mathrm{T}} \boldsymbol{D} \boldsymbol{B}_j \, \mathrm{d}A$——单元刚度矩阵的子矩阵；

t——单元厚度；

$\mathrm{d}A = |\boldsymbol{J}| \, \mathrm{d}\xi \mathrm{d}\eta$——面积微元的面积坐标变换；

$i, j = 1, 2, 3, 4$——单元结点编号。

直边四边形单元的单元刚度矩阵的子矩阵可在局部坐标系下表示为

$$\boldsymbol{k}_{ij} = t\int_{-1}^{1}\int_{-1}^{1} \boldsymbol{k}_{ij}^*(\xi, \eta) \, \mathrm{d}\eta \mathrm{d}\xi, \tag{6-42}$$

其中，$\boldsymbol{k}_{ij}^*(\xi, \eta) = \boldsymbol{B}_i^{\mathrm{T}} \boldsymbol{D} \boldsymbol{B}_j |\boldsymbol{J}|$——替换矩阵；

$|\boldsymbol{J}|$——雅可比矩阵的行列式。

利用 3.2.2 节介绍的二维 Gauss 积分，取 2×2 个积分点，可将式(6-42)进一步表示为

$$\boldsymbol{k}_{ij} = t[\boldsymbol{k}_{ij}^*(\xi_1, \eta_1) + \boldsymbol{k}_{ij}^*(\xi_1, \eta_2) + \boldsymbol{k}_{ij}^*(\xi_2, \eta_1) + \boldsymbol{k}_{ij}^*(\xi_2, \eta_2)], \tag{6-43}$$

其中，

$$\xi_1 = \eta_1 = -1/\sqrt{3} \left.\vphantom{\frac{1}{\sqrt 3}}\right\}$$
$$\xi_2 = \eta_2 = 1/\sqrt{3} \left.\vphantom{\frac{1}{\sqrt 3}}\right\}——积分点坐标。$$

习题

习题 6-1　利用形函数构造法推导图 6-1 所示直边三角形单元在局部坐标系下的形函数。

习题 6-2　利用形函数构造法推导图 6-2 所示曲边三角形单元的形函数在局部坐标系下的表达式。

习题 6-3　利用形函数构造法推导图 6-3 所示直边四边形单元的形函数在局部坐标系

下的表达式。

习题 6-4　利用广义坐标法求图 6-4 所示曲边四边形单元的形函数,并求其偏导数在局部坐标系下的表达式。

习题 6-5　利用形函数构造法推导图 6-5 所示平面四面体单元的形函数,并求其偏导数在局部坐标系下的表达式。

第7章

弹性空间问题的有限元法

7.1 弹性力学有限元法的一般格式

第4章介绍的弹性平面问题有限元法的主要过程是：先通过单元刚度分析得到单元应变方程、单元应力方程和单元刚度方程等单元特征方程；然后通过结点平衡分析得到有限元离散结构的整体刚度方程。

这种方法虽然比较烦琐，但是容易分析单元刚度矩阵和整体刚度矩阵的性质，这对有限元计算与分析非常重要。此外，还可从弹性力学能量原理（虚位移原理、最小势能原理）出发，直接建立有限元离散结构的整体刚度方程。

7.1.1 弹性空间问题概述

弹性空间问题的平衡方程、几何方程和物理方程可用矩阵分别表示为

$$L^{\mathrm{T}}\boldsymbol{\sigma} + \boldsymbol{b} = \boldsymbol{0}, \tag{7-1a}$$

$$\boldsymbol{\varepsilon} = L\boldsymbol{u}, \tag{7-1b}$$

和

$$\boldsymbol{\sigma} = D\boldsymbol{\varepsilon}, \tag{7-1c}$$

其中，

$$L = \begin{bmatrix} \dfrac{\partial}{\partial x} & 0 & 0 \\[2mm] 0 & \dfrac{\partial}{\partial y} & 0 \\[2mm] 0 & 0 & \dfrac{\partial}{\partial z} \\[2mm] \dfrac{\partial}{\partial y} & \dfrac{\partial}{\partial x} & 0 \\[2mm] 0 & \dfrac{\partial}{\partial z} & \dfrac{\partial}{\partial y} \\[2mm] \dfrac{\partial}{\partial z} & 0 & \dfrac{\partial}{\partial x} \end{bmatrix} \quad\text{——微分算子矩阵；}$$

$$\boldsymbol{u} = [u, v, w]^{\mathrm{T}} \quad\text{——位移列阵；}$$

$b = \begin{bmatrix} b_x, b_y, b_z \end{bmatrix}^T$ ——体力列阵；

$\boldsymbol{\varepsilon} = \begin{bmatrix} \varepsilon_x, \varepsilon_y, \varepsilon_z, \gamma_{xy}, \gamma_{yz}, \gamma_{zx} \end{bmatrix}^T$ ——应变列阵；

$\boldsymbol{\sigma} = \begin{bmatrix} \sigma_x, \sigma_y, \sigma_z, \tau_{xy}, \tau_{yz}, \tau_{zx} \end{bmatrix}^T$ ——应力列阵；

$$\boldsymbol{D} = \begin{bmatrix} \lambda & 2G & 2G & 0 & 0 & 0 \\ 2G & \lambda & 2G & 0 & 0 & 0 \\ 2G & 2G & \lambda & 0 & 0 & 0 \\ 0 & 0 & 0 & G & 0 & 0 \\ 0 & 0 & 0 & 0 & G & 0 \\ 0 & 0 & 0 & 0 & 0 & G \end{bmatrix}$$ ——弹性矩阵；

$G = \dfrac{E}{2(1+\mu)}$ ——剪切模量；

$\lambda = \dfrac{\mu E}{(1+\mu)(1-2\mu)}$ ——拉梅常量；

E ——弹性模量；

μ ——泊松比。

7.1.2　利用最小势能原理建立弹性力学有限元法离散结构的整体刚度方程

在弹性体的有限元离散结构中，任一单元总势能是其应变势能（也称为应变能）和外力势能之和，即

$$V^{(e)} = V_\varepsilon^{(e)} + V_P^{(e)} , \tag{7-2}$$

其中，$V_\varepsilon^{(e)}$ ——单元应变势能；

$V_P^{(e)}$ ——单元外力势能。

单元应变势能的计算式为

$$V_\varepsilon^{(e)} = \frac{1}{2}\int_{\Omega_e} \boldsymbol{\varepsilon}^T \boldsymbol{\sigma}\, d\Omega = \frac{1}{2}\int_{\Omega_e} \boldsymbol{\varepsilon}^T \boldsymbol{D}\boldsymbol{\varepsilon}\, d\Omega , \tag{7-3a}$$

其中，$\boldsymbol{\sigma}$ ——单元应力列阵；

$\boldsymbol{\varepsilon}$ ——单元应变列阵，

$\boldsymbol{D}$ ——单元弹性矩阵。

单元外力势能的计算式为

$$V_P^{(e)} = -\int_{\Omega_e} \boldsymbol{u}^T \boldsymbol{b}\, d\Omega - \int_{\Gamma_e} \boldsymbol{u}^T \boldsymbol{s}\, d\Gamma , \tag{7-3b}$$

其中，$\boldsymbol{u}$ ——单元位移列阵；

$\boldsymbol{b}$ ——单元体力列阵；

$\boldsymbol{s}$ ——单元面力列阵。

单元位移列阵可表示为形函数矩阵与单元结点位移列阵的积，即

$$\boldsymbol{u} = \boldsymbol{N}\boldsymbol{a}_e , \tag{7-4}$$

其中，$\boldsymbol{N} = \begin{bmatrix} \boldsymbol{N}_1, \boldsymbol{N}_2, \cdots, \boldsymbol{N}_n \end{bmatrix}$ ——形函数矩阵；

$$\boldsymbol{N}_i = \begin{bmatrix} N_i & 0 & 0 \\ 0 & N_i & 0 \\ 0 & 0 & N_i \end{bmatrix} \quad\text{——形函数矩阵的子矩阵;}$$

$i = 1, 2, \cdots, n$——单元结点编号;

$$\boldsymbol{a}_e = \begin{bmatrix} \boldsymbol{u}_1 \\ \boldsymbol{u}_2 \\ \vdots \\ \boldsymbol{u}_n \end{bmatrix} \quad\text{——单元结点位移列阵;}$$

$$\boldsymbol{u}_i = \begin{bmatrix} u_i \\ v_i \\ w_i \end{bmatrix} \quad\text{——单元结点位移列阵的子列阵。}$$

将式(7-4)代入式(7-3b)得

$$\boldsymbol{V}_P^{(e)} = -(\boldsymbol{a}_e)^{\mathrm{T}}\boldsymbol{p}_e, \tag{7-5}$$

其中,

$$\boldsymbol{p}_e = \int_{\Omega_e} \boldsymbol{N}^{\mathrm{T}}\boldsymbol{b}\,\mathrm{d}\Omega + \int_{\Gamma_e} \boldsymbol{N}^{\mathrm{T}}\boldsymbol{s}\,\mathrm{d}\Gamma, \tag{7-6}$$

称为**单元等效结点载荷列阵**。

单元应变列阵可表示为单元应变矩阵与单元结点位移列阵的积,即

$$\boldsymbol{\varepsilon} = \boldsymbol{B}\boldsymbol{a}_e, \tag{7-7}$$

其中,$\boldsymbol{a}_e$——单元结点位移列阵;

$\boldsymbol{B} = [\boldsymbol{B}_1, \boldsymbol{B}_2, \cdots, \boldsymbol{B}_n]$——单元应变矩阵;

$$\boldsymbol{B}_i = \begin{bmatrix} N_{i,x} & 0 & 0 \\ 0 & N_{i,y} & 0 \\ 0 & 0 & N_{i,z} \\ N_{i,y} & N_{i,x} & 0 \\ 0 & N_{i,z} & N_{i,y} \\ N_{i,z} & 0 & N_{i,x} \end{bmatrix} \quad\text{——单元应变矩阵的子矩阵;}$$

$i = 1, 2, \cdots, n$——单元结点编号。

将式(7-7)代入式(7-3a)得

$$V_\varepsilon^{(e)} = \frac{1}{2}(\boldsymbol{a}_e)^{\mathrm{T}}\boldsymbol{k}_e\boldsymbol{a}_e, \tag{7-8}$$

其中,

$$\boldsymbol{k}_e = \int_{\Omega_e} \boldsymbol{B}^{\mathrm{T}}\boldsymbol{D}\boldsymbol{B}\,\mathrm{d}\Omega, \tag{7-9}$$

称为**单元刚度矩阵**。

将式(7-5)和式(7-8)代入式(7-2),可进一步将单元总势能表示为

$$V^{(e)} = \frac{1}{2}(\boldsymbol{a}_e)^{\mathrm{T}}\boldsymbol{k}_e\boldsymbol{a}_e - (\boldsymbol{a}_e)^{\mathrm{T}}\boldsymbol{p}_e。 \tag{7-10}$$

根据式(7-10)可将有限元离散结构的总势能表示为

$$V = \sum_{e=1}^{M} V^{(e)} = \sum_{e=1}^{M} \left[\frac{1}{2}(a_e)^{\mathrm{T}} k_e a_e - (a_e)^{\mathrm{T}} p_e \right] , \qquad (7\text{-}11)$$

其中，M——离散结构中的单元总数；

p_e——单元等效结点载荷列阵；

a_e——单元结点位移列阵。

将式(7-11)中单元刚度矩阵 k_e 和单元等效结点载荷列阵 p_e 按有限元离散结构中的结点总数进行扩维，得

$$V = \sum_{e=1}^{M} \left(\frac{1}{2} a^{\mathrm{T}} K_e a - a^{\mathrm{T}} P_e \right) , \qquad (7\text{-}12)$$

其中，K_e——扩维后的单元刚度矩阵；

P_e——扩维后的单元等效结点载荷列阵；

$$a = \begin{Bmatrix} u_1 \\ u_2 \\ \vdots \\ u_N \end{Bmatrix} \text{——整体结点位移列阵；}$$

$i = 1, 2, \cdots, N$——结点整体编号；

N——离散结构中的结点总数。

可将式(7-12)进一步简化为

$$V = \frac{1}{2} a^{\mathrm{T}} K a - a^{\mathrm{T}} P , \qquad (7\text{-}13)$$

其中，$K = \sum_{e=1}^{M} K_e$——整体刚度矩阵；

$P = \sum_{e=1}^{M} P_e$——整体等效结点载荷列阵。

弹性力学中的最小势能原理可描述为：在所有满足几何约束的许可位移场中，真实位移场使得弹性体总势能取极小值。根据最小势能原理，可得有限元离散结构总势能取得极小值的条件为

$$\frac{\partial V}{\partial a} = 0 。 \qquad (7\text{-}14)$$

将式(7-13)代入式(7-14)，得到有限元离散结构的整体刚度方程，即

$$Ka = P , \qquad (7\text{-}15)$$

其中，K——整体刚度矩阵；

a——整体结点位移列阵；

P——整体等效结点载荷列阵。

7.1.3　利用虚位移原理建立弹性力学有限元法离散结构的整体刚度方程

弹性体的虚位移原理为：在外力作用下处于平衡状态的弹性体，在虚位移作用下，外力

虚功等于物体的虚应变能(见式(4-5)),即

$$\delta W_P = \delta V_\varepsilon \, 。 \tag{7-16}$$

其中,δW_P——外力虚功;

$\quad \delta V_\varepsilon$——虚应变能。

在有限元离散结构中,单元的外力虚功可表示为

$$\delta W_P^{(e)} = \int_{\Omega_e} \delta \boldsymbol{u}^{\mathrm{T}} \boldsymbol{b} \, \mathrm{d}\Omega + \int_{\Gamma_e} \delta \boldsymbol{u}^{\mathrm{T}} \boldsymbol{s} \, \mathrm{d}\Gamma , \tag{7-17a}$$

其中,$\delta \boldsymbol{u}$——虚位移列阵;

$\quad \boldsymbol{b}$——体力列阵;

$\quad \boldsymbol{s}$——面力列阵。

单元的虚应变能可表示为

$$\delta V_\varepsilon^{(e)} = \int_{\Omega_e} \delta \boldsymbol{\varepsilon}^{\mathrm{T}} \boldsymbol{\sigma} \, \mathrm{d}\Omega = \int_{\Omega_e} \delta \boldsymbol{\varepsilon}^{\mathrm{T}} \boldsymbol{D} \boldsymbol{\varepsilon} \, \mathrm{d}\Omega , \tag{7-17b}$$

其中,$\delta \boldsymbol{\varepsilon}$——虚应变列阵;

$\quad \boldsymbol{\sigma}$——应力列阵;

$\quad \boldsymbol{\varepsilon}$——应变列阵。

单元虚位移列阵可以表示为形函数矩阵与结点虚位移列阵的积,即

$$\delta \boldsymbol{u} = \boldsymbol{N} \delta \boldsymbol{a}_e , \tag{7-18}$$

其中,$\boldsymbol{N}$——单元形函数矩阵;

$\quad \delta \boldsymbol{a}_e$——单元结点虚位移列阵。

将式(7-18)代入式(7-17a)得

$$\delta W_P^{(e)} = (\delta \boldsymbol{a}_e)^{\mathrm{T}} \boldsymbol{p}_e , \tag{7-19}$$

其中,$\boldsymbol{p}_e$——单元等效结点载荷列阵,见式(7-6);

$\quad \delta \boldsymbol{a}_e$——单元结点虚位移列阵。

根据式(7-19)可将有限元离散结构的总外力虚功表示为

$$\delta W_P = \sum_{e=1}^{M} \delta W_P^{(e)} = \sum_{e=1}^{M} (\delta \boldsymbol{a}_e)^{\mathrm{T}} \boldsymbol{p}_e , \tag{7-20}$$

其中,$\boldsymbol{p}_e$——单元等效结点载荷列阵,见式(7-6);

$\quad \delta \boldsymbol{a}_e$——单元结点虚位移列阵。

单元虚应变列阵可表示为单元应变矩阵与单元结点虚位移列阵的积,即

$$\delta \boldsymbol{\varepsilon} = \boldsymbol{B} \delta \boldsymbol{a}_e , \tag{7-21}$$

其中,$\delta \boldsymbol{a}_e$——单元结点虚位移列阵;

$\quad \boldsymbol{B}$——单元应变矩阵。

将式(7-21)和式(7-7)代入式(7-17b),得

$$\delta V_\varepsilon^{(e)} = (\delta \boldsymbol{a}_e)^{\mathrm{T}} \boldsymbol{k}_e \boldsymbol{a}_e , \tag{7-22}$$

其中,$\boldsymbol{k}_e$——单元刚度矩阵,见式(7-9);

$\quad \boldsymbol{a}_e$——单元结点位移列阵。

根据式(7-22)可以将整个有限元离散结构的总虚应变能表示为

$$\delta V_\varepsilon = \sum_{e=1}^{M} \delta V_\varepsilon^{(e)} = \sum_{e=1}^{M} (\delta \boldsymbol{a}_e)^{\mathrm{T}} \boldsymbol{k}_e \boldsymbol{a}_e \, 。 \tag{7-23}$$

将式(7-23)和式(7-20)代入式(7-16),得

$$\sum_{e=1}^{M}(\delta a_e)^{\mathrm{T}} p_e = \sum_{e=1}^{M}(\delta a_e)^{\mathrm{T}} k_e a_e, \qquad (7\text{-}24)$$

其中,k_e——单元刚度矩阵,见式(7-9);

　　a_e——单元结点位移列阵。

　　将式(7-24)中的单元刚度矩阵和单元等效结点载荷列阵根据整体刚度矩阵和整体结点载荷列阵扩维,得

$$(\delta a)^{\mathrm{T}}\left(\sum_{e=1}^{M} P_e\right) = (\delta a)^{\mathrm{T}}\left(\sum_{e=1}^{M} K_e\right) a, \qquad (7\text{-}25)$$

其中,δa——整体结点虚位移列阵;

　　a——整体结点位移列阵;

　　K_e——扩维后的单元刚度矩阵;

　　P_e——扩维后的等效结点载荷列阵。

　　根据式(7-25)也可得到式(7-15)所示的有限元离散结构的整体刚度方程。

7.2　弹性空间四面体单元分析

7.2.1　空间 4 结点四面体单元

　　如图 7-1 所示,空间 4 结点四面体单元以 4 个角点 1、2、3、4 为结点。结点排序原则为:在笛卡儿右手坐标系中,当 1→2→3 为四指转向时,拇指指向结点 4。

　　图 7-1 所示空间 4 结点四面体单元的位移场函数可表示为

$$\left.\begin{aligned} u(x,y,z) &= \sum_{i=1}^{4} N_i(x,y,z) u_i \\ v(x,y,z) &= \sum_{i=1}^{4} N_i(x,y,z) v_i \\ w(x,y,z) &= \sum_{i=1}^{4} N_i(x,y,z) w_i \end{aligned}\right\}, \qquad (7\text{-}26)$$

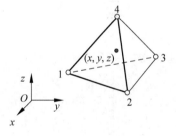

图 7-1　空间 4 结点四面体单元

其中,u_i,v_i,w_i——结点位移分量;

　　$N_i(x,y,z)$——形函数。

　　图 7-1 所示空间 4 结点四面体单元的形函数可利用广义坐标法或构造法求得,具体表达式为

$$N_i = \frac{1}{6V}(a_i + b_i x + c_i y + d_i z), \quad i = 1,2,3,4, \qquad (7\text{-}27)$$

其中,

$$V = \frac{1}{6} \begin{vmatrix} 1 & x_1 & y_1 & z_1 \\ 1 & x_2 & y_2 & z_2 \\ 1 & x_3 & y_3 & z_3 \\ 1 & x_4 & y_4 & z_4 \end{vmatrix}$$ ——四面体单元的体积；

$$a_i = \begin{vmatrix} x_j & y_j & z_j \\ x_m & y_m & z_m \\ x_p & y_p & z_p \end{vmatrix};$$

$$b_i = - \begin{vmatrix} 1 & y_j & z_j \\ 1 & y_m & z_m \\ 1 & y_p & z_p \end{vmatrix};$$

$$c_i = - \begin{vmatrix} x_j & 1 & z_j \\ x_m & 1 & z_m \\ x_p & 1 & z_p \end{vmatrix};$$

$$d_i = - \begin{vmatrix} x_j & y_j & 1 \\ x_m & y_m & 1 \\ x_p & y_p & 1 \end{vmatrix};$$

$i,j,m,p \leftrightarrows 1,2,3,4$。

将位移场函数式(7-26)代入几何方程式(7-1b)，整理后得到空间 4 结点四面体单元的应变场表达式

$$\boldsymbol{\varepsilon} = \boldsymbol{B} a_e = [\boldsymbol{B}_1, \boldsymbol{B}_2, \boldsymbol{B}_3, \boldsymbol{B}_4] \begin{bmatrix} \boldsymbol{u}_1 \\ \boldsymbol{u}_2 \\ \boldsymbol{u}_3 \\ \boldsymbol{u}_4 \end{bmatrix}, \tag{7-28}$$

其中，$\boldsymbol{B}$——单元应变矩阵；

$$\boldsymbol{B}_i = \begin{bmatrix} N_{i,x} & 0 & 0 \\ 0 & N_{i,y} & 0 \\ 0 & 0 & N_{i,z} \\ N_{i,y} & N_{i,x} & 0 \\ 0 & N_{i,z} & N_{i,y} \\ N_{i,z} & 0 & N_{i,x} \end{bmatrix}$$ ——单元应变矩阵的子矩阵；

a_e——单元结点位移列阵；

$$\boldsymbol{u}_i = \begin{bmatrix} u_i \\ v_i \\ w_i \end{bmatrix}$$ ——单元结点位移列阵的子列阵，其中，$i=1,2,3,4$ 为单元结点编号。

根据式(7-27)可将空间 4 结点四面体单元的单元应变矩阵的子矩阵进一步表示为

$$\boldsymbol{B}_i = \frac{1}{6V}\begin{bmatrix} b_i & 0 & 0 \\ 0 & c_i & 0 \\ 0 & 0 & d_i \\ c_i & b_i & 0 \\ 0 & d_i & c_i \\ d_i & 0 & b_i \end{bmatrix}, \tag{7-29}$$

可见,空间 4 结点四面体单元为常应变单元。

将单元应变场表达式(7-28)代入物理方程式(7-1c),得到空间 4 结点四面体单元的应力场表达式

$$\boldsymbol{\sigma} = \boldsymbol{DBa}_e = \boldsymbol{Sa}_e, \tag{7-30}$$

其中,$\boldsymbol{S} = [\boldsymbol{S}_1, \boldsymbol{S}_2, \boldsymbol{S}_3, \boldsymbol{S}_4]$——单元应力矩阵;

$\boldsymbol{S}_i = \boldsymbol{DB}_i$——单元应力矩阵的子矩阵,其中,$i=1,2,3,4$,为单元结点编号。

根据单元刚度矩阵的普遍公式,得到空间 4 结点四面体单元的单元刚度矩阵表达式

$$\boldsymbol{k}_e = \begin{bmatrix} \boldsymbol{k}_{11} & \boldsymbol{k}_{12} & \boldsymbol{k}_{13} & \boldsymbol{k}_{14} \\ \boldsymbol{k}_{21} & \boldsymbol{k}_{22} & \boldsymbol{k}_{23} & \boldsymbol{k}_{24} \\ \boldsymbol{k}_{31} & \boldsymbol{k}_{32} & \boldsymbol{k}_{33} & \boldsymbol{k}_{34} \\ \boldsymbol{k}_{41} & \boldsymbol{k}_{42} & \boldsymbol{k}_{43} & \boldsymbol{k}_{44} \end{bmatrix}, \tag{7-31}$$

其中,$\boldsymbol{k}_{ij} = \boldsymbol{B}_i^{\mathrm{T}}\boldsymbol{DB}_j V$——单元刚度矩阵的子矩阵,其中,$i,j=1,2,3,4$,为单元结点编号;

V——空间 4 结点四面体单元的体积。

实践 7-1

【例 7-1】　一空间 4 结点四面体单元的结点坐标为 $1(0,0,0)$、$2(2,0,0)$、$3(1,2,0)$、$4(1,1,2)$,计算该单元的形函数和应变矩阵。

【解】　编写 MATLAB 程序 ex0701.m,内容如下:

```
clear;
clc;
nxy = [0, 0, 0; ...
       2, 0, 0; ...
       1, 2, 0; ...
       1, 1, 2];
nxy = sym(nxy);
syms x y z
T = [ones(4,1), nxy];
N = [1, x, y, z]/T;
N1 = N(1)
N2 = N(2)
N3 = N(3)
N4 = N(4)
for i = 1:4
    B(:,:,i) = [diff(N(i),x,1),0,0; ...
                0,diff(N(i),y,1),0; ...
                0,0,diff(N(i),z,1); ...
```

```
              diff(N(i),y,1),diff(N(i),x,1),0; ...
              0,diff(N(i),z,1),diff(N(i),y,1); ...
              diff(N(i),z,1),0,diff(N(i),x,1)];
end
B1 = B(:,:,1)
B2 = B(:,:,2)
B3 = B(:,:,3)
B4 = B(:,:,4)
```

运行程序 ex0701.m，得到

```
N1 = 1 - y/4 - z/8 - x/2
N2 = x/2 - y/4 - z/8
N3 = y/2 - z/4
N4 = z/2
B1 =
   [ - 1/2,        0,        0]
   [ 0,         - 1/4,       0]
   [ 0,            0,     - 1/8]
   [ - 1/4,    - 1/2,        0]
   [ 0,         - 1/8,    - 1/4]
   [ - 1/8,       0,     - 1/2]
B2 =
   [ 1/2,         0,        0]
   [ 0,         - 1/4,       0]
   [ 0,            0,     - 1/8]
   [ - 1/4,     1/2,         0]
   [ 0,         - 1/8,    - 1/4]
   [ - 1/8,       0,       1/2]
B3 =
   [ 0,           0,         0]
   [ 0,          1/2,        0]
   [ 0,           0,      - 1/4]
   [ 1/2,         0,         0]
   [ 0,         - 1/4,      1/2]
   [ - 1/4,       0,         0]
B4 =
   [ 0,      0,     0]
   [ 0,      0,     0]
   [ 0,      0,   1/2]
   [ 0,      0,     0]
   [ 0,    1/2,     0]
   [1/2,     0,     0]
```

7.2.2 空间 4 结点四面体等参元

如图 7-2 所示为弹性空间 4 结点四面体等参元，该等参元的坐标变换函数和位移场函数分别表示为

$$x = \sum_{i=1}^{4} N_i(\xi,\eta,\zeta)x_i, \quad y = \sum_{i=1}^{4} N_i(\xi,\eta,\zeta)y_i, \quad z = \sum_{i=1}^{4} N_i(\xi,\eta,\zeta)z_i \quad (7\text{-}32a)$$

和

$$u = \sum_{i=1}^{4} N_i(\xi, \eta, \zeta) u_i, \quad v = \sum_{i=1}^{4} N_i(\xi, \eta, \zeta) v_i, \quad w = \sum_{i=1}^{4} N_i(\xi, \eta, \zeta) w_i, \quad (7\text{-}32b)$$

其中，x_i, y_i, z_i——结点坐标；

$\quad\quad u_i, v_i, w_i$——结点位移；

$\quad\quad N_i(\xi, \eta, \zeta)$——形函数；

$\quad\quad i = 1, 2, 3, 4$——单元结点编号。

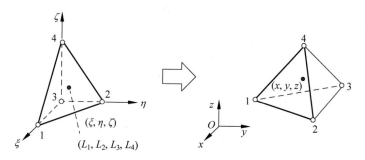

图 7-2　弹性空间 4 结点四面体等参元

弹性空间 4 结点四面体等参元的形函数可用局部坐标表示为

$$N_1 = \xi, \quad N_2 = \eta, \quad N_3 = 1 - \xi - \eta - \zeta, \quad N_4 = \zeta \quad\quad (7\text{-}33a)$$

或

$$N_1 = L_1, \quad N_2 = L_2, \quad N_3 = L_3, \quad N_4 = L_4, \quad\quad (7\text{-}33b)$$

其中，ξ, η, ζ——局部直角坐标；

$\quad\quad L_i(i = 1, 2, 3, 4)$——局部体积坐标。

根据位移场函数式(7-32b)，经过相似的推导过程，可以发现图 7-2 所示弹性空间 4 结点四面体等参元的应变场、应力场的表达式与图 7-1 所示弹性空间 4 结点四面体单元的应变场、应力场的表达式(7-28)、式(7-30)是完全相同的。但空间 4 结点四面体等参元的形函数是用局部坐标描述的，而表达式(7-28)、式(7-30)中的形函数是用整体坐标描述的，因此需要用到相关的变换关系。

根据式(6-5)可以得到形函数对局部坐标偏导数和对整体坐标偏导数间的关系为

$$\begin{bmatrix} \dfrac{\partial N_i}{\partial \xi} \\[2mm] \dfrac{\partial N_i}{\partial \eta} \\[2mm] \dfrac{\partial N_i}{\partial \zeta} \end{bmatrix} = \begin{bmatrix} \dfrac{\partial x}{\partial \xi} & \dfrac{\partial y}{\partial \xi} & \dfrac{\partial z}{\partial \xi} \\[2mm] \dfrac{\partial x}{\partial \eta} & \dfrac{\partial y}{\partial \eta} & \dfrac{\partial z}{\partial \eta} \\[2mm] \dfrac{\partial x}{\partial \zeta} & \dfrac{\partial y}{\partial \zeta} & \dfrac{\partial z}{\partial \zeta} \end{bmatrix} \begin{bmatrix} \dfrac{\partial N_i}{\partial x} \\[2mm] \dfrac{\partial N_i}{\partial y} \\[2mm] \dfrac{\partial N_i}{\partial z} \end{bmatrix}, \quad i = 1, 2, 3, 4, \quad\quad (7\text{-}34)$$

其中，

$$\boldsymbol{J} = \begin{bmatrix} \dfrac{\partial x}{\partial \xi} & \dfrac{\partial y}{\partial \xi} & \dfrac{\partial z}{\partial \xi} \\[2mm] \dfrac{\partial x}{\partial \eta} & \dfrac{\partial y}{\partial \eta} & \dfrac{\partial z}{\partial \eta} \\[2mm] \dfrac{\partial x}{\partial \zeta} & \dfrac{\partial y}{\partial \zeta} & \dfrac{\partial z}{\partial \zeta} \end{bmatrix}$$ ——雅可比矩阵。

根据式(6-6)可知,雅可比矩阵为形函数偏导数矩阵与单元结点坐标矩阵的积,即

$$\boldsymbol{J} = \boldsymbol{N}_{\partial} \boldsymbol{X}_e, \qquad (7\text{-}35)$$

其中,

$$\boldsymbol{N}_{\partial} = \begin{bmatrix} \dfrac{\partial N_1}{\partial \xi} & \dfrac{\partial N_2}{\partial \xi} & \cdots & \dfrac{\partial N_n}{\partial \xi} \\[2mm] \dfrac{\partial N_1}{\partial \eta} & \dfrac{\partial N_2}{\partial \eta} & \cdots & \dfrac{\partial N_n}{\partial \eta} \\[2mm] \dfrac{\partial N_1}{\partial \zeta} & \dfrac{\partial N_2}{\partial \zeta} & \cdots & \dfrac{\partial N_n}{\partial \zeta} \end{bmatrix} \text{——形函数偏导数矩阵;}$$

$$\boldsymbol{X}_e = \begin{bmatrix} x_1 & y_1 & z_1 \\ x_2 & y_2 & z_2 \\ \vdots & \vdots & \vdots \\ x_4 & y_4 & z_4 \end{bmatrix} \text{——单元结点坐标矩阵。}$$

根据式(7-35),可将图7-2所示弹性空间4结点四面体等参元的形函数偏导数矩阵进一步表示为

$$\boldsymbol{J} = \begin{bmatrix} x_1 - x_3 & y_1 - y_3 & z_1 - z_3 \\ x_2 - x_3 & y_2 - y_3 & z_2 - z_3 \\ x_4 - x_3 & y_4 - y_3 & z_4 - z_3 \end{bmatrix}。 \qquad (7\text{-}36)$$

根据单元刚度矩阵的普遍公式,可得到图7-2所示弹性空间4结点四面体等参元的单元刚度矩阵表达式,即

$$\boldsymbol{k}_e = \begin{bmatrix} \boldsymbol{k}_{11} & \boldsymbol{k}_{12} & \boldsymbol{k}_{13} & \boldsymbol{k}_{14} \\ \boldsymbol{k}_{21} & \boldsymbol{k}_{22} & \boldsymbol{k}_{23} & \boldsymbol{k}_{24} \\ \boldsymbol{k}_{31} & \boldsymbol{k}_{32} & \boldsymbol{k}_{33} & \boldsymbol{k}_{34} \\ \boldsymbol{k}_{41} & \boldsymbol{k}_{42} & \boldsymbol{k}_{43} & \boldsymbol{k}_{44} \end{bmatrix}, \qquad (7\text{-}37)$$

其中,

$$\boldsymbol{k}_{ij} = \int_{\Omega_e} (\boldsymbol{B}_i^{\mathrm{T}} \boldsymbol{D} \boldsymbol{B}_j) \mathrm{d}\Omega, \quad i, j = 1, 2, 3, 4 \qquad (7\text{-}38)$$

为单元刚度矩阵的子矩阵。

根据6.1.2节介绍的整体坐标系下的体积微元和局部坐标系下的体积微元之间的变换关系式(6-10),可知

$$\mathrm{d}\Omega = | \boldsymbol{J} | \mathrm{d}\zeta \mathrm{d}\eta \mathrm{d}\xi, \qquad (7\text{-}39)$$

其中,$| \boldsymbol{J} |$——雅可比矩阵的行列式。

根据式(7-38)和式(7-39),在图7-2所示局部坐标系内,可将单元刚度矩阵的子矩阵表示为

$$\boldsymbol{k}_{ij} = \int_0^1 \int_0^{1-\xi} \int_0^{1-\xi-\eta} (\boldsymbol{B}_i^{\mathrm{T}} \boldsymbol{D} \boldsymbol{B}_j | \boldsymbol{J} |) \mathrm{d}\zeta \mathrm{d}\eta \mathrm{d}\xi, \quad i, j = 1, 2, 3, 4。 \qquad (7\text{-}40)$$

由于空间4结点四面体等参元的应变矩阵为常数矩阵,因此利用 Hammer 积分计算式(7-40),取1个积分点即可精确计算,结果为

$$k_{ij} = \frac{1}{6} \mid \boldsymbol{J} \mid \boldsymbol{B}_i^{\mathrm{T}} \boldsymbol{DB}_j ,$$
(7-41)

其中,$\mid \boldsymbol{J} \mid$——雅可比矩阵的行列式;

　　$\boldsymbol{B}_i, \boldsymbol{B}_j$——单元应变矩阵的子矩阵;

　　$i,j = 1,2,3,4$——单元结点编号。

实践 7-2

【例 7-2】　利用 MATLAB 软件推导图 7-2 所示弹性空间 4 结点四面体等参元的形函数偏导数矩阵和雅可比矩阵。

【解】　编写 MATLAB 程序 ex0702_1.m,内容如下:

```
clear;
clc;
syms N1(r,s,t) N2(r,s,t) N3(r,s,t) N4(r,s,t)
syms x1 y1 z1 x2 y2 z2 x3 y3 z3 x4 y4 z4
N1(r,s,t) = r;
N2(r,s,t) = s;
N3(r,s,t) = 1-r-s-t;
N4(r,s,t) = t;
Npd = [diff(N1,r),diff(N2,r),diff(N3,r),diff(N4,r);
    diff(N1,s),diff(N2,s),diff(N3,s),diff(N4,s);
    diff(N1,t),diff(N2,t),diff(N3,t),diff(N4,t)]
X = [x1,y1,z1
    x2,y2,z2
    x3,y3,z3
    x4,y4,z4];
J = Npd * X
```

运行程序 ex0702_1.m,得到

```
Npd(r, s, t) =
            [ 1, 0, -1, 0]
            [ 0, 1, -1, 0]
            [ 0, 0, -1, 1]
J(r, s, t) =
            [ x1 - x3, y1 - y3, z1 - z3]
            [ x2 - x3, y2 - y3, z2 - z3]
            [ x4 - x3, y4 - y3, z4 - z3]
```

【另解】　编写 MATLAB 程序 ex0702_2.m,内容如下:

```
clear;
clc;
syms N1(r,s,t) N2(r,s,t) N3(r,s,t) N4(r,s,t)
syms x1 y1 z1 x2 y2 z2 x3 y3 z3 x4 y4 z4
N1(r,s,t) = r;
N2(r,s,t) = s;
N3(r,s,t) = 1-r-s-t;
N4(r,s,t) = t;
Npd = [diff(N1,r),diff(N2,r),diff(N3,r),diff(N4,r);
    diff(N1,s),diff(N2,s),diff(N3,s),diff(N4,s);
```

```
    diff(N1,t),diff(N2,t),diff(N3,t),diff(N4,t)]
x = N1 * x1 + N2 * x2 + N3 * x3 + N4 * x4
y = N1 * y1 + N2 * y2 + N3 * y3 + N4 * y4
z = N1 * z1 + N2 * z2 + N3 * z3 + N4 * z4
J = [diff(x,r),diff(y,r),diff(z,r)
     diff(x,s),diff(y,s),diff(z,s)
     diff(x,t),diff(y,t),diff(z,t)]
```

运行程序 ex0702_2.m,得到

```
Npd(r, s, t) =
               [ 1,  0,  -1,  0]
               [ 0,  1,  -1,  0]
               [ 0,  0,  -1,  1]
J(r, s, t) =
               [ x1 - x3, y1 - y3, z1 - z3]
               [ x2 - x3, y2 - y3, z2 - z3]
               [ x4 - x3, y4 - y3, z4 - z3]
```

实践 7-3

【例 7-3】 一 4 结点四面体等参元在整体坐标系下的结点坐标为 $1(0,0,0)$、$2(2,0,0)$、$3(1,2,0)$、$4(1,1,2)$。利用 MATLAB 计算该等参元的单元应变矩阵。

【解】 编写 MATLAB 程序 ex0703.m,内容如下:

```
clear;
clc;
Xe = [0,0,0;
      2,0,0;
      1,2,0;
      1,1,2];
Xe = sym(Xe);
Npd = [1, 0, -1, 0;
       0, 1, -1, 0;
       0, 0, -1, 1];
Npd = sym(Npd);
J = Npd * Xe;
% ------------------------
N1d = J\Npd(:,1);
B1 = [N1d(1),0,0;
      0,N1d(2),0;
      0,0,N1d(3);
      N1d(2),N1d(1),0;
      0,N1d(3),N1d(2);
      N1d(3),0,N1d(1)]
% ------------------------
N2d = J\Npd(:,2);
B2 = [N2d(1),0,0;
      0,N2d(2),0;
      0,0,N2d(3);
      N2d(2),N2d(1),0;
      0,N2d(3),N2d(2);
      N2d(3),0,N2d(1)]
```

```
% -------------------------------------
N3d = J\Npd(:,3);
B3 = [N3d(1),0,0;
      0,N3d(2),0;
      0,0,N3d(3);
      N3d(2),N3d(1),0;
      0,N3d(3),N3d(2);
      N3d(3),0,N3d(1)]
% -------------------------------------
N4d = J\Npd(:,4);
B4 = [N4d(1),0,0;
      0,N4d(2),0;
      0,0,N4d(3);
      N4d(2),N4d(1),0;
      0,N4d(3),N4d(2);
      N4d(3),0,N4d(1)]
```

运行程序 ex0703.m，得到

```
B1 =
    [-1/2,      0,      0]
    [ 0,     -1/4,      0]
    [ 0,        0,   -1/8]
    [-1/4,   -1/2,      0]
    [ 0,     -1/8,   -1/4]
    [-1/8,      0,   -1/2]
B2 =
    [ 1/2,      0,      0]
    [ 0,     -1/4,      0]
    [ 0,        0,   -1/8]
    [-1/4,    1/2,      0]
    [ 0,     -1/8,   -1/4]
    [-1/8,      0,    1/2]
B3 =
    [ 0,        0,      0]
    [ 0,      1/2,      0]
    [ 0,        0,   -1/4]
    [ 1/2,      0,      0]
    [ 0,     -1/4,    1/2]
    [-1/4,      0,      0]
B4 =
    [ 0,    0,    0]
    [ 0,    0,    0]
    [ 0,    0,  1/2]
    [ 0,    0,    0]
    [ 0,  1/2,    0]
    [1/2,   0,    0]
```

7.2.3 空间 10 结点四面体等参元

根据第 6 章介绍的知识，可知图 7-3 所示弹性空间 10 结点四面体等参元的坐标变换和位移场函数分别表示为

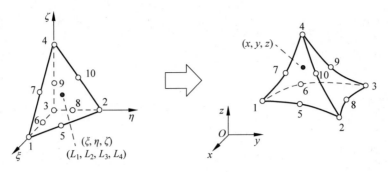

图 7-3　弹性空间 10 结点四面体等参元

$$x = \sum_{i=1}^{10} N_i(\xi, \eta) x_i, \quad y = \sum_{i=1}^{10} N_i(\xi, \eta) y_i, \quad z = \sum_{i=1}^{10} N_i(\xi, \eta) z_i \qquad (7\text{-}42\text{a})$$

和

$$u = \sum_{i=1}^{10} N_i(\xi, \eta) u_i, \quad v = \sum_{i=1}^{10} N_i(\xi, \eta) v_i, \quad w = \sum_{i=1}^{10} N_i(\xi, \eta) w_i, \qquad (7\text{-}42\text{b})$$

其中，x_i, y_i, z_i——结点坐标；

$\quad\quad u_i, v_i, w_i$——结点位移；

$\quad\quad N_i(\xi, \eta)$——形函数；

$\quad\quad i = 1, 2, \cdots, 10$——单元结点编号。

利用广义坐标法或构造法可以求得图 7-3 所示弹性空间 10 结点四面体等参元的形函数，具体表达式为

$$\left. \begin{aligned} N_1 &= \xi(2\xi - 1) \\ N_2 &= \eta(2\eta - 1) \\ N_3 &= (1 - \xi - \eta - \zeta)(1 - 2\xi - 2\eta - 2\zeta) \\ N_4 &= \zeta(2\zeta - 1) \\ N_5 &= 4\xi\eta \\ N_6 &= 4\xi(1 - \xi - \eta - \zeta) \\ N_7 &= 4\xi\zeta \\ N_8 &= 4\eta(1 - \xi - \eta - \zeta) \\ N_9 &= 4\zeta(1 - \xi - \eta - \zeta) \\ N_{10} &= 4\eta\zeta \end{aligned} \right\} \quad (7\text{-}43)$$

将位移场函数式(7-42b)代入几何方程式(7-1b)，得到图 7-3 所示弹性空间 10 结点四面体等参元的单元应变场，具体表达式为

$$\boldsymbol{\varepsilon} = \boldsymbol{B} \boldsymbol{a}_e = [\boldsymbol{B}_1, \boldsymbol{B}_2, \cdots, \boldsymbol{B}_{10}] \begin{bmatrix} \boldsymbol{u}_1 \\ \boldsymbol{u}_2 \\ \vdots \\ \boldsymbol{u}_{10} \end{bmatrix}, \qquad (7\text{-}44)$$

其中，$\boldsymbol{B} = [\boldsymbol{B}_1, \boldsymbol{B}_2, \cdots, \boldsymbol{B}_{10}]$——单元应变矩阵；

$$\boldsymbol{B}_i=\begin{bmatrix} N_{i,x} & 0 & 0 \\ 0 & N_{i,y} & 0 \\ 0 & 0 & N_{i,z} \\ N_{i,y} & N_{i,x} & 0 \\ 0 & N_{i,z} & N_{i,y} \\ N_{i,z} & 0 & N_{i,x} \end{bmatrix}$$ ——单元应变矩阵的子矩阵；

$$\boldsymbol{a}_e=\begin{bmatrix}\boldsymbol{u}_1\\\boldsymbol{u}_2\\\vdots\\\boldsymbol{u}_{10}\end{bmatrix}$$ ——单元结点位移列阵；

$$\boldsymbol{u}_i=\begin{bmatrix}u_i\\v_i\\w_i\end{bmatrix}$$ ——单元结点位移列阵的子列阵；

$i=1,2,\cdots,10$ ——单元结点编号。

根据式(7-35)可将上述弹性空间 10 结点四面体等参元的雅可比矩阵写为

$$\boldsymbol{J}=\boldsymbol{N}_\partial\boldsymbol{X}_e,\qquad(7\text{-}45)$$

其中，

$$\boldsymbol{X}_e=\begin{bmatrix} x_1 & y_1 & z_1 \\ x_2 & y_2 & z_2 \\ \vdots & \vdots & \vdots \\ x_{10} & y_{10} & z_{10} \end{bmatrix}$$ ——单元结点坐标矩阵；

$$\boldsymbol{N}_\partial=\begin{bmatrix} 4\xi-1 & 0 & a & 0 & \eta & b & \zeta & -4\eta & -4\zeta & 0 \\ 0 & 4\eta-1 & a & 0 & 4\xi & -4\xi & 0 & c & -4\zeta & 4\zeta \\ 0 & 0 & a & 4\zeta-1 & 0 & -4\xi & 4\xi & -4\eta & d & 4\eta \end{bmatrix}$$ ——形函数偏导

数矩阵；

$$\left.\begin{aligned} a&=4(\xi+\eta+\zeta)-3\\ b&=4(1-2\xi-\eta-\zeta)\\ c&=4(1-\xi-2\eta-\zeta)\\ d&=4(1-\xi-\eta-2\zeta) \end{aligned}\right\}$$ ——替换变量。

图 7-3 所示空间 10 结点四面体等参元的单元刚度矩阵可表示为

$$\boldsymbol{k}_e=\begin{bmatrix} \boldsymbol{k}_{1\,1} & \boldsymbol{k}_{1\,2} & \cdots & \boldsymbol{k}_{1\,10} \\ \boldsymbol{k}_{2\,1} & \boldsymbol{k}_{2\,2} & \cdots & \boldsymbol{k}_{2\,10} \\ \vdots & \vdots & & \vdots \\ \boldsymbol{k}_{10\,1} & \boldsymbol{k}_{10\,2} & \cdots & \boldsymbol{k}_{10\,10} \end{bmatrix},\qquad(7\text{-}46)$$

其中，$\boldsymbol{k}_{ij}=\int_0^1\int_0^{1-\xi}\int_0^{1-\xi-\eta}\boldsymbol{k}_{ij}^*(\xi,\eta,\zeta)\mathrm{d}\zeta\mathrm{d}\eta\mathrm{d}\xi$ ——单元刚度矩阵的子矩阵；

$\boldsymbol{k}_{ij}^*(\xi,\eta,\zeta)=\boldsymbol{B}_i^{\mathrm{T}}\boldsymbol{D}\boldsymbol{B}_j|\boldsymbol{J}|$ ——替换矩阵；

$i,j=1,2,\cdots,10$——单元结点编号。

利用 3.3.2 节介绍的三维 Hammer 积分,取 4 个积分点,可将单元刚度矩阵的子矩阵进一步表示为

$$\boldsymbol{k}_{ij} = H\big[\boldsymbol{k}_{ij}^{*}(\alpha,\beta,\beta) + \boldsymbol{k}_{ij}^{*}(\beta,\alpha,\beta) + \boldsymbol{k}_{ij}^{*}(\beta,\beta,\alpha) + \boldsymbol{k}_{ij}^{*}(\beta,\beta,\beta)\big], \qquad (7\text{-}47)$$

其中,$i,j=1,2,\cdots,10$——单元结点编号;

$$\alpha = \frac{5+3\sqrt{5}}{20}$$——积分点坐标;

$$\beta = \frac{5-\sqrt{5}}{20}$$——积分点坐标;

$$H = \frac{1}{24}$$——权系数。

实践 7-4

【例 7-4】 利用广义坐标法推导图 7-3 所示空间 10 结点四面体等参元的形函数 N_1、N_5、N_6 及其偏导数表达式。

【解】 (1) 编写 MATLAB 程序 ex0704_1.m,内容如下:

```
clear;
clc;
syms a1 a2 a3 a4 a5 a6 a7 a8 a9 a10
syms N1(r,s,t)
N1(r,s,t) = a1 + a2 * r + a3 * s + a4 * t ...
    + a5 * r^2 + a6 * s^2 + a7 * t^2 ...
    + a8 * r * s + a9 * s * t + a10 * t * r
eq1 = N1(1,0,0) == 1
eq2 = N1(0,1,0) == 0
eq3 = N1(0,0,0) == 0
eq4 = N1(0,0,1) == 0
eq5 = N1(1/2,1/2,0) == 0
eq6 = N1(1/2,0,0) == 0
eq7 = N1(1/2,0,1/2) == 0
eq8 = N1(0,1/2,0) == 0
eq9 = N1(0,0,1/2) == 0
eq10 = N1(0,1/2,1/2) == 0
R = solve(eq1,eq2,eq3,eq4,eq5,eq6,eq7,eq8,eq9,eq10,...
        a1,a2,a3,a4,a5,a6,a7,a8,a9,a10)
a1 = R.a1
a2 = R.a2
a3 = R.a3
a4 = R.a4
a5 = R.a5
a6 = R.a6
a7 = R.a7
a8 = R.a8
a9 = R.a9
a10 = R.a10
N1(r,s,t) = eval(N1)
N1_f = factor(N1)
```

```
N1r = diff(N1,r)
N1s = diff(N1,s)
N1t = diff(N1,t)
```

运行程序 $ex0704\_1.m$，得到 N_1 及其偏导数如下：

```
N1(r, s, t) = r(2r - 1)
N1,r(r, s, t) = 4r - 1
N1,s(r, s, t) = 0
N1,t(r, s, t) = 0
```

（2）编写 MATLAB 程序 $ex0704\_2.m$，内容如下：

```
clear;
clc;
syms a1 a2 a3 a4 a5 a6 a7 a8 a9 a10
syms N5(r,s,t)
N5(r,s,t) = a1 + a2 * r + a3 * s + a4 * t ...
    + a5 * r^2 + a6 * s^2 + a7 * t^2 ...
    + a8 * r * s + a9 * s * t + a10 * t * r
eq1 = N5(1,0,0) == 0
eq2 = N5(0,1,0) == 0
eq3 = N5(0,0,0) == 0
eq4 = N5(0,0,1) == 0
eq5 = N5(1/2,1/2,0) == 1
eq6 = N5(1/2,0,0) == 0
eq7 = N5(1/2,0,1/2) == 0
eq8 = N5(0,1/2,0) == 0
eq9 = N5(0,0,1/2) == 0
eq10 = N5(0,1/2,1/2) == 0
R = solve(eq1,eq2,eq3,eq4,eq5,eq6,eq7,eq8,eq9,eq10,...
          a1,a2,a3,a4,a5,a6,a7,a8,a9,a10)
a1 = R.a1
a2 = R.a2
a3 = R.a3
a4 = R.a4
a5 = R.a5
a6 = R.a6
a7 = R.a7
a8 = R.a8
a9 = R.a9
a10 = R.a10
N5(r,s,t) = eval(N5)
N5_f = factor(N5)
N5r = diff(N5,r)
N5s = diff(N5,s)
N5t = diff(N5,t)
```

运行程序 $ex0704\_2.m$，得到 N_5 及其偏导数如下：

```
N5(r, s, t) = 4rs
N5,r(r, s, t) = 4s
N5,s(r, s, t) = 4r
N5,t(r, s, t) = 0
```

（3）编写 MATLAB 程序 ex0704_3.m，内容如下：

```
clear;
clc;
syms a1 a2 a3 a4 a5 a6 a7 a8 a9 a10
syms N6(r,s,t)
N6(r,s,t) = a1 + a2 * r + a3 * s + a4 * t ...
    + a5 * r^2 + a6 * s^2 + a7 * t^2 ...
    + a8 * r * s + a9 * s * t + a10 * t * r
eq1 = N6(1,0,0) == 0
eq2 = N6(0,1,0) == 0
eq3 = N6(0,0,0) == 0
eq4 = N6(0,0,1) == 0
eq5 = N6(1/2,1/2,0) == 0
eq6 = N6(1/2,0,0) == 1
eq7 = N6(1/2,0,1/2) == 0
eq8 = N6(0,1/2,0) == 0
eq9 = N6(0,0,1/2) == 0
eq10 = N6(0,1/2,1/2) == 0
R = solve(eq1,eq2,eq3,eq4,eq5,eq6,eq7,eq8,eq9,eq10, ...
        a1,a2,a3,a4,a5,a6,a7,a8,a9,a10)
a1 = R.a1
a2 = R.a2
a3 = R.a3
a4 = R.a4
a5 = R.a5
a6 = R.a6
a7 = R.a7
a8 = R.a8
a9 = R.a9
a10 = R.a10
N6(r,s,t) = eval(N6)
N6_f = factor(N6)
N6r = diff(N6,r)
N6s = diff(N6,s)
N6t = diff(N6,t)
```

运行程序 ex0704_3.m，得到 N_6 及其偏导数如下：

$$N_6(r, s, t) = -4r(r + s + t - 1)$$
$$N_{6,r}(r, s, t) = 4 - 4s - 4t - 8r$$
$$N_{6,s}(r, s, t) = -4r$$
$$N_{6,t}(r, s, t) = -4r$$

7.3 弹性空间六面体单元分析

7.3.1 空间 8 结点六面体等参元

图 7-4 所示弹性空间 8 结点六面体等参元的坐标变换和单元位移场可分别表示为

$$x = \sum_{i=1}^{8} N_i(\xi,\eta)x_i, \quad y = \sum_{i=1}^{8} N_i(\xi,\eta)y_i, \quad z = \sum_{i=1}^{8} N_i(\xi,\eta)z_i \qquad (7\text{-}48a)$$

和

$$u = \sum_{i=1}^{8} N_i(\xi,\eta) u_i, \quad v = \sum_{i=1}^{8} N_i(\xi,\eta) v_i, \quad w = \sum_{i=1}^{8} N_i(\xi,\eta) w_i, \quad (7\text{-}48b)$$

其中,x_i, y_i, z_i——结点坐标;

$\quad\quad u_i, v_i, w_i$——结点位移;

$\quad\quad N_i(\xi,\eta)$——形函数;

$\quad\quad i = 1, 2, \cdots, 8$——单元结点编号。

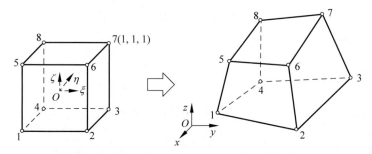

图 7-4　弹性空间 8 结点六面体等参元

根据广义坐标法或构造法可以得到图 7-4 所示弹性空间 8 结点六面体等参元的形函数,具体表达式为

$$N_i(\xi,\eta,\zeta) = \frac{1}{8}(1+\xi_i\xi)(1+\eta_i\eta)(1+\zeta_i\zeta), \quad i = 1, 2, \cdots, 8。 \quad (7\text{-}49)$$

将单元位移场函数表达式(7-48b)代入几何方程式(7-1b),得到图 7-4 所示弹性空间 8 结点六面体等参元的单元应变场,具体表达式为

$$\boldsymbol{\varepsilon} = \boldsymbol{B} \boldsymbol{a}_e = [\boldsymbol{B}_1, \boldsymbol{B}_2, \cdots, \boldsymbol{B}_8] \begin{bmatrix} \boldsymbol{u}_1 \\ \boldsymbol{u}_2 \\ \vdots \\ \boldsymbol{u}_8 \end{bmatrix}, \quad (7\text{-}50)$$

其中,$\boldsymbol{B} = [\boldsymbol{B}_1, \boldsymbol{B}_2, \cdots, \boldsymbol{B}_8]$——单元应变矩阵;

$$\boldsymbol{B}_i = \begin{bmatrix} N_{i,x} & 0 & 0 \\ 0 & N_{i,y} & 0 \\ 0 & 0 & N_{i,z} \\ N_{i,y} & N_{i,x} & 0 \\ 0 & N_{i,z} & N_{i,y} \\ N_{i,z} & 0 & N_{i,x} \end{bmatrix}$$ ——单元应变矩阵的子矩阵;

$$\boldsymbol{a}_e = \begin{bmatrix} \boldsymbol{u}_1 \\ \boldsymbol{u}_2 \\ \vdots \\ \boldsymbol{u}_8 \end{bmatrix}$$ ——单元结点位移列阵;

$$\boldsymbol{u}_i = \begin{bmatrix} u_i \\ v_i \\ w_i \end{bmatrix} \text{——单元结点位移列阵的子列阵；}$$

$i = 1, 2, \cdots, 8$——单元结点编号。

根据式(7-35)可将图 7-4 所示弹性空间 8 结点六面体等参元的雅可比矩阵表示为

$$\boldsymbol{J} = \boldsymbol{N}_\partial \boldsymbol{X}_e , \tag{7-51}$$

其中，$\boldsymbol{X}_e = \begin{bmatrix} x_1 & x_2 & \cdots & x_8 \\ y_1 & y_2 & \cdots & y_8 \\ z_1 & z_2 & \cdots & z_8 \end{bmatrix}^{\mathrm{T}}$ ——单元结点坐标矩阵；

$$\boldsymbol{N}_\partial = \begin{bmatrix} \dfrac{\partial N_1}{\partial \xi} & \dfrac{\partial N_2}{\partial \xi} & \cdots & \dfrac{\partial N_8}{\partial \xi} \\[2mm] \dfrac{\partial N_1}{\partial \eta} & \dfrac{\partial N_2}{\partial \eta} & \cdots & \dfrac{\partial N_8}{\partial \eta} \\[2mm] \dfrac{\partial N_1}{\partial \zeta} & \dfrac{\partial N_2}{\partial \zeta} & \cdots & \dfrac{\partial N_8}{\partial \zeta} \end{bmatrix} \text{——形函数偏导数矩阵。}$$

根据形函数表达式(7-49)，可求出形函数对局部坐标的偏导数，即

$$\left. \begin{aligned} \frac{\partial N_i}{\partial \xi} &= \frac{1}{8}\xi_i(1+\eta_i\eta)(1+\zeta_i\zeta) \\ \frac{\partial N_i}{\partial \eta} &= \frac{1}{8}\eta_i(1+\xi_i\xi)(1+\zeta_i\zeta) \\ \frac{\partial N_i}{\partial \zeta} &= \frac{1}{8}\zeta_i(1+\xi_i\xi)(1+\eta_i\eta) \\ i &= 1,2,\cdots,8 \end{aligned} \right\} . \tag{7-52}$$

图 7-4 所示弹性空间 8 结点六面体等参元的单元刚度矩阵可表示为

$$\boldsymbol{k}_e = \begin{bmatrix} \boldsymbol{k}_{11} & \boldsymbol{k}_{12} & \cdots & \boldsymbol{k}_{18} \\ \boldsymbol{k}_{21} & \boldsymbol{k}_{22} & \cdots & \boldsymbol{k}_{28} \\ \vdots & \vdots & & \vdots \\ \boldsymbol{k}_{81} & \boldsymbol{k}_{82} & \cdots & \boldsymbol{k}_{88} \end{bmatrix} , \tag{7-53}$$

其中，$\boldsymbol{k}_{ij} = \displaystyle\int_{-1}^{1}\int_{-1}^{1}\int_{-1}^{1} \boldsymbol{k}_{ij}^*(\xi,\eta,\zeta)\mathrm{d}\zeta\mathrm{d}\eta\mathrm{d}\xi$ ——单元刚度矩阵的子矩阵；

$\boldsymbol{k}_{ij}^*(\xi,\eta,\zeta) = \boldsymbol{B}_i^{\mathrm{T}}\boldsymbol{D}\boldsymbol{B}_j|\boldsymbol{J}|$ ——替换矩阵；

$i,j = 1,2,\cdots,8$——单元结点编号。

利用 3.2.3 节介绍的三维 Gauss 积分，取 8 个积分点，可以将弹性空间 8 结点六面体等参元的单元刚度矩阵的子矩阵进一步表示为

$$\boldsymbol{k}_{ij} = \sum_{r=1}^{2}\sum_{s=1}^{2}\sum_{t=1}^{2} \boldsymbol{k}_{ij}^*(\xi_r,\eta_s,\zeta_t), \tag{7-54}$$

其中，$i,j = 1,2,\cdots,8$——单元结点编号；

$$\left.\begin{array}{l} \xi_1,\eta_1,\zeta_1 = -1/\sqrt{3} \\[2em] \xi_2,\eta_2,\zeta_2 = 1/\sqrt{3} \end{array}\right\}\text{——积分点坐标。}$$

实践 7-5

【**例 7-5**】　利用广义坐标法推导图 7-4 所示弹性空间 8 结点六面体等参元的形函数 N_1、N_2 及其偏导数的表达式。

【**解**】　(1) 编写 MATLAB 程序 ex0705_1.m，内容如下：

```
clear;
clc;
syms a1 a2 a3 a4 a5 a6 a7 a8
syms N1(r,s,t)
N1(r,s,t) = a1 + a2 * r + a3 * s + a4 * t + a5 * r * s ...
            + a6 * s * t + a7 * t * r + a8 * r * s * t
eq1 = N1( - 1, - 1, - 1) == 1
eq2 = N1(1, - 1, - 1) == 0
eq3 = N1(1,1, - 1) == 0
eq4 = N1( - 1,1, - 1) == 0
eq5 = N1( - 1, - 1,1) == 0
eq6 = N1(1, - 1,1) == 0
eq7 = N1(1,1,1) == 0
eq8 = N1( - 1,1,1) == 0
R = solve(eq1,eq2,eq3,eq4,eq5,eq6,eq7,eq8, ...
            a1,a2,a3,a4,a5,a6,a7,a8)
a1 = R.a1
a2 = R.a2
a3 = R.a3
a4 = R.a4
a5 = R.a5
a6 = R.a6
a7 = R.a7
a8 = R.a8
N1(r,s,t) = eval(N1);
N1_f = factor(N1)
N1r = diff(N1,r);
N1r_f = factor(N1r)
N1s = diff(N1,s);
N1s_f = factor(N1s)
N1t = diff(N1,t);
N1t_f = factor(N1t)
```

运行程序 ex0705_1.m，得到 N_1 及其偏导数如下：

```
N₁(r, s, t) = -(t - 1)(s - 1)(r - 1)/8
N₁,r(r, s, t) = -(t - 1)(s - 1)/8
N₁,s(r, s, t) = -(t - 1)(r - 1)/8
N₁,t(r, s, t) = -(s - 1)(r - 1)/8
```

(2) 编写 MATLAB 程序 ex0705_2.m，内容如下：

```
clear;
```

```
clc;
syms a1 a2 a3 a4 a5 a6 a7 a8
syms N2(r,s,t)
N2(r,s,t) = a1 + a2*r + a3*s + a4*t + a5*r*s ...
            + a6*s*t + a7*t*r + a8*r*s*t
eq1 = N2(-1,-1,-1) == 0
eq2 = N2(1,-1,-1) == 1
eq3 = N2(1,1,-1) == 0
eq4 = N2(-1,1,-1) == 0
eq5 = N2(-1,-1,1) == 0
eq6 = N2(1,-1,1) == 0
eq7 = N2(1,1,1) == 0
eq8 = N2(-1,1,1) == 0
R = solve(eq1,eq2,eq3,eq4,eq5,eq6,eq7,eq8,...
             a1,a2,a3,a4,a5,a6,a7,a8)
a1 = R.a1
a2 = R.a2
a3 = R.a3
a4 = R.a4
a5 = R.a5
a6 = R.a6
a7 = R.a7
a8 = R.a8
N2(r,s,t) = eval(N2);
N2_f = factor(N2)
N2r = diff(N2,r);
N2r_f = factor(N2r)
N2s = diff(N2,s);
N2s_f = factor(N2s)
N2t = diff(N2,t);
N2t_f = factor(N2t)
```

运行程序 ex0705_2.m,得到 N_2 及其偏导数如下:

$$N_2(r, s, t) = (t-1)(s-1)(r+1)/8$$
$$N_{2,r}(r, s, t) = (t-1)(s-1)/8$$
$$N_{2,s}(r, s, t) = (t-1)(r+1)/8$$
$$N_{2,t}(r, s, t) = (s-1)(r+1)/8$$

7.3.2　空间 20 结点六面体等参元

如图 7-5 所示为弹性空间 20 结点六面体等参元,其坐标变换函数和单元位移场函数可分别表示为

$$x = \sum_{i=1}^{20} N_i(\xi,\eta)x_i, \quad y = \sum_{i=1}^{20} N_i(\xi,\eta)y_i, \quad z = \sum_{i=1}^{20} N_i(\xi,\eta)z_i \quad (7\text{-}55a)$$

和

$$u = \sum_{i=1}^{20} N_i(\xi,\eta)u_i, \quad v = \sum_{i=1}^{20} N_i(\xi,\eta)v_i, \quad w = \sum_{i=1}^{20} N_i(\xi,\eta)w_i, \quad (7\text{-}55b)$$

其中,x_i,y_i,z_i——结点坐标;

u_i,v_i,w_i——结点位移;

$N_i(\xi,\eta)$——形函数；

$i=1,2,\cdots,20$——单元结点编号。

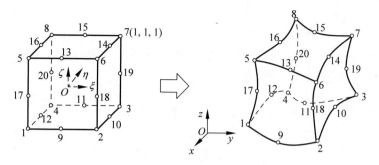

图 7-5　弹性空间 20 结点六面体等参元

利用广义坐标法或构造法可以求得图 7-5 所示弹性空间 20 结点六面体等参元的形函数，具体表达式为

$$
\left.
\begin{aligned}
N_i =\ & \frac{1}{8}\xi_i^2\eta_i^2\zeta_i^2(1+\xi_i\xi)(1+\eta_i\eta)(1+\zeta_i\zeta)(\xi_i\xi+\eta_i\eta+\zeta_i\zeta-2)+ \\
& \frac{1}{4}\eta_i^2\zeta_i^2(1-\xi_i^2)(1-\xi^2)(1+\eta_i\eta)(1+\zeta_i\zeta)+ \\
& \frac{1}{4}\zeta_i^2\xi_i^2(1-\eta_i^2)(1-\eta^2)(1+\zeta_i\zeta)(1+\xi_i\xi)+ \\
& \frac{1}{4}\xi_i^2\eta_i^2(1-\zeta_i^2)(1-\zeta^2)(1+\xi_i\xi)(1+\eta_i\eta)
\end{aligned}
\right\},\quad i=1,2,\cdots,20。
$$

(7-56)

将单元位移场函数表达式(7-55b)代入几何方程式(7-1b)，得到图 7-5 所示弹性空间 20 结点六面体等参元的应变场，具体表达式为

$$
\boldsymbol{\varepsilon}=\boldsymbol{B}a_e=[\boldsymbol{B}_1,\boldsymbol{B}_2,\cdots,\boldsymbol{B}_{20}]
\begin{bmatrix}
\boldsymbol{u}_1 \\ \boldsymbol{u}_2 \\ \vdots \\ \boldsymbol{u}_{20}
\end{bmatrix},
$$

(7-57)

其中，$\boldsymbol{B}=[\boldsymbol{B}_1,\boldsymbol{B}_2,\cdots,\boldsymbol{B}_{20}]$——单元应变矩阵；

$$
\boldsymbol{B}_i=
\begin{bmatrix}
N_{i,x} & 0 & 0 \\
0 & N_{i,y} & 0 \\
0 & 0 & N_{i,z} \\
N_{i,y} & N_{i,x} & 0 \\
0 & N_{i,z} & N_{i,y} \\
N_{i,z} & 0 & N_{i,x}
\end{bmatrix}
$$
——单元应变矩阵的子矩阵；

$$
\boldsymbol{a}_e=
\begin{bmatrix}
\boldsymbol{u}_1 \\ \boldsymbol{u}_2 \\ \vdots \\ \boldsymbol{u}_{20}
\end{bmatrix}
$$
——单元结点位移列阵；

$$\boldsymbol{u}_i = \begin{bmatrix} u_i \\ v_i \\ w_i \end{bmatrix} \text{——单元结点位移列阵的子列阵;}$$

$i = 1, 2, \cdots, 20$——单元结点编号。

根据形函数表达式(7-56),可以求得图 7-5 所示弹性空间 20 结点六面体等参元的形函数对局部坐标的偏导数,具体表达式为

$$
\begin{aligned}
\frac{\partial N_i}{\partial \xi} = & \frac{1}{8} \xi_i^3 \eta_i^2 \zeta_i^2 (1 + \eta_i \eta)(1 + \zeta_i \zeta)(2\xi_i \xi + \eta_i \eta + \zeta_i \zeta - 1) - \\
& \frac{1}{2} \eta_i^2 \zeta_i^2 (1 - \xi_i^2) \xi (1 + \eta_i \eta)(1 + \zeta_i \zeta) + \frac{1}{4} \zeta_i^2 \xi_i^3 (1 - \eta_i^2)(1 - \eta^2)(1 + \zeta_i \zeta) + \\
& \frac{1}{4} \xi_i^3 \eta_i^2 (1 - \zeta_i^2)(1 - \zeta^2)(1 + \eta_i \eta), \quad i = 1, 2, \cdots, 20
\end{aligned}
$$

$$(7\text{-}58a)$$

$$
\begin{aligned}
\frac{\partial N_i}{\partial \eta} = & \frac{1}{8} \xi_i^2 \eta_i^3 \zeta_i^2 (1 + \xi_i \xi)(1 + \zeta_i \zeta)(\xi_i \xi + 2\eta_i \eta + \zeta_i \zeta - 1) + \\
& \frac{1}{4} \eta_i^3 \zeta_i^2 (1 - \xi_i^2)(1 - \xi^2)(1 + \zeta_i \zeta) - \frac{1}{2} \zeta_i^2 \xi_i^2 (1 - \eta_i^2) \eta (1 + \zeta_i \zeta)(1 + \xi_i \xi) + \\
& \frac{1}{4} \xi_i^2 \eta_i^3 (1 - \zeta_i^2)(1 - \zeta^2)(1 + \xi_i \xi), \quad i = 1, 2, \cdots, 20
\end{aligned}
$$

$$(7\text{-}58b)$$

和

$$
\begin{aligned}
\frac{\partial N_i}{\partial \zeta} = & \frac{1}{8} \xi_i^2 \eta_i^2 \zeta_i^3 (1 + \xi_i \xi)(1 + \eta_i \eta)(\xi_i \xi + \eta_i \eta + 2\zeta_i \zeta - 1) + \\
& \frac{1}{4} \eta_i^2 \zeta_i^3 (1 - \xi_i^2)(1 - \xi^2)(1 + \eta_i \eta) + \frac{1}{4} \zeta_i^3 \xi_i^2 (1 - \eta_i^2)(1 - \eta^2)(1 + \xi_i \xi) - \\
& \frac{1}{2} \xi_i^2 \eta_i^2 (1 - \zeta_i^2) \zeta (1 + \xi_i \xi)(1 + \eta_i \eta), \quad i = 1, 2, \cdots, 20
\end{aligned}
$$

$$(7\text{-}58c)$$

根据式(7-35)可以求得图 7-5 所示弹性空间 20 结点六面体等参元的雅可比矩阵,具体表达式为

$$\boldsymbol{J} = \boldsymbol{N}_\partial \boldsymbol{X}_e, \tag{7-59}$$

其中,

$$
\boldsymbol{N}_\partial = \begin{bmatrix} \dfrac{\partial N_1}{\partial \xi} & \dfrac{\partial N_2}{\partial \xi} & \cdots & \dfrac{\partial N_{20}}{\partial \xi} \\[2mm] \dfrac{\partial N_1}{\partial \eta} & \dfrac{\partial N_2}{\partial \eta} & \cdots & \dfrac{\partial N_{20}}{\partial \eta} \\[2mm] \dfrac{\partial N_1}{\partial \zeta} & \dfrac{\partial N_2}{\partial \zeta} & \cdots & \dfrac{\partial N_{20}}{\partial \zeta} \end{bmatrix} \text{——形函数偏导数矩阵;}
$$

$$
\boldsymbol{X}_e = \begin{bmatrix} x_1 & x_2 & \cdots & x_{20} \\ y_1 & y_2 & \cdots & y_{20} \\ z_1 & z_2 & \cdots & z_{20} \end{bmatrix}^{\mathrm{T}} \quad —— 单元结点坐标矩阵。
$$

根据有限元法单元刚度矩阵的普遍形式,图 7-5 所示弹性空间 20 结点六面体等参元的单元刚度矩阵可表示为

$$
\boldsymbol{k}_e = \begin{bmatrix} \boldsymbol{k}_{1\,1} & \boldsymbol{k}_{1\,2} & \cdots & \boldsymbol{k}_{1\,20} \\ \boldsymbol{k}_{2\,1} & \boldsymbol{k}_{2\,2} & \cdots & \boldsymbol{k}_{2\,20} \\ \vdots & \vdots & & \vdots \\ \boldsymbol{k}_{20\,1} & \boldsymbol{k}_{20\,2} & \cdots & \boldsymbol{k}_{20\,20} \end{bmatrix}, \tag{7-60}
$$

其中,$\boldsymbol{k}_{ij} = \displaystyle\int_{-1}^{1}\int_{-1}^{1}\int_{-1}^{1} \boldsymbol{k}_{ij}^{*}(\xi,\eta,\zeta)\,\mathrm{d}\zeta\,\mathrm{d}\eta\,\mathrm{d}\xi$ —— 单元刚度矩阵的子矩阵;

$\boldsymbol{k}_{ij}^{*}(\xi,\eta,\zeta) = \boldsymbol{B}_i^{\mathrm{T}} \boldsymbol{D} \boldsymbol{B}_j |\boldsymbol{J}|$ —— 替换矩阵;

$i,j = 1,2,\cdots,20$ —— 单元结点编号。

利用 3.2.3 节介绍的三维 Gauss 积分,取 27 个积分点,可将图 7-5 所示弹性空间 20 结点六面体等参元单元刚度矩阵的子矩阵进一步表示为

$$
\boldsymbol{k}_{ij} = \sum_{r=1}^{3}\sum_{s=1}^{3}\sum_{t=1}^{3} G_r G_s G_t \boldsymbol{k}_{ij}^{*}(\xi_r,\eta_s,\zeta_t), \tag{7-61}
$$

其中,$i,j = 1,2,\cdots,20$ —— 单元结点编号;

G_1,G_2,G_3 —— 权系数,可由表 3-2 查得;

$\left.\begin{array}{l} \xi_1,\xi_2,\xi_3 \\ \eta_1,\eta_2,\eta_3 \\ \zeta_1,\zeta_2,\zeta_3 \end{array}\right\}$ —— 积分点坐标,可由表 3-2 查得。

7.4　弹性轴对称单元分析

当弹性体的几何形状、约束条件、载荷都对称于某一固定轴时,则弹性体内的位移、应变、应力也对称于此轴,这样的问题称为轴对称问题。在处理轴对称问题时,采用柱坐标 (r,θ,z) 比较方便,其中 z 为对称轴。根据轴对称问题的特点可知其应力、应变、位移都与坐标 θ 无关,只是坐标 r 和 z 的函数,任一点的位移只有两个方向的位移分量,即沿 r 方向的径向位移 u 和沿 z 方向的轴向位移 w,沿 θ 方向的位移分量 v 等于零。

对轴对称体进行有限元离散时,采用的单元是一些小圆环,这些圆环与 rz 面正交的截面可以有不同的形状,如 3 结点三角形、6 结点三角形、4 结点四边形、8 结点四边形等,分别称为轴对称 3 结点三角形单元、轴对称 6 结点三角形单元、轴对称 4 结点四边形单元、轴对称 8 结点四边形单元等。

7.4.1　轴对称 3 结点三角形等参元

图 7-6 所示轴对称 3 结点三角形等参元的坐标变换函数和位移场函数可分别表示为

$$r = \sum_{i=1}^{3} N_i r_i, \quad z = \sum_{i=1}^{3} N_i z_i \tag{7-62a}$$

和

$$u = \sum_{i=1}^{3} N_i u_i, \quad w = \sum_{i=1}^{3} N_i w_i, \tag{7-62b}$$

其中，r_i, z_i——结点坐标；

$\quad\quad u_i, w_i$——结点位移；

$\quad\quad N_i$——形函数；

$\quad\quad i=1,2,3$——单元结点编号。

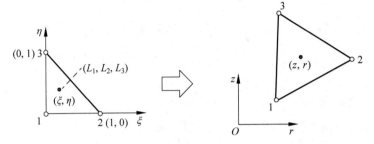

图 7-6　轴对称 3 结点三角形等参元

利用广义坐标法或构造法可求得图 7-6 所示轴对称 3 结点三角形等参元的形函数，具体表达式为

$$\left.\begin{array}{l} N_1 = L_1 = 1 - \xi - \eta \\ N_2 = L_2 = \xi \\ N_3 = L_3 = \eta \end{array}\right\}。 \tag{7-63}$$

弹性轴对称问题的几何方程为

$$\boldsymbol{\varepsilon} = \boldsymbol{L}\boldsymbol{u}, \tag{7-64}$$

其中，

$$\boldsymbol{\varepsilon} = \begin{bmatrix} \varepsilon_r \\ \varepsilon_z \\ \gamma_{rz} \\ \varepsilon_\theta \end{bmatrix}$$ ——应变列阵；

$$\boldsymbol{L} = \begin{bmatrix} \dfrac{\partial}{\partial r} & 0 \\ 0 & \dfrac{\partial}{\partial z} \\ \dfrac{\partial}{\partial z} & \dfrac{\partial}{\partial r} \\ \dfrac{1}{r} & 0 \end{bmatrix}$$ ——微分算子矩阵；

$$\boldsymbol{u} = \begin{bmatrix} u \\ w \end{bmatrix}$$ ——位移列阵。

将位移场函数表达式(7-62b)代入几何方程式(7-64)，可以得到图 7-6 所示轴对称 3 结点三角形单元的应变场，具体表达式为

$$\mathbf{\varepsilon} = \mathbf{B}a_e = \begin{bmatrix} \mathbf{B}_1, \mathbf{B}_2, \mathbf{B}_3 \end{bmatrix} \begin{bmatrix} \mathbf{u}_1 \\ \mathbf{u}_2 \\ \mathbf{u}_3 \end{bmatrix}, \tag{7-65}$$

其中，$\mathbf{B} = \begin{bmatrix} \mathbf{B}_1, \mathbf{B}_2, \mathbf{B}_3 \end{bmatrix}$——单元应变矩阵；

$$\mathbf{B}_i = \begin{bmatrix} \dfrac{\partial N_i}{\partial r} & 0 \\[2mm] 0 & \dfrac{\partial N_i}{\partial z} \\[2mm] \dfrac{\partial N_i}{\partial z} & \dfrac{\partial N_i}{\partial r} \\[2mm] \dfrac{N_i}{r} & 0 \end{bmatrix}$$ ——单元应变矩阵的子矩阵；

$$a_e = \begin{bmatrix} \mathbf{u}_1 \\ \mathbf{u}_2 \\ \mathbf{u}_3 \end{bmatrix}$$ ——单元结点位移列阵；

$$\mathbf{u}_i = \begin{bmatrix} u_i \\ w_i \end{bmatrix}$$ ——单元结点位移列阵的子矩阵；

$i = 1, 2, 3$——单元结点编号。

根据坐标变换函数表达式(7-62a)和形函数表达式(7-63)可以求得图 7-6 所示轴对称 3 结点三角形单元的雅可比矩阵，即

$$\mathbf{J} = \begin{bmatrix} \dfrac{\partial r}{\partial \xi} & \dfrac{\partial z}{\partial \xi} \\[2mm] \dfrac{\partial r}{\partial \eta} & \dfrac{\partial z}{\partial \eta} \end{bmatrix} = \begin{bmatrix} r_2 - r_1 & z_2 - z_1 \\ r_3 - r_1 & z_3 - z_1 \end{bmatrix}. \tag{7-66}$$

根据有限元法单元刚度矩阵的普遍形式，图 7-6 所示轴对称 3 结点三角形等参元的刚度矩阵可表示为

$$k_e = \int_{\Omega_e} \mathbf{B}^{\mathrm{T}} \mathbf{D} \mathbf{B} \, \mathrm{d}\Omega = \begin{bmatrix} k_{11} & k_{12} & k_{13} \\ k_{21} & k_{22} & k_{23} \\ k_{31} & k_{32} & k_{33} \end{bmatrix}, \tag{7-67}$$

其中，

$$\mathbf{D} = \frac{E(1-\mu)}{(1+\mu)(1-2\mu)} \begin{bmatrix} 1 & \dfrac{\mu}{1-\mu} & 0 & \dfrac{\mu}{1-\mu} \\[3mm] \dfrac{\mu}{1-\mu} & 1 & 0 & \dfrac{\mu}{1-\mu} \\[3mm] 0 & 0 & \dfrac{1-2\mu}{2(1-\mu)} & 0 \\[3mm] \dfrac{\mu}{1-\mu} & \dfrac{\mu}{1-\mu} & 0 & 1 \end{bmatrix}$$ ——轴对称问题的弹性矩阵；

$$\boldsymbol{k}_{ij} = \int_{\Omega_e} \boldsymbol{B}_i^{\mathrm{T}} \boldsymbol{D} \boldsymbol{B}_j \, \mathrm{d}\Omega = \int_{A_e} (2\pi r \boldsymbol{B}_i^{\mathrm{T}} \boldsymbol{D} \boldsymbol{B}_j) \mathrm{d}A \text{——单元刚度矩阵的子矩阵;}$$

$i, j = 1, 2, 3$——单元结点编号;

$\mathrm{d}A = |\boldsymbol{J}| \mathrm{d}\xi \mathrm{d}\eta$——面元的坐标变换。

图 7-6 所示轴对称 3 结点三角形等参元的单元刚度矩阵的子矩阵可用局部坐标表示为

$$\boldsymbol{k}_{ij} = \int_0^1 \int_0^{1-\xi} \boldsymbol{k}_{ij}^*(\xi, \eta) \mathrm{d}\eta \mathrm{d}\xi, \tag{7-68}$$

其中,$\boldsymbol{k}_{ij}^*(\xi, \eta) = 2\pi r |\boldsymbol{J}| \boldsymbol{B}_i^{\mathrm{T}} \boldsymbol{D} \boldsymbol{B}_j$——替换矩阵。

$i, j = 1, 2, 3$——单元结点编号;

$|\boldsymbol{J}|$——雅可比矩阵的行列式。

利用 3.3.2 节介绍的三维 Hammer 积分,取 3 个积分点,可将图 7-6 所示轴对称 3 结点三角形等参元的单元刚度矩阵的子矩阵(7-68)进一步表示为

$$\boldsymbol{k}_{ij} = \frac{1}{6} \left[\boldsymbol{k}_{ij}^*\left(\frac{2}{3}, \frac{1}{6}\right) + \boldsymbol{k}_{ij}^*\left(\frac{1}{6}, \frac{2}{3}\right) + \boldsymbol{k}_{ij}^*\left(\frac{1}{6}, \frac{1}{6}\right) \right] . \tag{7-69}$$

实践 7-6

【例 7-6】　轴对称 3 结点三角形等参元在整体坐标系下的结点坐标为 $1(1,1)$、$2(3,2)$、$3(2,4)$,求其单元应变矩阵。

【解】　编写 MATLAB 程序 ex0706.m,内容如下:

```
clear;
clc;
X = [1,1; 3,2; 2,4];
syms r s rou
N1 = 1 - r - s
N2 = r
N3 = s
Npd = [diff(N1,r), diff(N2,r), diff(N3,r);
       diff(N1,s), diff(N2,s), diff(N3,s)]
Npd = eval(Npd)
J = Npd * X
N1rz = J\Npd(:,1);
B1 = [N1rz(1), 0; 0, N1rz(2); N1rz(2), N1rz(1); N1/rou, 0]
N2rz = J\Npd(:,2);
B2 = [N2rz(1), 0; 0, N2rz(2); N2rz(2), N2rz(1); N2/rou, 0]
N3rz = J\Npd(:,3);
B3 = [N3rz(1), 0; 0, N3rz(2); N3rz(2), N3rz(1); N3/rou, 0]
B = [B1, B2, B3]
```

运行程序 ex0706.m,得到

```
B =
[             -2/5,        0,      3/5,        0,    -1/5,       0]
[                0,     -1/5,        0,     -1/5,       0,     2/5]
[              1/5,     -2/5,     -1/5,      3/5,     2/5,    -1/5]
[ -(r + s - 1)/rou,        0,    r/rou,        0,   s/rou,       0]
```

7.4.2　轴对称 4 结点四边形等参元

图 7-7 所示轴对称 4 结点四边形等参元的坐标变换函数和位移场函数可分别表示为

$$r = \sum_{i=1}^{4} N_i r_i, \quad z = \sum_{i=1}^{4} N_i z_i \tag{7-70a}$$

和

$$u = \sum_{i=1}^{4} N_i u_i, \quad w = \sum_{i=1}^{4} N_i w_i, \tag{7-70b}$$

其中，r_i, z_i——结点坐标；

　　　　u_i, w_i——结点位移；

　　　　N_i——形函数；

　　　　$i = 1, 2, 3, 4$——单元结点编号。

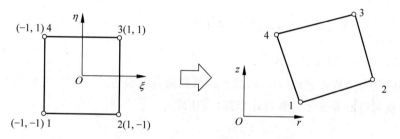

图 7-7　轴对称 4 结点四边形等参元

可利用广义坐标法或构造法求得图 7-7 所示轴对称 4 结点四边形等参元的形函数，具体表达式为

$$N_i(\xi, \eta) = \frac{1}{4}(1 + \xi_i \xi)(1 + \eta_i \eta), \quad i = 1, 2, 3, 4。 \tag{7-71a}$$

据此可进一步求得该单元形函数对局部坐标的偏导数，具体表达式为

$$\left. \begin{aligned} \frac{\partial N_i}{\partial \xi} &= \frac{1}{4}\xi_i(1 + \eta \eta_i) \\ \frac{\partial N_i}{\partial \eta} &= \frac{1}{4}\eta_i(1 + \xi \xi_i) \\ i &= 1, 2, 3, 4 \end{aligned} \right\}。 \tag{7-71b}$$

将单元位移场函数表达式(7-70b)代入轴对称问题的几何方程式(7-64)，得到图 7-7 所示轴对称 4 结点四边形等参元的应变场，表达式为

$$\boldsymbol{\varepsilon} = \boldsymbol{B}a_e = \begin{bmatrix} \boldsymbol{B}_1, & \boldsymbol{B}_2, & \boldsymbol{B}_3, & \boldsymbol{B}_4 \end{bmatrix} \begin{bmatrix} \boldsymbol{u}_1 \\ \boldsymbol{u}_2 \\ \boldsymbol{u}_3 \\ \boldsymbol{u}_4 \end{bmatrix}, \tag{7-72}$$

其中，$\boldsymbol{B} = \begin{bmatrix} \boldsymbol{B}_1, \boldsymbol{B}_2, \boldsymbol{B}_3, \boldsymbol{B}_4 \end{bmatrix}$——单元应变矩阵；

$$\boldsymbol{B}_i = \begin{bmatrix} \dfrac{\partial N_i}{\partial r} & 0 \\ 0 & \dfrac{\partial N_i}{\partial z} \\ \dfrac{\partial N_i}{\partial z} & \dfrac{\partial N_i}{\partial r} \\ \dfrac{N_i}{r} & 0 \end{bmatrix} \quad \text{——单元应变矩阵的子矩阵;}$$

$$\boldsymbol{a}_e = \begin{bmatrix} \boldsymbol{u}_1 \\ \boldsymbol{u}_2 \\ \boldsymbol{u}_3 \\ \boldsymbol{u}_4 \end{bmatrix} \quad \text{——单元结点位移列阵;}$$

$$\boldsymbol{u}_i = \begin{bmatrix} u \\ w \end{bmatrix} \quad \text{——单元结点位移列阵的子矩阵;}$$

$i = 1, 2, 3, 4$——单元结点编号。

根据坐标变换函数表达式(7-70a)和形函数的偏导数表达式(7-71b),可得到图 7-7 所示轴对称 4 结点四边形等参元的雅可比矩阵,表达式为

$$\boldsymbol{J} = \begin{bmatrix} \dfrac{\partial r}{\partial \xi} & \dfrac{\partial z}{\partial \xi} \\ \dfrac{\partial r}{\partial \eta} & \dfrac{\partial z}{\partial \eta} \end{bmatrix} = \boldsymbol{N}_\partial \boldsymbol{X}_e, \tag{7-73}$$

其中,

$$\boldsymbol{N}_\partial = \frac{1}{4} \begin{bmatrix} -(1-\eta) & 1-\eta & 1+\eta & -(1+\eta) \\ -(1-\xi) & -(1+\xi) & 1+\xi & 1-\xi \end{bmatrix} \quad \text{——形函数的偏导数矩阵;}$$

$$\boldsymbol{X}_e = \begin{bmatrix} r_1 & z_1 \\ r_2 & z_2 \\ r_3 & z_3 \\ r_4 & z_4 \end{bmatrix} \quad \text{——单元结点坐标矩阵。}$$

根据有限元法单元刚度矩阵的普遍形式,图 7-7 所示轴对称 4 结点四边形等参元的刚度矩阵可表示为

$$\boldsymbol{k}_e = \int_{\Omega_e} \boldsymbol{B}^{\mathrm{T}} \boldsymbol{D} \boldsymbol{B} \, \mathrm{d}\Omega = \begin{bmatrix} \boldsymbol{k}_{11} & \boldsymbol{k}_{12} & \boldsymbol{k}_{13} & \boldsymbol{k}_{14} \\ \boldsymbol{k}_{21} & \boldsymbol{k}_{22} & \boldsymbol{k}_{23} & \boldsymbol{k}_{24} \\ \boldsymbol{k}_{31} & \boldsymbol{k}_{32} & \boldsymbol{k}_{33} & \boldsymbol{k}_{34} \\ \boldsymbol{k}_{41} & \boldsymbol{k}_{42} & \boldsymbol{k}_{43} & \boldsymbol{k}_{44} \end{bmatrix}, \tag{7-74}$$

其中,

$$\boldsymbol{D} = \frac{E(1-\mu)}{(1+\mu)(1-2\mu)} \begin{bmatrix} 1 & \dfrac{\mu}{1-\mu} & 0 & \dfrac{\mu}{1-\mu} \\[2ex] \dfrac{\mu}{1-\mu} & 1 & 0 & \dfrac{\mu}{1-\mu} \\[2ex] 0 & 0 & \dfrac{1-2\mu}{2(1-\mu)} & 0 \\[2ex] \dfrac{\mu}{1-\mu} & \dfrac{\mu}{1-\mu} & 0 & 1 \end{bmatrix}$$ ——轴对称问题的弹性矩阵；

$\boldsymbol{k}_{ij} = \displaystyle\int_{\Omega_e} \boldsymbol{B}_i^{\mathrm{T}} \boldsymbol{D} \boldsymbol{B}_j \, \mathrm{d}\Omega = \int_{A_e} (2\pi r \boldsymbol{B}_i^{\mathrm{T}} \boldsymbol{D} \boldsymbol{B}_j) \mathrm{d}A$ —— 单元刚度矩阵的子矩阵；

$i, j = 1, 2, 3, 4$——单元结点编号；

$\mathrm{d}A = |\boldsymbol{J}| \mathrm{d}\xi \mathrm{d}\eta$——面元的坐标变换。

可将图 7-7 所示轴对称 4 结点四边形等参元的刚度矩阵的子矩阵用局部坐标表示为

$$\boldsymbol{k}_{ij} = \int_{-1}^{1} \int_{-1}^{1} \boldsymbol{k}_{ij}^*(\xi, \eta) \mathrm{d}\eta \mathrm{d}\xi, \tag{7-75}$$

其中，$\boldsymbol{k}_{ij}^*(\xi, \eta) = 2\pi r |\boldsymbol{J}| \boldsymbol{B}_i^{\mathrm{T}} \boldsymbol{D} \boldsymbol{B}_j$——替换矩阵；

$\quad i, j = 1, 2, 3, 4$——单元结点编号；

$\quad |\boldsymbol{J}|$——雅可比矩阵行列式。

利用 3.2.2 节介绍的二维 Gauss 积分，取 4 个积分点，可将图 7-7 所示轴对称 4 结点四边形等参元的刚度矩阵的子矩阵(7-75)进一步表示为

$$\boldsymbol{k}_{ij} = [\boldsymbol{k}_{ij}^*(\xi_1, \eta_1) + \boldsymbol{k}_{ij}^*(\xi_1, \eta_2) + \boldsymbol{k}_{ij}^*(\xi_2, \eta_1) + \boldsymbol{k}_{ij}^*(\xi_2, \eta_2)], \tag{7-76}$$

其中，

$\left. \begin{aligned} \xi_1, \eta_1 &= -1/\sqrt{3} \\ \xi_2, \eta_2 &= 1/\sqrt{3} \end{aligned} \right\}$ ——积分点坐标。

习题

习题 7-1　一空间 4 结点四面体单元的结点坐标为 $1(1,1,0)$、$2(3,2,0)$、$3(2,4,0)$、$4(2,7/3,2)$，利用 MATLAB 计算该单元的体积和应变矩阵。

习题 7-2　利用 MATLAB 推导空间 10 结点四面体等参元的形函数偏导数矩阵的表达式。

习题 7-3　利用 MATLAB 推导轴对称 4 结点四边形等参元的形函数及其偏导数的表达式。

习题 7-4　利用 MATLAB 绘制轴对称 3 结点三角形等参元的形函数云图。

习题 7-5　利用 MATLAB 绘制轴对称 4 结点四边形等参元的形函数云图。

第8章

三角形单元的综合实践

8.1　单元形函数及其偏导数

8.1.1　直边三角形单元

函数 funShape_FEM__2D3n. m

如图 8-1 所示,直边三角形单元包含 3 个结点,根据 4.2.1 节的介绍可知,该单元的形函数可表示为

$$\boldsymbol{N}(x,y)=\begin{bmatrix}1,x,y\end{bmatrix}\begin{bmatrix}1 & x_1 & y_1\\ 1 & x_2 & y_2\\ 1 & x_3 & y_3\end{bmatrix}^{-1},\tag{8-1}$$

其中,$\boldsymbol{N}=\begin{bmatrix}N_1(x,y) & N_2(x,y) & N_3(x,y)\end{bmatrix}$——形函数行阵;

$N_i(x,y),i=1,2,3$——结点的形函数;

x,y——计算点坐标;

$x_i,y_i,i=1,2,3$——单元结点坐标。

根据形函数表达式(8-1),编写计算图 8-1 所示直边三角形单元形函数的 MATLAB 功能函数 funShape_FEM_2D3n. m,具体内容及说明如下:

```
function N = funShape_FEM_2D3n(exy,xy)
% 平面3结点三角形单元的形函数
% exy(3 * 2) —— 单元结点坐标
% xy(2 * 2) —— 计算点坐标
% N(1 * 3) —— 形函数
x = xy(1);
y = xy(2);
A = [ones(3,1),exy];
N = [1, x, y]/A;
end
```

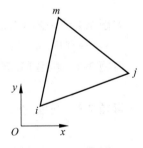

图 8-1　直边三角形单元

函数 funShapePD1_FEM__2D3n. m

根据形函数表达式(8-1)求得图 8-1 所示直边三角形单元的形函数的 1 阶偏导数,可表

示为

$$\frac{\partial \boldsymbol{N}}{\partial x}=\begin{bmatrix}0,1,0\end{bmatrix}\begin{bmatrix}1 & x_1 & y_1\\ 1 & x_2 & y_2\\ 1 & x_3 & y_3\end{bmatrix}^{-1} \tag{8-2a}$$

和

$$\frac{\partial \boldsymbol{N}}{\partial y}=\begin{bmatrix}0,0,1\end{bmatrix}\begin{bmatrix}1 & x_1 & y_1\\ 1 & x_2 & y_2\\ 1 & x_3 & y_3\end{bmatrix}^{-1}, \tag{8-2b}$$

其中，$\dfrac{\partial \boldsymbol{N}}{\partial x}=\left[\dfrac{\partial N_1}{\partial x},\dfrac{\partial N_2}{\partial x},\dfrac{\partial N_3}{\partial x}\right]$——形函数的 1 阶偏导数行阵；

$\dfrac{\partial \boldsymbol{N}}{\partial y}=\left[\dfrac{\partial N_1}{\partial y},\dfrac{\partial N_2}{\partial y},\dfrac{\partial N_3}{\partial y}\right]$——形函数的 1 阶偏导数行阵；

x_i,y_i——结点坐标；

$i=1,2,3$——结点编号。

根据形函数偏导数表达式(8-2)，编写计算图 8-1 所示直边三角形单元形函数 1 阶偏导数的 MATLAB 功能函数 funShapePD1_FEM_2D3n.m，具体内容及说明如下：

```
function [N_x,N_y] = funShapePD1_FEM_2D3n(exy)
% 平面 3 结点三角形单元的形函数
% exy(3*2) —— 单元结点坐标
% N_x(1*3) —— 形函数的偏导数
% N_y(1*3) —— 形函数的偏导数
A = [ones(3,1),exy];
N_x = [0, 1, 0]/A;
N_y = [0, 0, 1]/A;
end
```

8.1.2　曲边三角形单元

函数 funShape_FEM__2D6n.m

如图 8-2 所示，曲边三角形单元包含 6 个结点。根据 6.2.2 节的介绍可知，该单元的形函数可用局部坐标表示为

$$\left.\begin{aligned}N_1&=(1-2\xi-2\eta)(1-\xi-\eta)\\ N_2&=(2\xi-1)\xi\\ N_3&=(2\eta-1)\eta\\ N_4&=4(1-\xi-\eta)\xi\\ N_5&=4\xi\eta\\ N_6&=4\eta(1-\xi-\eta)\end{aligned}\right\}, \tag{8-3}$$

其中，ξ,η——局部坐标。

根据形函数表达式(8-3)，编写计算图 8-2 所示曲面三角形单元的形函数的功能函数 funShape_FEM__2D6n.m，具体内容和说明如下：

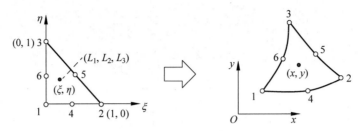

图 8-2 曲边三角形单元

```
function ke = funshape_FEM_2D6n(exy,D,th)
% 平面线性三角形单元的刚度矩阵
% exy(6 * 2) —— 结点坐标
% D(3 * 3) —— 弹性矩阵
% th(1 * 1) —— 单元厚度
% ke(12 * 12) —— 单元刚度矩阵
nrs = [1/6, 1/6; ...
       2/3, 1/6; ...
       1/6, 2/3];
ke = zeros(12,12);
for i = 1:3
    rs = nrs(i,:);
    J = funJacbi_FEM_2D6n(exy,rs);
    B = funStrain_FEM_2D6n(exy,rs);
    ke = ke + (1/6 * th * det(J)) * ((B') * D * B);
end
end
```

函数 funShapePD1_FEM__2D6n. m

根据形函数表达式(8-3)可求得图 8-2 所示曲边三角形单元在局部坐标系内的形函数的 1 阶偏导数，表示为

$$
\left.\begin{aligned}
\frac{\partial N_1}{\partial \xi} &= -3+4\xi+4\eta, & \frac{\partial N_2}{\partial \xi} &= 4\xi-1, & \frac{\partial N_3}{\partial \xi} &= 0 \\
\frac{\partial N_4}{\partial \xi} &= 4(1-2\xi-\eta), & \frac{\partial N_5}{\partial \xi} &= 4\eta, & \frac{\partial N_6}{\partial \xi} &= -4\eta
\end{aligned}\right\}
\tag{8-4a}
$$

和

$$
\left.\begin{aligned}
\frac{\partial N_1}{\partial \eta} &= -3+4\eta+4\xi, & \frac{\partial N_2}{\partial \eta} &= 0, & \frac{\partial N_3}{\partial \eta} &= 4\eta-1 \\
\frac{\partial N_4}{\partial \eta} &= -4\xi, & \frac{\partial N_5}{\partial \eta} &= 4\xi, & \frac{\partial N_6}{\partial \eta} &= 4(1-\xi-2\eta)
\end{aligned}\right\},
\tag{8-4b}
$$

其中，ξ,η——局部坐标。

根据形函数的偏导数表达式(8-4)，编写计算图 8-2 所示曲边三角形单元的形函数 1 阶偏导数的 MATLAB 功能函数 funShapePD1_FEM_2D6n. m，具体内容和说明如下：

```
function [N_r, N_s] = funShapePD1_FEM_2D6n(rs)
% 平面 6 结点三角形单元的形函数
% rs(1 * 2) —— 计算点局部坐标
```

```
% N_r(1 * 6) —— 形函数的偏导数
% N_s(1 * 6) —— 形函数的偏导数
r = rs(1);
s = rs(2);
N_r(1) = -3 + 4 * r + 4 * s;
N_r(2) = 4 * r - 1;
N_r(3) = 0;
N_r(4) = 4 * (1 - 2 * r - s);
N_r(5) = 4 * s;
N_r(6) = -4 * s;
% ------------------------
N_s(1) = -3 + 4 * s + 4 * r;
N_s(2) = 0;
N_s(3) = 4 * s - 1;
N_s(4) = -4 * r;
N_s(5) = 4 * r;
N_s(6) = 4 * (1 - r - 2 * s);
end
```

函数 funJacbi_FEM_2D6n.m

根据 6.2.2 节的介绍可知,图 8-2 所示曲边三角形单元的雅可比矩阵可表示为

$$
\boldsymbol{J} = \begin{bmatrix} \dfrac{\partial x}{\partial \xi} & \dfrac{\partial y}{\partial \xi} \\ \dfrac{\partial x}{\partial \eta} & \dfrac{\partial y}{\partial \eta} \end{bmatrix} = \boldsymbol{N}_\partial \boldsymbol{X}_e , \tag{8-5}
$$

其中,

$$
\boldsymbol{N}_\partial = \begin{bmatrix} \dfrac{\partial N_1}{\partial \xi} & \dfrac{\partial N_2}{\partial \xi} & \cdots & \dfrac{\partial N_6}{\partial \xi} \\ \dfrac{\partial N_1}{\partial \eta} & \dfrac{\partial N_2}{\partial \eta} & \cdots & \dfrac{\partial N_6}{\partial \eta} \end{bmatrix} —— 形函数的偏导数矩阵;
$$

$$
\boldsymbol{X}_e = \begin{bmatrix} x_1 & y_1 \\ x_2 & y_2 \\ \vdots & \vdots \\ x_6 & y_6 \end{bmatrix} —— 单元结点坐标矩阵。
$$

根据雅可比矩阵表达式(8-5),编写计算图 8-2 所示曲边三角形单元雅可比矩阵的 MATLAB 功能函数 funJacbi_FEM_2D6n.m,具体内容和说明如下:

```
function J = funJacbi_FEM_2D6n(exy,rs)
% 平面 6 结点三角形雅可比矩阵
% exy(6 * 2) —— 单元结点整体坐标;
% rs(1 * 2) —— 计算点局部坐标;
[N_r, N_s] = funShapePD1_FEM__2D6n(rs);
Npd = [N_r; N_s];
J = Npd * exy;
end
```

8.2 单元应变矩阵

8.2.1 直边三角形单元

函数 funStrain_FEM_2D3n. m

对于弹性平面问题,图 8-1 所示直边三角形单元的应变矩阵可表示为

$$\boldsymbol{B} = [\boldsymbol{B}_1, \boldsymbol{B}_2, \boldsymbol{B}_3], \qquad (8\text{-}6)$$

其中,

$$\boldsymbol{B}_i = \begin{bmatrix} \dfrac{\partial N_i}{\partial x} & 0 \\[2mm] 0 & \dfrac{\partial N_i}{\partial y} \\[2mm] \dfrac{\partial N_i}{\partial y} & \dfrac{\partial N_i}{\partial x} \end{bmatrix} \quad\text{——应变矩阵的子矩阵;}$$

$i = 1, 2, 3$——单元结点编号;

x, y——整体坐标。

根据式(8-6)编写计算图 8-1 所示直边三角形单元应变矩阵的 MATLAB 功能函数 funStrain_FEM_2D3n. m,具体内容和说明如下:

```
function B = funStrain_FEM_2D3n(exy)
% 弹性平面问题线性三角形单元应变矩阵
% exy(3*2) —— 单元结点坐标
% B(3*6) —— 应变矩阵
B = [];
[N_x,N_y] = funShapePD1_FEM__2D3n(exy);
for i = 1:3
    Bi = [N_x(i), 0;...
          0, N_y(i);...
          N_y(i), N_x(i)];
    B = [B,Bi];
end
```

8.2.2 曲边三角形单元

函数 funStrain_FEM_2D6n. m

对于弹性平面问题,图 8-2 所示曲边三角形单元的应变矩阵可表示为

$$\boldsymbol{B} = [\boldsymbol{B}_1, \boldsymbol{B}_2, \cdots, \boldsymbol{B}_6], \qquad (8\text{-}7)$$

其中,

$$\boldsymbol{B}_i = \begin{bmatrix} \dfrac{\partial N_i}{\partial x} & 0 \\[2mm] 0 & \dfrac{\partial N_i}{\partial y} \\[2mm] \dfrac{\partial N_i}{\partial y} & \dfrac{\partial N_i}{\partial x} \end{bmatrix}, i=1,2,\cdots,6 \text{——应变矩阵的子矩阵;}$$

$i=1,2,\cdots,6$ ——单元结点编号;

$$\begin{bmatrix} \dfrac{\partial N_i}{\partial \xi} \\[2mm] \dfrac{\partial N_i}{\partial \eta} \end{bmatrix} = \boldsymbol{J} \begin{bmatrix} \dfrac{\partial N_i}{\partial x} \\[2mm] \dfrac{\partial N_i}{\partial y} \end{bmatrix} \text{——形函数偏导数的坐标变换;}$$

$$\boldsymbol{J} = \begin{bmatrix} \dfrac{\partial x}{\partial \xi} & \dfrac{\partial y}{\partial \xi} \\[2mm] \dfrac{\partial x}{\partial \eta} & \dfrac{\partial y}{\partial \eta} \end{bmatrix} \text{——雅可比矩阵。}$$

根据应变矩阵表达式(8-7),编写计算图 8-2 所示曲边三角形单元应变矩阵的 MATLAB 功能函数 funStrain_FEM_2D6n.m,具体内容及说明如下:

```matlab
function B = funStrain_FEM_2D6n(exy,rs)
% 弹性平面问题二次三角形单元应变矩阵
% exy(6 * 2) —— 单元结点坐标
% rs(1 * 2) —— 计算点局部坐标
% B(3 * 12) —— 应变矩阵
B = [];
J = funJacbi_FEM_2D6n(exy,rs);
[N_r, N_s] = funShapePD1_FEM__2D6n(rs);
for i = 1:6
    Npd = J\[N_r(i);N_s(i)];
    N_x = Npd(1);
    N_y = Npd(2);
    Bi = [N_x, 0;...
          0, N_y;...
          N_y, N_x];
    B = [B,Bi];
end
end
```

8.3　单元刚度矩阵

8.3.1　弹性矩阵

函数 FunD_Elastic2D.m

针对弹性平面问题,编写计算弹性矩阵的 MATLAB 功能函数 FunD_Elastic2D.m,具体内容和说明如下:

```
function D = FunD_Elastic2D(E,mu,type)
% a function for elastic matrix for plane problem
% E(1 * 1) —— elastic modulus
% mu(1 * 1) —— Poisson's ratio
% type(1 * 1) —— 1 for plane stress; 2 for plane strain
% D(3 * 3) —— elastic matrix
if type == 1
    E1 = E;
    mu1 = mu;
elseif type == 2
    E1 = E/(1 - mu^2);
    mu1 = mu/(1 - mu);
else
    '---- type should be 1 or 2 --- '
    return
end
D = [1, mu1, 0; ...
      mu1, 1, 0; ...
      0, 0, 0.5 * (1 - mu1)];
D = E1/(1 - mu1^2) * D;
end
```

8.3.2 直边三角形单元刚度矩阵

函数 funEStiff_FEM_2D3n. m

对于弹性平面问题，图 8-1 所示直边三角形单元的单元刚度矩阵可表示为

$$k_e = At\boldsymbol{B}^{\mathrm{T}}\boldsymbol{D}\boldsymbol{B} ,$$
(8-8)

其中，$\boldsymbol{B} = [\boldsymbol{B}_1, \boldsymbol{B}_2, \boldsymbol{B}_3]$——应变矩阵；

$\quad\boldsymbol{D}$——弹性矩阵；

$\quad A$——单元面积；

$\quad t$——单元厚度。

根据单元刚度矩阵表达式(8-8)，编写计算图 8-1 所示直边三角形单元的单元刚度矩阵的 MATLAB 功能函数 funEStiff_FEM_2D3n. m，具体内容和说明如下：

```
function ke = funEStiff_FEM_2D3n(exy,D,th)
% 平面线性三角形单元的刚度矩阵
% exy(3 * 2) —— 结点坐标
% D(3 * 3) —— 弹性矩阵
% th(1 * 1) —— 单元厚度
% ke(6 * 6) —— 单元刚度矩阵
A = [ones(3,1),exy];
A = 0.5 * det(A);
B = funStrain_FEM_2D3n(exy);
ke = th * A * ((B') * D * B);
end
```

8.3.3　曲边三角形单元刚度矩阵

函数 funEStiff_FEM_2D6n.m

对于弹性平面问题,曲边三角形单元的刚度矩阵可表示为

$$k_e = \int_{A_e} t\boldsymbol{B}^{\mathrm{T}}\boldsymbol{D}\boldsymbol{B}\,\mathrm{d}A , \tag{8-9}$$

其中,$\boldsymbol{B}=[\boldsymbol{B}_1,\boldsymbol{B}_2,\cdots,\boldsymbol{B}_6]$——应变矩阵;

　　　$\boldsymbol{D}$——弹性矩阵。

根据式(8-9),并利用 3.3.1 节介绍的二维 Hammer 积分,取 3 个积分点,编写计算二次三角形单元刚度矩阵的 MATLAB 功能函数 funEStiff_FEM_2D6n.m,具体内容和说明如下:

```
function ke = funEStiff_FEM_2D6n(exy,D,th)
% 平面线性三角形单元的刚度矩阵
% exy(6 * 2) —— 结点坐标
% D(3 * 3) —— 弹性矩阵
% th(1 * 1) —— 单元厚度
% ke(12 * 12) —— 单元刚度矩阵
nrs = [1/6, 1/6; ...
       2/3, 1/6; ...
       1/6, 2/3];
ke = zeros(12,12);
for i = 1:3
    rs = nrs(i,:);
    J = funJacbi_FEM_2D6n(exy,rs);
    B = funStrain_FEM_2D6n(exy,rs);
    ke = ke + (1/6 * th * det(J)) * ((B') * D * B);
end
end
```

8.4　直边三角形单元的综合实践

如图 8-3 所示悬臂梁,长 $L=50$ cm,高 $H=10$ cm,厚 $t=1$ cm,自由端所受均布载荷 $q=10$ N/mm,弹性模量 $E=1\times10^5$ MPa,泊松比 $\mu=0.3$。下面利用有限元法,采用直边三角形单元计算与分析该梁的位移场。

图 8-3　悬臂梁

8.4.1　整体刚度矩阵

实践 8-1

【例 8-1】　利用直边三角形单元对图 8-3 所示悬臂梁进行网格离散,生成结点坐标矩阵

NXY 和单元结点编号矩阵 ELE,并计算整体刚度矩阵 GK。

【解】 (1)利用有限元前处理软件(如 Hypermesh 等)生成结点坐标信息和单元结点编号信息,分别保存在文件 NXY0801.xlsx 和 ELE0801.xlsx 中,以供调用。

(2)编写 MATLAB 程序 ex0801.m,内容如下:

```
clear;
clc;
NXY = xlsread('NXY0801.xlsx',1,'B1:C105');
ELE = xlsread('ELE0801.xlsx',1,'B1:D160');
save NXY_0801.mat NXY
save ELE_0801.mat ELE
N = size(NXY,1);
M = size(ELE,1);
figure
hold on
axis equal
axis tight
for i = 1:M
    sn = ELE(i,:);
    exy = NXY(sn,:);
    fill(exy(:,1),exy(:,2),'w')
end
plot(NXY(:,1),NXY(:,2),'r.')
E = 1e5; % MPa;
mu = 0.3;
type = 1; %
th = 10; % mm
D = FunD_Elastic2D(E,mu,type);
GK = zeros(2*N,2*N);
for i = 1:M
    sn = ELE(i,:);
    exy = NXY(sn,:);
    ke = funEStiff_FEM_2D3n(exy,D,th);
    SN(1:2:5) = 2*sn-1;
    SN(2:2:6) = 2*sn;
    GK(SN,SN) = GK(SN,SN) + ke;
end
save GK_0801.mat GK
```

运行程序 ex0801.m,得到有限元网格,如图 8-4 所示;得到结点坐标矩阵 NXY,保存在文件 NXY_0801.mat 中;得到单元结点编号矩阵 ELE,保存在文件 ELE_0801.mat 中;得到整体刚度矩阵 GK,保存在文件 GK_0801.mat 中。

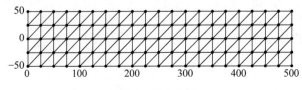

图 8-4 例 8-1 图

8.4.2　边界条件矩阵

实践 8-2

【例 8-2】　根据结点坐标矩阵 NXY 生成图 8-3 所示悬臂梁的有限元离散结构的位移边界条件矩阵 BU。

【解】　编写 MATLAB 程序 ex0802.m,内容如下:

```
clear;
clc;
load NXY_0801.mat % NXY
cons = find(abs(NXY(:,1) - 0) < 0.1);
figure
hold on
axis equal
axis tight
box on
plot(NXY(:,1),NXY(:,2),'k.')
plot(NXY(cons,1),NXY(cons,2),'ro');
n = length(cons);
BU = zeros(2 * n,2);
for i = 1:n
    BU(2 * i - 1,:) = [2 * cons(i) - 1,0];
    BU(2 * i,:) = [2 * cons(i),0];
end
save BU_0802.mat BU
```

运行程序 ex0802.m,得到已知位移的结点位置,如图 8-5 中圆圈所示;得到位移边界条件矩阵 BU,保存在文件 BU_0802.mat 中。

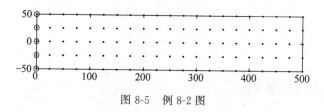

图 8-5　例 8-2 图

8.4.3　结点载荷列阵

实践 8-3

【例 8-3】　根据结点坐标矩阵 NXY 生成图 8-3 所示悬臂梁的有限元离散结构的整体结点载荷列阵 PP。

【解】　编写 MATLAB 程序 ex0803.m,内容如下:

```
clear;
clc;
load NXY_0801.mat % NXY
N = size(NXY,1);
```

```
PP = zeros(2 * N,1);
q = -10; % N/mm
pid = find(abs(NXY(:,1) - 500)< 0.1);
figure
hold on
axis equal
axis tight
box on
plot(NXY(:,1),NXY(:,2),'k.')
plot(NXY(pid,1),NXY(pid,2),'ro');
Y = NXY(pid,2);
[Y1,I] = sort(Y);
PY = [pid(I),Y1];
n = size(PY,1);
P0 = zeros(n,1);
for i = 1:n-1
    dy = PY(i + 1,2) - PY(i,2);
    dP = q * dy;
    P0(i) = P0(i) + dP/2;
    P0(i + 1) = P0(i + 1) + dP/2;
end
sn = PY(:,1);
PP(2 * sn) = P0;
save PP_0803 PP
```

运行程序 ex0803.m,得到结点载荷位置,如图 8-6 中圆圈所示;得到整体结点载荷列阵 PP,保存在文件 PP_0803.mat 中。

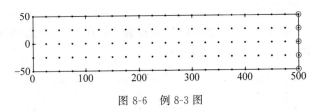

图 8-6 例 8-3 图

8.4.4 结点位移求解

实践 8-4

【例 8-4】 根据整体刚度矩阵 GK、位移边界条件矩阵 BU 和整体结点载荷列阵 PP,计算图 8-3 所示悬臂梁的有限元离散结构的结点位移分量。

【解】 编写 MATLAB 文件 ex0804.m,内容如下:

```
clear;
clc;
load PP_0803.mat
load GK_0801.mat
load BU_0802.mat
load NXY_0801.mat
UU = FunSol_direct(GK,PP,BU);
path = find(abs(NXY(:,2) - 0)< 0.1)
```

```
subplot(2,1,1)
hold on
axis equal
axis tight
plot(NXY(:,1),NXY(:,2),'k.')
plot(NXY(path,1),NXY(path,2),'ro')
subplot(2,1,2)
plot(NXY(path,1),UU(2 * path),'r * ')
xlabel('x / mm')
ylabel('v / mm')
save UU_0804.mat UU
```

运行程序 ex0804.m,得到整体结点位移分量列阵 UU,保存在文件 UU_0804.mat 中;
得到悬臂梁轴线(路径 $y=0$)的挠曲线(v-x 曲线),如图 8-7 所示。

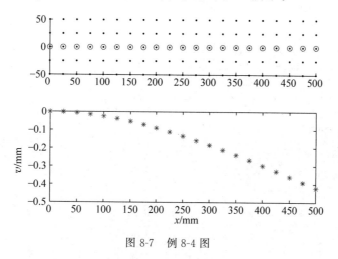

图 8-7　例 8-4 图

函数 FunSol_direct.m

例 8-4 中用到了直接法求解有限元离散结构结点位移分量的 MATLAB 功能函数
FunSol_direct.m,具体内容和说明如下:

```
function UU = FunSol_direct(GK,PP,BU)
% solution of FEM discrete equation
% GK(2N * 2N), global stiffness matrix
% where N is the number of nodes
% PP(2N * 1), equivalent nodal load components
% BU(n * 2), number of DOF and its known nodal
% variable, where n is the number of known DOFs
% UU(2N * 1), nodal variable components
n = size(BU,1);
for k = 1:n
    i = BU(k,1);
    ui = BU(k,2);
    PP(:,1) = PP(:,1) - GK(:,i) * ui;
    PP(i,1) = ui;
    GK(i,:) = 0;
    GK(:,i) = 0;
    GK(i,i) = 1;
```

```
    end
    UU = GK\PP;
end
```

8.4.5 结构位移云图

实践 8-5

【例 8-5】 根据结点坐标矩阵 NXY、单元结点编号矩阵 ELE、整体结点位移分量列阵 UU，绘制图 8-3 所示悬臂梁的位移幅值云图。

【解】 编写 MATLAB 程序 ex0805.m，内容如下：

```
clear;
clc;
load NXY_0801.mat % NXY
load ELE_0801.mat % ELE
load UU_0804.mat % UU
N = size(NXY,1);
M = size(ELE,1);
sny = 2:2:2 * N;
snx = 1:2:(2 * N - 1);
Ux = UU(snx);
Uy = UU(sny);
U = (Ux.^2 + Uy.^2).^0.5;
figure
hold on
axis equal
axis tight
for i = 1:M
    sn = ELE(i,:);
    nxy = NXY(sn,:);
    fill(nxy(:,1),nxy(:,2),U(sn))
end
colorbar('eastoutside')
shading interp
colormap jet
xlabel('x / mm')
ylabel('y / mm')
title('U / mm')
```

运行程序 ex0805.m，得到位移幅值云图，如图 8-8 所示。

彩图

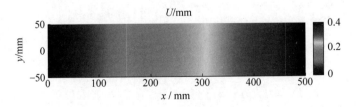

图 8-8 例 8-5 图

8.5 曲边三角形单元的综合实践

一正方形薄板中间开有圆孔,其 1/4 结构如图 8-9 所示,已知板的半长 $a=5$ cm,圆孔半径 $r=1$ cm,板厚 $t=0.5$ cm,拉伸载荷 $p=2$ MPa,弹性模量 $E=300$ MPa,泊松比 $\mu=0.3$。下面利用有限元法,采用曲边三角形单元计算与分析该板的位移场。

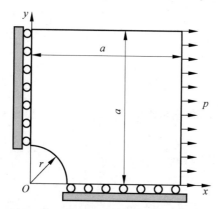

图 8-9 中间有圆孔的正方形薄板 1/4 结构

8.5.1 整体刚度矩阵

实践 8-6

【**例 8-6**】 利用曲边三角形单元,对图 8-9 所示带孔方板结构进行网格离散,生成结点坐标矩阵 NXY 和单元结点编号矩阵 ELE,并计算整体刚度矩阵 GK。

【**解**】 (1)利用有限元前处理软件(如 Hypermesh 等)生成结点坐标和单元结点编号,分别保存在文件 NXY0806.xlsx 和 ELE0806.xlsx 中。

(2)编写 MATLAB 程序 ex0806.m,具体内容如下:

```
clear;
clc;
NXY = xlsread('NXY0806.xlsx',1,'B1:C483');
ELE = xlsread('ELE0806.xlsx',1,'B1:G218');
save NXY_0806.mat NXY
save ELE_0806.mat ELE
N = size(NXY,1);
M = size(ELE,1);
figure
hold on
axis equal
axis tight
for i = 1:M
    sn = ELE(i,:);
    id = [1,4,2,5,3,6];
    sn = sn(id);
```

```
        exy = NXY(sn,:);
        fill(exy(:,1),exy(:,2),'w')
    end
    plot(NXY(:,1),NXY(:,2),'r.')
    h = gca;
    set(h,'xtick',0:10:50);
    set(h,'ytick',0:10:50);
    E = 300; % MPa;
    mu = 0.3;
    type = 1; %
    th = 5; % mm
    D = FunD_Elastic2D(E,mu,type);
    GK = zeros(2 * N,2 * N);
    for i = 1:M
        sn = ELE(i,:);
        exy = NXY(sn,:);
        ke = funEStiff_FEM_2D6n(exy,D,th);
        SN(1:2:11) = 2 * sn - 1;
        SN(2:2:12) = 2 * sn;
        GK(SN,SN) = GK(SN,SN) + ke;
    end
    save GK_0806.mat GK
```

运行程序 ex0806.m,得到图 8-9 所示带圆孔方形板的有限元离散结构,如图 8-10 所示;生成的结点坐标矩阵 NXY 保存在文件 NXY_0806.mat 中;生成的结点编号矩阵 ELE 保存在文件 ELE_0806.mat 中;得到的整体刚度矩阵 GK 保存在文件 GK_0806.mat 中。

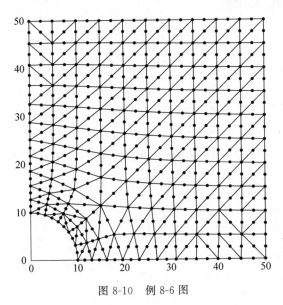

图 8-10　例 8-6 图

8.5.2　边界条件矩阵

实践 8-7

【**例 8-7**】　利用结点坐标矩阵 NXY 生成图 8-9 所示带孔方板结构的有限元离散结构的

位移边界条件矩阵 BU。

【解】　编写 MATLAB 程序 ex0807.m，内容如下：

```
clear;
clc;
load NXY_0806.mat
con1 = find(abs(NXY(:,1) - 0)< 1e - 2);
figure
hold on
axis equal
axis off
plot(NXY(:,1),NXY(:,2),'k. ')
plot(NXY(con1,1),NXY(con1,2),'bo')
con2 = find(abs(NXY(:,2) - 0)< 1e - 2);
plot(NXY(con2,1),NXY(con2,2),'ro')
n1 = length(con1);
n2 = length(con2);
BU1 = [2 * con1 - 1,zeros(n1,1)]
BU2 = [2 * con2,zeros(n2,1)]
BU = [BU1;BU2]
save BU_0807.mat BU
```

运行程序 ex0807.m，得到已知位移的结点位置，如图 8-11 所示；得到位移边界条件矩阵 BU，保存在文件 BU_0807.mat 中。

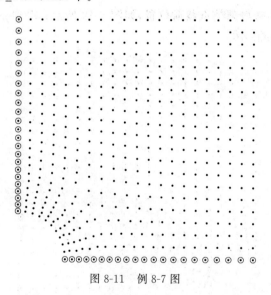

图 8-11　例 8-7 图

8.5.3　结点载荷列阵

实践 8-8

【例 8-8】　根据结点坐标矩阵 NXY 生成图 8-9 所示带圆孔方板的有限元离散结构的整体结点载荷列阵 PP。

【解】　编写 MATLAB 程序 ex0808.m，内容如下：

```
clear;
clc;
load NXY_0806.mat
N = size(NXY,1);
PP = zeros(2 * N,1);
p = 2; % MPa
th = 5; % mm
pid = find(abs(NXY(:,1) - 50)< 1e - 2);
figure
hold on
axis equal
axis off
plot(NXY(:,1),NXY(:,2),'k.')
plot(NXY(pid,1),NXY(pid,2),'ro')
Y = NXY(pid,2);
[Y1, I] = sort(Y);
pid1 = pid(I);
n = length(Y1);
for i = 1:(n - 1)
    dy = Y1(i + 1) - Y1(i);
    sn = [2 * pid1(i) - 1, 2 * pid1(i + 1) - 1];
    PP(sn) = PP(sn) + 0.5 * dy * th * p;
end
save PP_0808.mat PP
```

运行程序 ex0808. m,得到结点载荷位置,如图 8-12 所示;得到整体结点载荷列阵 PP,保存在文件 PP_0808. mat 中。

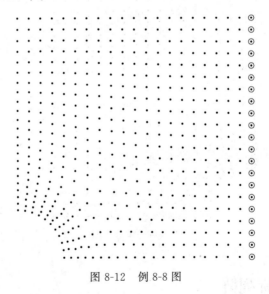

图 8-12　例 8-8 图

8.5.4　结点位移求解

实践 8-9

【例 8-9】 根据整体刚度矩阵 GK、位移边界条件矩阵 BU 和整体结点载荷列阵 PP,计算图 8-9 所示带圆孔方板的有限元离散结构的结点位移分量。

【解】　编写 MATLAB 程序 ex0809.m,内容如下:

```
clear;
clc;
load PP_0808.mat
load GK_0806.mat
load BU_0807.mat
load NXY_0806.mat
UU = FunSol_direct(GK,PP,BU); % call a function
save UU_0809.mat UU
path = find(abs(NXY(:,2) - 50) < 1e - 2);
Ux_path = UU(2 * path - 1);
XV = [NXY(path,1),Ux_path];
XV1 = sort(XV,1);
figure
plot(XV1(:,1),XV1(:,2),'r - * ')
xlabel('x / mm')
ylabel('u / mm')
```

运行程序 ex0809.m,得到整体结点位移分量列阵 UU,保存在文件 UU_0809.mat 中;得到带孔方板顶边的水平位移曲线,如图 8-13 所示。

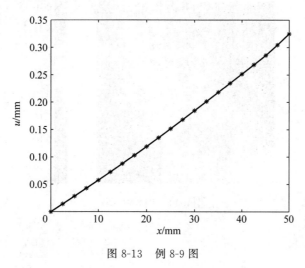

图 8-13　例 8-9 图

8.5.5　结构位移云图

实践 8-10

【例 8-10】　根据结点坐标矩阵 NXY、单元结点编号矩阵 ELE、整体结点位移分量列阵 UU,绘制图 8-9 所示带孔方板的水平位移分量云图。

【解】　编写 MATLAB 程序 ex0810.m,内容如下:

```
clear;
clc;
load NXY_0806
```

```
load ELE_0806
load UU_0809
M = size(ELE,1);
figure
hold on
axis equal
axis off
for i = 1:M
    sn = ELE(i,:);
    id = [1,4,2,5,3,6];
    sn = sn(id);
    exy = NXY(sn,:);
    ux = UU(2*sn-1);
    fill(exy(:,1),exy(:,2),ux)
end
shading interp
colormap jet
title('U_x / mm')
colorbar('eastoutside')
```

运行程序 ex0810.m，得到水平位移分量云图，如图 8-14 所示。

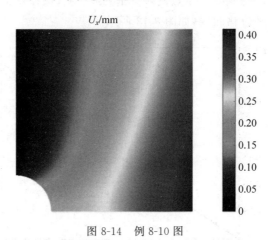

图 8-14　例 8-10 图

习题

习题 8-1　结合例 8-4 求得的结点位移分量，编写 MATLAB 程序，计算图 8-4 所示有限元离散结构中各单元形心处的应变分量。

习题 8-2　结合例 8-4 求得的结点位移分量，编写 MATLAB 程序，计算图 8-4 所示有限元离散结构中各单元形心处的应力分量。

习题 8-3　结合例 8-9 求得的结点位移分量，编写 MATLAB 程序，计算图 8-10 所示有限元离散结构中各单元形心处的应变分量。

习题 8-4　结合例 8-9 求得的结点位移分量，编写 MATLAB 程序，计算图 8-10 所示有限元离散结构中各单元形心处的应力分量。

第9章

四边形单元的综合实践

9.1 单元的形函数及其偏导数

9.1.1 直边四边形单元

函数 funShape_FEM_2D4n. m

如图 9-1 所示,直边四边形单元包含 4 个结点,根据 6.3.1 节的介绍可知,该单元的形函数可用局部坐标表示为

$$N_i(\xi,\eta) = \frac{1}{4}(1+\xi_i\xi)(1+\eta_i\eta), \tag{9-1}$$

其中,ξ,η——计算点的局部坐标;

ξ_i,η_i——结点的局部坐标;

$i=1,2,3,4$——单元结点编号。

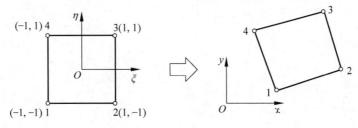

图 9-1 直边四边形单元

根据式(9-1)编写计算图 9-1 所示直边四边形单元形函数的 MATLAB 功能函数 funShape_FEM_2D4n. m,具体内容和说明如下:

```
function N = funShape_FEM_2D4n(rs)
% 4 结点直边四边形单元的形函数
% rs(1 * 2) —— 计算点的局部坐标
% N(1 * 4) —— 形函数行阵
N = zeros(1,4);
esr = [ - 1, - 1; ...
        1, - 1; ...
        1, 1; ...
```

```
        - 1, 1];
    r = rs(1);
    s = rs(2);
    for i = 1:4
        ri = ers(i,1);
        si = ers(i,2);
        N(i) = 0.25 * (1 + ri * r) * (1 + si * s);
    end
end
```

函数 funShapePD1_FEM_2D4n. m

根据形函数表达式(9-1)可以求得图 9-1 所示直边四边形单元形函数对局部坐标的偏导数,表示为

$$
\left.\begin{aligned}
\frac{\partial N_i}{\partial \xi} &= \frac{1}{4}\xi_i(1+\eta\eta_i) \\
\frac{\partial N_i}{\partial \eta} &= \frac{1}{4}\eta_i(1+\xi\xi_i)
\end{aligned}\right\}, \tag{9-2}
$$

其中,ξ,η——计算点的局部坐标;

ξ_i,η_i——结点的局部坐标;

$i=1,2,3,4$——单元结点编号。

根据形函数的偏导数表达式(9-2),编写计算图 9-1 所示直边四边形单元的形函数对局部坐标的偏导数的 MATLAB 功能函数 funShapePD1_FEM_2D4n. m,具体内容和说明如下:

```
function [N_r,N_s] = funShapePD1_FEM_2D4n(rs)
% 4 结点直边四边形单元的形函数对局部坐标的偏导数
% rs(1 * 2) —— 计算点的局部坐标
% N_r(1 * 4) —— 形函数对 r 的偏导数行阵
% N_s(1 * 4) —— 形函数对 s 的偏导数行阵
N_r = zeros(1,4);
N_s = zeros(1,4);
ers = [ - 1, - 1; ...
         1, - 1; ...
         1, 1; ...
        - 1, 1];
r = rs(1);
s = rs(2);
for i = 1:4
    ri = ers(i,1);
    si = ers(i,2);
    N_r(i) = 0.25 * ri * (1 + si * s);
    N_s(i) = 0.25 * si * (1 + ri * r);
end
end
```

函数 funJacbi_FEM_2D4n. m

根据 6.3.1 节的介绍可知,图 9-1 所示直边四边形单元的雅可比矩阵可表示为

$$
\boldsymbol{J} = \boldsymbol{N}_\partial \boldsymbol{X}_e, \tag{9-3}
$$

其中，

$$\boldsymbol{N}_\partial = \begin{bmatrix} \dfrac{\partial N_1}{\partial \xi} & \dfrac{\partial N_2}{\partial \xi} & \dfrac{\partial N_3}{\partial \xi} & \dfrac{\partial N_4}{\partial \xi} \\[2mm] \dfrac{\partial N_1}{\partial \eta} & \dfrac{\partial N_2}{\partial \eta} & \dfrac{\partial N_3}{\partial \eta} & \dfrac{\partial N_4}{\partial \eta} \end{bmatrix} \text{——形函数的偏导数矩阵；}$$

$$\boldsymbol{X}_e = \begin{bmatrix} x_1 & y_1 \\ x_2 & y_2 \\ x_3 & y_3 \\ x_4 & y_4 \end{bmatrix} \text{——单元结点的整体坐标矩阵。}$$

　　根据雅可比矩阵表达式(9-3)，编写计算图 9-1 所示直边四边形单元的雅可比矩阵的 MATLAB 功能函数 funJacbi_FEM_2D4n.m，具体内容和说明如下：

```
function JM = funJacbi_FEM_2D4n(rs,exy)
% 4 结点直边四边形单元的雅可比矩阵
% rs(1 * 2) —— 计算点的局部坐标
% exy(4 * 2) —— 单元结点的整体坐标矩阵
% JM(2 * 2) —— 雅可比矩阵
[N_r,N_s] = funShapePD1_FEM_2D4n(rs);
Npd = [N_r; N_s];
JM = Npd * exy;
end
```

9.1.2　曲边四边形单元

函数 funShape_FEM_2D8n.m

　　如图 9-2 所示，曲边四边形单元包含 8 个结点，根据 6.3.2 节的介绍可知，该单元的形函数可用局部坐标表示为

$$\left. \begin{aligned} N_i(\xi,\eta) &= \frac{1}{4}(1+\xi_i\xi)(1+\eta_i\eta)(-1+\xi_i\xi+\eta_i\eta) \\ N_k(\xi,\eta) &= \frac{1}{2}(1+\xi_k\eta+\eta_k\xi)(1-\xi_k\eta-\eta_k\xi)(1+\xi_k\xi+\eta_k\eta) \end{aligned} \right\}, \tag{9-4}$$

其中，ξ,η——计算点的局部坐标；
　　ξ_i,η_i——结点的局部坐标；
　　$i=1,2,3,4$——单元结点编号；
　　ξ_k,η_k——结点的局部坐标；
　　$k=5,6,7,8$——单元结点编号。

　　根据式(9-4)编写计算图 9-2 所示曲边四边形单元形函数的 MATLAB 功能函数 funShape_FEM_2D8n.m，具体内容和说明如下：

```
function N = funShape_FEM_2D8n(rs)
% 8 结点曲边四边形单元的形函数
% rs(1 * 2) —— 计算点的局部坐标
% N(1 * 8) —— 形函数行阵
N = zeros(1,8);
```

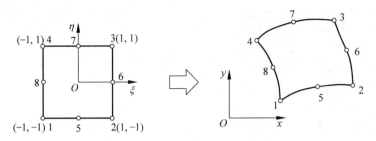

图 9-2　曲边四边形单元

```
esr = [ -1, -1; ...
         1, -1; ...
         1, 1; ...
        -1, 1; ...
         0, -1; ...
         1, 0; ...
         0, 1; ...
        -1, 0];
r = rs(1);
s = rs(2);
for i = 1:4
    ri = ers(i,1);
    si = ers(i,2);
    N(i) = 0.25 * (1 + ri * r) * (1 + si * s);
    N(i) = N(i) * ( -1 + ri * r + si * s);
end
for k = 5:8
    rk = ers(k,1);
    sk = ers(k,2);
    N(k) = 0.5 * (1 + rk * s + sk * r) * (1 - rk * s - sk * r);
    N(k) = N(k) * (1 + rk * r + sk * s);
end
end
```

函数 funShapePD1_FEM_2D8n. m

根据式(9-4)可以求得图 9-2 所示曲边四边形单元形函数对局部坐标的偏导数,表示为

$$
\left.\begin{aligned}
\frac{\partial N_i}{\partial \xi} &= \frac{1}{4}\xi_i(1+\eta_i\eta)(2\xi_i\xi+\eta_i\eta) \\
\frac{\partial N_i}{\partial \eta} &= \frac{1}{4}\eta_i(1+\xi_i\xi)(2\eta_i\eta+\xi_i\xi)
\end{aligned}\right\}
\tag{9-5a}
$$

和

$$
\left.\begin{aligned}
\frac{\partial N_k}{\partial \xi} &= \frac{1}{2}(1+\xi_k\eta+\eta_k\xi)[\xi_k-\xi_k(2\eta_k+\xi_k)\eta-\eta_k(2\eta_k+\xi_k)\xi] \\
\frac{\partial N_k}{\partial \eta} &= \frac{1}{2}(1+\eta_k\xi+\xi_k\eta)[\eta_k-\eta_k(2\xi_k+\eta_k)\xi-\xi_k(2\xi_k+\eta_k)\eta]
\end{aligned}\right\},
\tag{9-5b}
$$

其中,ξ,η——计算点的局部坐标;

　　ξ_i,η_i——结点的局部坐标;

$i=1,2,3,4$——单元结点编号；

ξ_k,η_k——结点的局部坐标；

$k=5,6,7,8$——单元结点编号。

根据式(9-5)编写计算图 9-2 所示曲边四边形单元形函数对局部坐标的偏导数的 MATLAB 功能函数 funShapePD1_FEM_2D8n.m，具体内容和说明如下：

```
function [N_r,N_s] = funShapePD1_FEM_2D8n(rs)
% 8 结点曲边四边形单元的形函数对局部坐标的偏导数
% rs(1*2) ── 计算点的局部坐标
% N_r(1*8) ── 形函数偏导数行阵
% N_s(1*8) ── 形函数偏导数行阵
N_r = zeros(1,8);
N_s = zeros(1,8);
ers = [-1,-1; ...
        1,-1; ...
        1, 1; ...
       -1, 1; ...
        0,-1; ...
        1, 0; ...
        0, 1; ...
       -1, 0];
r = rs(1);
s = rs(2);
for i = 1:4
    ri = ers(i,1);
    si = ers(i,2);
    N_r(i) = 0.25*ri*(1+si*s)*(2*ri*r+si*s);
    N_s(i) = 0.25*si*(1+ri*r)*(2*si*s+ri*r);
end
for k = 5:8
    rk = ers(k,1);
    sk = ers(k,2);
    N_r(k) = 0.5*(1+rk*s+sk*r);
    zj_r = rk - rk*(2*sk+rk)*s - sk*(2*sk+rk)*r;
    N_r(k) = N_r(k)*zj_r;
    N_s(k) = 0.5*(1+sk*r+rk*s);
    zj_s = sk - sk*(2*rk+sk)*r - rk*(2*rk+sk)*s;
    N_s(k) = N_s(k)*zj_s;
end
end
```

函数 funJacbi_FEM_2D8n.m

根据 6.3.2 节的介绍可知，图 9-2 所示曲边四边形单元形函数的雅可比矩阵可表示为

$$J = N_\partial X_e,\tag{9-6}$$

其中，

$$N_\partial = \begin{bmatrix} \dfrac{\partial N_1}{\partial \xi} & \dfrac{\partial N_2}{\partial \xi} & \cdots & \dfrac{\partial N_8}{\partial \xi} \\ \dfrac{\partial N_1}{\partial \eta} & \dfrac{\partial N_2}{\partial \eta} & \cdots & \dfrac{\partial N_8}{\partial \eta} \end{bmatrix}$$——形函数的偏导数矩阵；

$$\boldsymbol{X}_e = \begin{bmatrix} x_1 & y_1 \\ x_2 & y_2 \\ \vdots & \vdots \\ x_8 & y_8 \end{bmatrix} \text{——单元结点整体坐标矩阵。}$$

根据式(9-6)编写计算图 9-2 所示曲边四边形单元形函数雅可比矩阵的 MATLAB 功能函数 funJacbi_FEM_2D8n.m,具体内容和说明如下:

```
function JM = funJacbi_FEM_2D8n(rs,exy)
% 8 结点曲边四边形单元的雅可比矩阵
% rs(1*2) —— 计算点的局部坐标
% exy(8*2) —— 单元结点的整体坐标矩阵
% JM(2*2) —— 雅可比矩阵
[N_r,N_s] = funShapePD1_FEM_2D8n(rs);
Npd = [N_r; N_s];
JM = Npd * exy;
end
```

9.2 单元应变矩阵

9.2.1 直边四边形单元应变矩阵

对于弹性平面问题,图 9-1 所示直边四边形单元的应变矩阵可表示为

$$\boldsymbol{B} = [\boldsymbol{B}_1, \boldsymbol{B}_2, \boldsymbol{B}_3, \boldsymbol{B}_4], \tag{9-7}$$

其中,

$$\boldsymbol{B}_i = \begin{bmatrix} \dfrac{\partial N_i}{\partial x} & 0 \\ 0 & \dfrac{\partial N_i}{\partial y} \\ \dfrac{\partial N_i}{\partial y} & \dfrac{\partial N_i}{\partial x} \end{bmatrix}, i = 1,2,3,4 \text{——应变矩阵的子矩阵;}$$

$$\begin{bmatrix} \dfrac{\partial N_i}{\partial \xi} \\ \dfrac{\partial N_i}{\partial \eta} \end{bmatrix} = \boldsymbol{J} \begin{bmatrix} \dfrac{\partial N_i}{\partial x} \\ \dfrac{\partial N_i}{\partial y} \end{bmatrix} \text{——形函数偏导数的坐标变换;}$$

$$\boldsymbol{J} = \begin{bmatrix} \dfrac{\partial x}{\partial \xi} & \dfrac{\partial y}{\partial \xi} \\ \dfrac{\partial x}{\partial \eta} & \dfrac{\partial y}{\partial \eta} \end{bmatrix} \text{——雅可比矩阵。}$$

函数 funStrain_FEM_2D4n.m

根据式(9-7)编写计算图 9-1 所示直边四边形单元应变矩阵的 MATLAB 功能函数 funStrain_FEM_2D4n.m,具体内容和说明如下:

```
function B = funStrain_FEM_2D4n(exy,rs)
% 弹性平面问题的直边四边形单元应变矩阵
% exy(4*2) —— 单元结点的整体坐标
% rs(1*2) —— 计算点的局部坐标
% B(3*8) —— 应变矩阵
B = [];
[N_r,N_s] = funShapePD1_FEM_2D4n(rs); % 调用函数
JM = funJacbi_FEM_2D4n(rs,exy); %
for i = 1:4
    Npdi = JM\[N_r(i);N_s(i)];
    N_xi = Npdi(1);
    N_yi = Npdi(2);
    Bi = [N_xi, 0;...
          0, N_yi;...
          N_yi, N_xi];
    B = [B,Bi];
end
end
```

9.2.2　曲边四边形单元应变矩阵

函数 funStrain_FEM_2D8n.m

对于弹性平面问题,图 9-2 所示曲边四边形单元的应变矩阵可表示为

$$\boldsymbol{B} = [\boldsymbol{B}_1, \boldsymbol{B}_2, \cdots, \boldsymbol{B}_8], \tag{9-8}$$

其中,

$$\boldsymbol{B}_i = \begin{bmatrix} \dfrac{\partial N_i}{\partial x} & 0 \\[2mm] 0 & \dfrac{\partial N_i}{\partial y} \\[2mm] \dfrac{\partial N_i}{\partial y} & \dfrac{\partial N_i}{\partial x} \end{bmatrix}, i = 1, 2, \cdots, 8 \text{——应变矩阵的子矩阵;}$$

$$\begin{bmatrix} \dfrac{\partial N_i}{\partial \xi} \\[2mm] \dfrac{\partial N_i}{\partial \eta} \end{bmatrix} = \boldsymbol{J} \begin{bmatrix} \dfrac{\partial N_i}{\partial x} \\[2mm] \dfrac{\partial N_i}{\partial y} \end{bmatrix} \text{——形函数偏导数的坐标变换;}$$

$$\boldsymbol{J} = \begin{bmatrix} \dfrac{\partial x}{\partial \xi} & \dfrac{\partial y}{\partial \xi} \\[2mm] \dfrac{\partial x}{\partial \eta} & \dfrac{\partial y}{\partial \eta} \end{bmatrix} \text{——雅可比矩阵。}$$

根据式(9-8)编写计算图 9-2 所示曲边四边形单元应变矩阵的 MATLAB 功能函数 funStrain_FEM_2D8n.m,具体内容和说明如下:

```
function B = funStrain_FEM_2D8n(exy,rs)
% 弹性平面问题的曲边四边形单元应变矩阵
% exy(8*2) —— 单元结点的整体坐标
% rs(1*2) —— 计算点的局部坐标
```

```
%  B(3 * 16) —— 应变矩阵
B = [];
[N_r,N_s] = funShapePD1_FEM_2D8n(rs); % 调用函数
JM = funJacbi_FEM_2D8n(rs,exy); %
for i = 1:8
    Npdi = JM\[N_r(i);N_s(i)];
    N_xi = Npdi(1);
    N_yi = Npdi(2);
    Bi = [N_xi, 0;...
          0, N_yi;...
          N_yi, N_xi];
    B = [B,Bi];
end
end
```

9.3 单元刚度矩阵

9.3.1 直边四边形单元刚度矩阵

函数 funEStiff_FEM_2D4n. m

对于弹性平面问题,图 9-1 所示直边四边形单元的单元刚度矩阵可表示为

$$k_e = \int_{A_e} t\boldsymbol{B}^\mathrm{T}\boldsymbol{D}\boldsymbol{B}\,\mathrm{d}A, \tag{9-9}$$

其中,$\boldsymbol{B} = [\boldsymbol{B}_1, \boldsymbol{B}_2, \boldsymbol{B}_3, \boldsymbol{B}_4]$——应变矩阵;

$\quad\boldsymbol{D}$——弹性矩阵;

$\quad t$——单元厚度。

根据式(9-9)并利用 3.2.2 节介绍的二维高斯积分,取 2×2 个积分点,编写计算图 9-1 所示直边四边形单元的单元刚度矩阵的 MATLAB 功能函数 funEStiff_FEM_2D4n. m,具体内容和说明如下:

```
function ke = funEStiff_FEM_2D4n(exy,D,th)
% 弹性平面问题的直边四边形单元刚度矩阵
% exy(4 * 2) —— 结点坐标
% D(3 * 3) —— 弹性矩阵
% th(1 * 1) —— 单元厚度
% ke(8 * 8) —— 单元刚度矩阵
GP = [ -1/sqrt(3), 1/sqrt(3)];
ke = zeros(8,8);
for i = 1:2
    for j = 1:2
        rs = [GP(i),GP(j)];
        JM = funJacbi_FEM_2D4n(rs,exy);
        B = funStrain_FEM_2D4n(exy,rs);
        detJ = det(JM);
        detJ = abs(detJ);
        ke = ke + (th * detJ) * ((B') * D * B);
    end
```

```
end
end
```

9.3.2　曲边四边形单元刚度矩阵

函数 funEStiff_FEM_2D8n. m

对于弹性平面问题,图 9-2 所示曲边四边形单元的单元刚度矩阵可表示为

$$k_e = \int_{A_e} t\boldsymbol{B}^{\mathrm{T}}\boldsymbol{D}\boldsymbol{B}\,\mathrm{d}A , \qquad (9\text{-}10)$$

其中,$\boldsymbol{B} = [\boldsymbol{B}_1, \boldsymbol{B}_2, \cdots, \boldsymbol{B}_8]$——应变矩阵;

$\boldsymbol{D}$——弹性矩阵;

t——单元厚度。

根据式(10-10)并利用 3.2.2 节介绍的二维高斯积分,取 3×3 个积分点,编写计算图 9-2 所示曲边四边形单元的单元刚度矩阵的 MATLAB 功能函数 funEStiff_FEM_2D8n. m,具体内容和说明如下:

```
function ke = funEStiff_FEM_2D8n(exy,D,th)
% 弹性平面问题的直边四边形单元刚度矩阵
% exy(8 * 2) —— 结点坐标
% D(3 * 3) —— 弹性矩阵
% th(1 * 1) —— 单元厚度
% ke(16 * 16) —— 单元刚度矩阵
ke = zeros(16,16);
n = 4; % 高斯积分点个数 n * n
[GP,GW] = gauspw(n); % 调用函数
for i = 1:n
    for j = 1:n
        rs = [GP(i),GP(j)];
        JM = funJacbi_FEM_2D8n(rs,exy);
        B = funStrain_FEM_2D8n(exy,rs);
        detJ = det(JM);
        detJ = abs(detJ);
        ke = ke + (GW(i) * GW(j) * th * detJ) * ((B') * D * B);
    end
end
end
```

9.3.3　高斯积分点坐标及权系数

函数 gauspw. m

在函数 funEStiff_FEM_2D8n. m 中,调用了确定数值高斯积分的积分点坐标和权系数的 MATLAB 功能函数 gauspw. m,其具体内容如下:

```
function [P,W] = gauspw(n)
% function to set up gauss integration point and its
%     weight coefficient
% n —— number of gauss integration point
```

```
% P(n) —— coordinate of gauss integration point
% W(n) —— weight coefficient
switch n
    case 2
        P(1) = - 0.577350269189626;
        P(2) = 0.577350269189626;
        W(1) = 1.0;
        W(2) = 1.0;
    case 3
        P(1) = - 0.774596669241483;
        P(2) = 0;
        P(3) = 0.774596669241483;
        % ---------------------------
        W(1) = 0.555555555555556;
        W(2) = 0.888888888888889;
        W(3) = W(1);
    case 4
        P(1) = - 0.861136311594053;
        P(2) = - 0.339981043584856;
        P(3) = - P(2);
        P(4) = - P(1);
        % ---------------------------
        W(1) = 0.347854845137454;
        W(2) = 0.652145154862546;
        W(3) = W(2);
        W(4) = W(1);
    case 5
        P(1) = - 0.906179845938664;
        P(2) = - 0.538469310105683;
        P(3) = 0.0;
        P(4) = - P(2);
        P(5) = - P(1);
        % ---------------------------
        W(1) = 0.236926885056189;
        W(2) = 0.478628670499366;
        W(3) = 0.568888888888889;
        W(4) = W(2);
        W(5) = W(1);
    case 6
        P(1) = - 0.932469514203151;
        P(2) = - 0.661209386466265;
        P(3) = - 0.238619186083197;
        P(4) = - P(3);
        P(5) = - P(2);
        P(6) = - P(1);
        % ---------------------------
        W(1) = 0.171324492379170;
        W(2) = 0.360761573048139;
        W(3) = 0.467913934572691;
        W(4) = W(3);
        W(5) = W(2);
        W(6) = W(1);
    case 7
        P(1) = - 0.949107912342759;
```

```
    P(2) = -0.741531185599394;
    P(3) = -0.450845151377397;
    P(4) = 0.0;
    P(5) = -P(3);
    P(6) = -P(2);
    P(7) = -P(1);
    % ---------------------------
    W(1) = 0.129484966168870;
    W(2) = 0.279705391489277;
    W(3) = 0.381830050505119;
    W(4) = 0.417959183673469;
    W(5) = W(3);
    W(6) = W(2);
    W(7) = W(1);
case 8
    P(1) = -0.9602898564975363;
    P(2) = -0.7966664774136268;
    P(3) = -0.525532409916329;
    P(4) = -0.1834346424956498;
    P(5) = 0.1834346424956498;
    P(6) = 0.525532409916329;
    P(7) = 0.7966664774136268;
    P(8) = 0.9602898564975363;
    % ----------------------------
    W(1) = 0.1012285362903768;
    W(2) = 0.222381034453745;
    W(3) = 0.3137066458778874;
    W(4) = 0.362683783378362;
    W(5) = 0.362683783378362;
    W(6) = 0.3137066458778874;
    W(7) = 0.222381034453745;
    W(8) = 0.1012285362903768;
case 16
    P(1) = -0.9894009349916499;
    P(2) = -0.9445750230732326;
    P(3) = -0.8656312023878318;
    P(4) = -0.755404408355003;
    P(5) = -0.6178762444026438;
    P(6) = -0.4580167776572274;
    P(7) = -0.2816035507792589;
    P(8) = -0.09501250983763744;
    P(9) = 0.09501250983763744;
    P(10) = 0.2816035507792589;
    P(11) = 0.4580167776572274;
    P(12) = 0.6178762444026438;
    P(13) = 0.755404408355003;
    P(14) = 0.8656312023878318;
    P(15) = 0.9445750230732326;
    P(16) = 0.9894009349916499;
    % ------------------------------------------
    W(1) = 0.02715245941175406;
    W(2) = 0.06225352393864778;
    W(3) = 0.0951585116824929;
    W(4) = 0.1246289712555339;
```

```
        W(5)  = 0.1495959888165768;
        W(6)  = 0.1691565193950026;
        W(7)  = 0.1826034150449236;
        W(8)  = 0.1894506104550685;
        W(9)  = 0.1894506104550685;
        W(10) = 0.1826034150449236;
        W(11) = 0.1691565193950026;
        W(12) = 0.1495959888165768;
        W(13) = 0.1246289712555339;
        W(14) = 0.0951585116824929;
        W(15) = 0.06225352393864778;
        W(16) = 0.02715245941175406;
    end
end
```

9.4　直边四边形单元的综合实践

图 9-3 所示直角支架的厚度 $t=1$ cm,弹性模量 $E=800$ MPa,泊松比 $\mu=0.3$。下面利用有限元法,采用直边四边形单元计算与分析该支架的位移场。

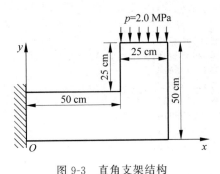

图 9-3　直角支架结构

9.4.1　整体刚度矩阵

实践 9-1

【例 9-1】　采用直边四边形单元对图 9-3 所示直角支架进行网格离散,生成结点坐标矩阵 NXY 和单元结点编号矩阵 ELE,并计算整体刚度矩阵 GK。

【解】　(1) 利用有限元前处理软件(如 Hypermesh 等)生成结点坐标信息和单元结点编号信息,分别保存在文件 NXY0901.xlsx 和 ELE0901.xlsx 中,以供调用。

(2) 编写 MATLAB 程序 ex0901.m,内容如下:

```
clear;
clc;
NXY = xlsread('NXY0901.xlsx','B1:C126');
ELE = xlsread('ELE0901.xlsx','B1:E100');
N = size(NXY,1);
M = size(ELE,1);
```

```
figure
hold on
axis equal
axis tight
for i = 1:M
    xy = NXY(ELE(i,:),:);
    fill(xy(:,1),xy(:,2),'w')
end
h = gca;
set(h,'xtick', 0:150:750)
set(h,'ytick', 0:100:500)
plot(NXY(:,1),NXY(:,2),'r.')
% ----------------------------------------
E = 800; % MPa
mu = 0.3;
type = 1;
th = 10; % mm
D = FunD_Elastic2D(E,mu,type);
GK = zeros(2*N,2*N);
for i = 1:M
    exy = NXY(ELE(i,:),:);
    sn = zeros(1,8);
    for j = 1:4
        sn(2*j-1) = 2*ELE(i,j)-1;
        sn(2*j) = 2*ELE(i,j);
    end
    ke = funEStiff_FEM_2D4n(exy,D,th);
    GK(sn,sn) = GK(sn,sn) + ke;
end
save GK_0901.mat GK
save NXY_0901.mat NXY
save ELE_0901.mat ELE
```

运行程序 ex0901.m,得到有限元离散网格如图 9-4 所示;生成结点坐标矩阵 NXY,保存在文件 NXY_0901.mat 中;生成单元结点编号矩阵 ELE,保存在文件 ELE_0901.mat 中;得到整体刚度矩阵 GK,保存在文件 GK_0901.mat 中。

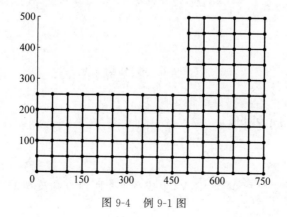

图 9-4　例 9-1 图

9.4.2　边界条件矩阵

实践 9-2

【例 9-2】　利用结点坐标矩阵 NXY,生成图 9-3 所示直角支架的有限元离散结构的位移边界条件矩阵 BU。

【解】　编写 MATLAB 程序 ex0902.m,内容如下:

```
clear;
clc;
load NXY_0901.mat
cons = find(abs(NXY(:,1) - 0)< 1e-2);
n = length(cons);
BU = zeros(2 * n,2);
for i = 1:n
    BU(2 * i - 1,:) = [2 * cons(i) - 1,0];
    BU(2 * i,:) = [2 * cons(i),0];
end
figure
hold on
axis equal
axis off
plot(NXY(:,1),NXY(:,2),'k.')
plot(NXY(cons,1),NXY(cons,2),'ro')
save BU_0902.mat BU
```

运行程序 ex0902.m,得到已知位移结点位置,如图 9-5 所示;得到位移边界条件矩阵 BU,保存在文件 BU_0902.mat 中。

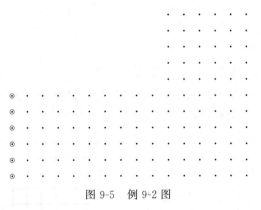

图 9-5　例 9-2 图

9.4.3　结点载荷列阵

实践 9-3

【例 9-3】　根据结点坐标矩阵 NXY,生成图 9-3 所示直角支架的有限元离散结构的整体结点载荷列阵 PP。

【解】　编写 MATLAB 程序 ex0903.m，内容如下：

```
clear;
clc;
load NXY_0901.mat
th = 10; % mm
p = -2; % MPa
N = size(NXY,1);
PP = zeros(2*N,1);
pid = find(abs(NXY(:,2)-500)<1e-2);
x = NXY(pid,1);
[x1,I] = sort(x);
pid1 = pid(I);
n = length(pid1);
for i = 1:n-1
    dx = x1(i+1) - x1(i);
    PP(2*pid1(i)) = PP(2*pid1(i)) + 0.5*dx*th*p;
    PP(2*pid1(i+1)) = PP(2*pid1(i+1)) + 0.5*dx*th*p;
end
figure
hold on
axis equal
axis off
plot(NXY(:,1),NXY(:,2),'k.')
plot(NXY(pid1,1),NXY(pid1,2),'ro')
save PP_0903.mat PP
```

运行程序 ex0903.m，得到结点载荷位置，如图 9-6 所示；得到整体结点载荷列阵 PP，保存在文件 PP_0903.mat 中。

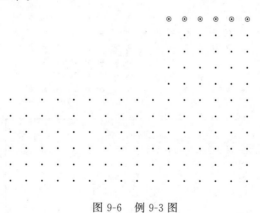

图 9-6　例 9-3 图

9.4.4　结点位移求解

实践 9-4

【例 9-4】　利用整体刚度矩阵 GK、边界条件矩阵 BU 和结点载荷列阵 PP 求图 9-3 所示直角支架的有限元离散结构的结点位移分量列阵 UU。

【解】　编写 MATLAB 程序 ex0904.m，内容如下：

```
clear;
clc;
load GK_0901.mat
load PP_0903.mat
load BU_0902.mat
load NXY_0901.mat
UU = FunSol_direct(GK,PP,BU);
path = find(abs(NXY(:,2)-0)<1e-2);
Ux_path = UU(2*path-1);
Uy_path = UU(2*path);
figure
hold on
axis equal
axis off
plot(NXY(:,1),NXY(:,2),'ko')
plot(NXY(path,1),NXY(path,2),'r*')
figure
plot(NXY(path,1),Uy_path,'r*')
xlabel('x / mm')
ylabel('v / mm')
save UU_0904.mat UU
```

运行程序 ex0904.m,得到结点位移分量列阵,保存在文件 UU_0904.mat 中;得到指定路径(见图 9-7(a))上的竖向位移曲线,如图 9-7(b)所示。

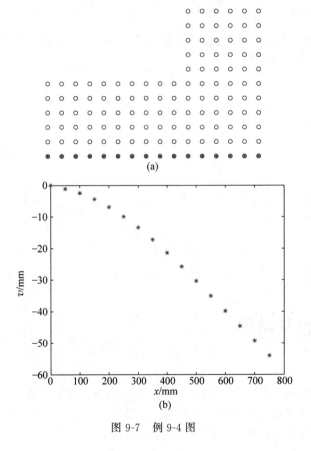

(a)

(b)

图 9-7　例 9-4 图

9.4.5　结构位移云图

实践 9-5

【**例 9-5**】　根据结点坐标矩阵 NXY、单元结点编号矩阵 ELE、整体结点位移分量列阵 UU 绘制图 9-3 所示直角支架的位移幅值云图。

【**解**】　编写 MATLAB 程序 ex0905.m，内容如下：

```
clear;
clc;
load NXY_0901.mat
load ELE_0901.mat
load UU_0904.mat
N = size(NXY,1);
M = size(ELE,1);
idx = 1:2:(2*N-1);
idy = 2:2:2*N;
Ux = UU(idx);
Uy = UU(idy);
Ua = (Ux.^2 + Uy.^2).^0.5;
figure
hold on
axis equal
axis tight
h = gca;
set(h,'xtick',0:150:750)
set(h,'ytick',0:100:500)
for i = 1:M
    sn = ELE(i,:);
    exy = NXY(sn,:);
    fill(exy(:,1),exy(:,2),Ua(sn))
end
shading interp
colormap jet
colorbar('eastoutside')
title('U_a_b_s / mm')
```

运行程序 ex0905.m，得到位移幅值云图，如图 9-8 所示。

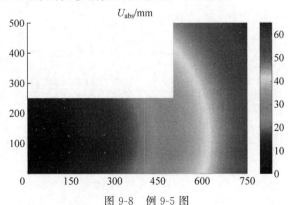

图 9-8　例 9-5 图

9.5　曲边四边形单元的综合实践

图 9-9 所示圆角支架的厚度 $t=1\,\mathrm{cm}$，弹性模量 $E=1.2\times10^{4}\,\mathrm{MPa}$，泊松比 $\mu=0.3$。下面利用有限元法，采用曲边四边形单元计算与分析该支架的位移场。

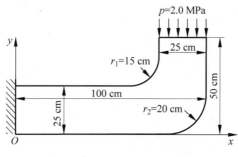

图 9-9　圆角支架

9.5.1　整体刚度矩阵

实践 9-6

【例 9-6】　利用曲边四边形单元对图 9-9 所示圆角支架进行有限元网格离散，生成结点坐标矩阵 NXY 和单元结点编号矩阵 ELE，并计算整体刚度矩阵 GK。

【解】　（1）利用有限元前处理软件（如 Hypermesh 等）生成结点坐标信息和单元结点编号信息，分别保存在文件 NXY0906.xlsx 和 ELE0906.xlsx 中，以供调用。

（2）编写 MATLAB 程序 ex0906.m，内容如下：

```
clear;
clc;
NXY = xlsread('NXY0906.xlsx',1,'B1:C613');
ELE = xlsread('ELE0906.xlsx',1,'B1:I180');
N = size(NXY,1);
M = size(ELE,1);
figure
hold on
axis equal
axis tight
for i = 1:M
    sn = ELE(i,:);
    sn1 = [sn(1),sn(5),sn(2),sn(6),...
            sn(3),sn(7),sn(4),sn(8)];
    fill(NXY(sn1,1),NXY(sn1,2),'w')
end
plot(NXY(:,1),NXY(:,2),'r.')
E = 1.2e5; % MPa
mu = 0.3;
type = 1;
th = 10; % mm
```

```
D = FunD_Elastic2D(E,mu,type);
GK = zeros(2 * N,2 * N);
for i = 1:M
    exy = NXY(ELE(i,:),:);
    sn = zeros(1,16);
    for j = 1:8
        sn(2 * j - 1) = 2 * ELE(i,j) - 1;
        sn(2 * j) = 2 * ELE(i,j);
    end
    ke = funEStiff_FEM_2D8n(exy,D,th);
    GK(sn,sn) = GK(sn,sn) + ke;
end
save GK_0906.mat GK
save NXY_0906.mat NXY
save ELE_0906.mat ELE
```

运行程序 ex0906.m,得到有限元离散结构,如图 9-10 所示;生成结点坐标矩阵 NXY,保存在文件 NXY_0906.mat 中;生成单元结点编号矩阵 ELE,保存在文件 ELE_0906.mat 中;得到整体刚度矩阵 GK,保存在文件 GK_0906.mat 中。

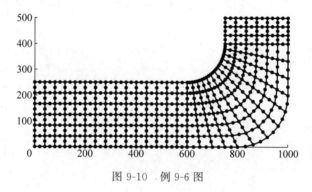

图 9-10 例 9-6 图

9.5.2 位移边界条件矩阵

实践 9-7

【**例 9-7**】 根据结点坐标矩阵 NXY 生成图 9-9 所示圆角支架有限元离散结构的边界条件矩阵 BU。

【**解**】 编写 MATLAB 程序 ex0907.m,内容如下:

```
clear;
clc;
load NXY_0906.mat
cons = find(abs(NXY(:,1) - 0) < 1e - 2);
n = length(cons);
BU = zeros(2 * n,2);
for i = 1:n
    BU(2 * i - 1,:) = [2 * cons(i) - 1,0];
    BU(2 * i,:) = [2 * cons(i),0];
end
figure
```

```
hold on
axis equal
axis off
plot(NXY(:,1),NXY(:,2),'k.')
plot(NXY(cons,1),NXY(cons,2),'ro')
save BU_0907.mat BU
```

运行程序 ex0907.m,得到已知位移的结点位置,如图 9-11 所示;得到位移边界条件矩阵 BU,保存在文件 BU_0907.mat 中。

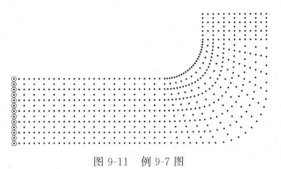

图 9-11　例 9-7 图

9.5.3　结点载荷列阵

实践 9-8

【例 9-8】 根据结点坐标矩阵生成图 9-9 所示圆角支架的有限元离散结构的结点载荷列阵 PP。

【解】 编写 MATLAB 程序 ex0908.m,内容如下:

```
clear;
clc;
load NXY_0906.mat
th = 10; % mm
p = -2; % MPa
N = size(NXY,1);
PP = zeros(2*N,1);
pid = find(abs(NXY(:,2)-500)<1e-2);
x = NXY(pid,1);
[x1,I] = sort(x);
pid1 = pid(I);
n = length(pid1);
for i = 1:1:n-1
    dx = x1(i+1) - x1(i)
    PP(2*pid1(i)) = PP(2*pid1(i)) + 1/2*dx*th*p;
    PP(2*pid1(i+1)) = PP(2*pid1(i+1)) + 1/2*dx*th*p;
end
figure
hold on
axis equal
axis off
plot(NXY(:,1),NXY(:,2),'k.')
```

```
plot(NXY(pid1,1),NXY(pid1,2),'ro')
save PP_0908.mat PP
```

运行程序 ex0908.m，得到结点载荷位置，如图 9-12 所示；得到结点载荷列阵 PP，保存在文件 PP_0908.mat 中。

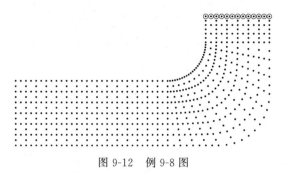

图 9-12　例 9-8 图

9.5.4　结点位移求解

实践 9-9

【例 9-9】　利用整体刚度矩阵 GK、边界条件矩阵 BU 和结点载荷列阵 PP 求图 9-9 所示圆角支架的有限元离散结构的结点位移分量列阵 UU。

【解】　编写 MATLAB 程序 ex0909.m，内容如下：

```
clear;
clc;
load GK_0906.mat
load PP_0908.mat
load BU_0907.mat
load NXY_0906.mat
UU = FunSol_direct(GK,PP,BU);
path = find(abs(NXY(:,2) - 0) < 1e - 2);
x_path = NXY(path,1);
[x_path,ID] = sort(x_path,'ascend');
path = path(ID);
Ux_path = UU(2 * path - 1);
Uy_path = UU(2 * path)
figure
hold on
axis equal
axis off
plot(NXY(:,1),NXY(:,2),'k.')
plot(NXY(path,1),NXY(path,2),'ro')
figure
plot(NXY(path,1),Uy_path,'r - o')
xlabel('x / mm')
ylabel('v / mm')
save UU_0909.mat UU
```

运行程序 ex0909.m，得到结点位移列阵 UU，保存在文件 UU_0909.mat 中；得到指定路径(见图 9-13(a))上的竖向位移分量曲线,如图 9-13(b)所示。

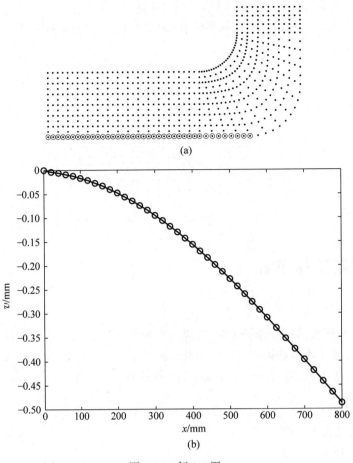

(a)

(b)

图 9-13   例 9-9 图

9.5.5   结构位移云图

实践 9-10

【例 9-10】   根据结点坐标矩阵 NXY、单元结点编号矩阵 ELE、整体结点位移分量列阵 UU 绘制图 9-9 所示圆角支架的位移幅值云图。

【解】   编写 MATLAB 程序 ex0910.m,内容如下:

```
clear;
clc;
load NXY_0906.mat
load ELE_0906.mat
load UU_0909.mat
N = size(NXY,1);
M = size(ELE,1);
idx = 1:2:(2 * N - 1);
idy = 2:2:2 * N;
```

```
Ux = UU(idx);
Uy = UU(idy);
Ua = (Ux.^2 + Uy.^2).^0.5;
figure
hold on
axis equal
axis tight
h = gca;
set(h,'xtick',0:150:750)
set(h,'ytick',0:100:500)
for i = 1:M
    sn = ELE(i,:);
    exy = NXY(sn,:);
    id = [1,5,2,6,3,7,4,8];
    fill(exy(id,1),exy(id,2),Ua(sn(id)))
end
shading interp
colormap jet
colorbar('eastoutside')
title('U_a_b_s / mm')
```

运行程序 ex0910.m，得到图 9-9 所示圆角支架的位移幅值云图，如图 9-14 所示。

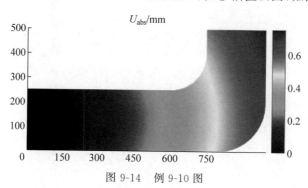

彩图

图 9-14　例 9-10 图

习题

习题 9-1　结合例 9-4 求得的结点位移分量，编写 MATLAB 程序，计算图 9-4 所示有限元法离散结构中各单元形心处的应变分量。

习题 9-2　结合例 9-4 求得的结点位移分量，编写 MATLAB 程序，计算图 9-4 所示有限元法离散结构中各单元形心处的应力分量。

习题 9-3　结合例 9-9 求得的结点位移分量，编写 MATLAB 程序，计算图 9-10 所示有限元法离散结构中各单元形心处的应变分量。

习题 9-4　结合例 9-9 求得的结点位移分量，编写 MATLAB 程序，计算图 9-10 所示有限元法离散结构中各结点的应力分量。

第3篇

无网格法

....

根据党的二十大精神,必须坚持问题导向,聚焦实践遇到的新问题、不断提出真正解决问题的新理念新思路新办法。随着工程实践和科学研究的不断深入,各类有限元法难于求解的新问题不断出现,无网格法应运而生。在高校理工科专业依托无网格法培养解决复杂问题的求解方法,利于培养工程实践和创新能力强、具备国际竞争力的高素质人才。本篇主要介绍无网格法理论及计算实践,具体内容如下。

第 10 章　无网格法形函数

主要包括无网格法的定义、无网格法的形函数、支持域和影响域、多项式插值法、加权最小二乘法、径向基插值法、移动最小二乘法等方面的内容。

第 11 章　径向基函数插值无网格法

主要包括背景网格的概念及特征、位移分析、应变分析、背景单元分析、无网格离散方程建立、位移边界条件处理等方面的内容。

第 12 章　最小二乘插值无网格法

主要包括位移分析、应变分析、基于拉格朗日乘子法的无网格法公式、基于罚函数法的无网格法公式等方面的内容。

第 13 章　形函数的综合实践

主要包括支持域和影响域的实践、多项式基函数插值法的实践、加权最小二乘法的实践、径向基函数插值法的实践、移动最小二乘法的实践等方面的内容。

第 14 章　无网格法的综合实践

主要包括支持域特征矩阵的计算、无网格离散方程的求解、悬臂梁结构的无网格分析、隧道结构的无网格分析等方面的内容。

第10章

无网格法形函数

10.1　无网格法概述

10.1.1　有限元法的局限

20 世纪 50 年代兴起的有限元法在处理复杂几何形体的各类问题时表现出良好的通用性和灵活性,因此在工程领域中得到了广泛应用。然而,有限元法也有其固有的局限性,主要表现在以下方面:

(1) 形成网格成本高。

形成有效网格是使用有限元法程序或软件的必要条件。对于复杂结构问题,分析时经常需要将大部分时间用在形成有效网格上,形成有效网格已成为计算机辅助设计项目成本中的重要组成部分。

(2) 应力计算精度低。

许多有限元法的程序或软件不能给出精确的应力估计。这是由于在有限元法中假设位移场是分片(或分单元)连续的,得到的应力在各单元边界上通常是不连续的,需要在后处理阶段采用某些特殊技术,以提高应力的精确性。

(3) 自适应分析困难。

利用有限元法进行自适应分析时要求重新生成网格,这需要开发复杂网格的生成器。这样的网格生成器目前仅限于二维问题,自动生成三维网格在技术上还难以实现。

(4) 对于某些问题的局限性。

对于大变形问题,单元的畸变会极大影响有限元法的计算精度;对于裂纹扩展问题,有限元法难以精确模拟裂纹扩展路径与单元边界不重合的情况。

10.1.2　无网格法的定义

无网格法通常是指,在建立整个问题域的系统代数方程时,不需要利用预定义的网格信息进行域离散的方法。无网格法利用一组散布在问题域及其边界上的结点表示问题域及其边界,这组散布的结点称为场结点,它们并不需要构成网格,即在建立场变量近似表达式时,不需要预定义的结点连接信息。

无网格法的最低要求是,在建立场变量的近似表达式时,不需要利用预定义网格。无网格法的理想要求是,在求解一个任意几何形状的、由偏微分方程和边界条件决定的问题时,其整个求解过程均不需要网格。

　　无网格法在许多方面已经取得良好的应用效果,并显示了成为一种强有力的数值分析工具的巨大潜力。然而,无网格法还处于发展初期,在其真正成为解决复杂工程问题的有效工具之前,仍有许多技术问题有待解决。

10.1.3　无网格法和有限元法的比较

　　如图 10-1 所示为有限元法和无网格法的求解过程。可以看出无网格法和有限元法的主要区别和相似之处如下:

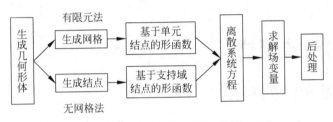

图 10-1　有限元法和无网格法的求解过程

　　(1) 在结构离散阶段,有限元法需要生成网格;无网格法不需要生成网格。
　　(2) 在形函数构造阶段,有限元法采用预定义单元结点构造形函数,同类型的不同单元的形函数是相同的;无网格法采用局部支持域内的结点构造形函数,即使采用相同类型的形函数,不同计算点支持域内的结点数量也可能是不同的,这使得不同计算点具有不同的形函数。
　　(3) 结构离散系统方程建立后,两者的后续过程基本相似,有限元法的很多相关技术在无网格法中也可使用。

10.2　无网格法形函数概述

10.2.1　无网格法形函数的特点

　　有限元法中的形函数是基于单元的,可通过单元结点,利用插值技术构造,或通过广义坐标法求出。由于单元结点的分布形式和数目是固定的,因此有限元形函数的形式和数目也是固定的。无网格法中的形函数是基于**局部支持域**(简称**支持域**)的,需要利用支持域内结点通过插值技术构造,或通过其他近似技术确定。支持域内结点的分布形式和数目是非固定的,因此无网格形函数也是非固定的。
　　有效构造或确定无网格法的形函数是发展无网格法的首要任务。无网格形函数需要满足如下一些基本要求:
　　(1) **结点分布任意性**。对任意分布的结点具有良好的适应性;
　　(2) **稳定性**。数值计算要有良好的稳定性;
　　(3) **一致性**。须满足必要阶数的一致性;

（4）**紧支性**。形函数须为紧支的，即仅对局部支持域有效，这是形成一组稀疏的离散系统方程，以提高求解效率所必需的；

（5）**相容性**。通过形函数得到的场函数近似表达式对于全局弱式应在整个求解域上是相容的，对于局部弱式应在局部积分域中是相容的；

（6）**δ 特性**。最好具有 δ 函数性质，即形函数值在自身结点处为 1，在其他结点处为 0；

（7）**高效性**。要有较高的数值计算效率。

发展高效无网格法的形函数，已成为无网格法的研究热点之一。目前无网格法已有很多种的形函数表达式被提出。根据理论类别，无网格法的形函数分类如下：

（1）**积分表达式**。如光滑粒子动力学（SPH）法、再生核粒子法（RKPM）等，在这类方法中函数通过加权积分利用局部域的信息加以表达；

（2）**级数表达式**。如移动最小二乘（MLS）法、点插值法（PIM、RPIM）和单位分解（PU）法，这类方法已有很长历史，在有限元法中已被成功应用；

（3）**差分表达式**。如广义有限差分法（GFDM）等，这类方法在有限差分法中（FDM）也有很长的发展和应用历史，常用于建立基于强式的系统方程。

10.2.2　支持域和影响域

支持域是决定计算点的场变量的插值或近似结果的空间区域，它是无网格法中的一个重要概念。有限元法中计算点的场变量的插值或近似结果取决于计算点所在的单元；而无网格法中计算点的场变量的插值或近似结果则取决于计算点的支持域。可见无网格法中的支持域的作用和地位，相当于有限元法中的单元的作用和地位。

计算点的场变量插值或近似精度取决于其支持域中的结点分布和数目等因素，因此需要选择一个适当的支持域，以获得高效而精确的近似。对于某一计算点，其支持域尺寸 d_s 的计算公式为

$$d_s = \alpha_s d_c,\tag{10-1a}$$

其中，d_c——计算点附近区域的结点平均间距；

α_s——大于 1 的无量纲系数。

影响域也是无网格法中的一个重要概念。与支持域不同的是，影响域是对结点而言的，而支持域是对计算点而言的。某一结点的影响域是指这样的空间区域：该结点对该空间区域内的所有计算点的场函数插值或近似结果都有影响。

对于某一结点，其影响域尺寸 d_i 的计算公式可表示为

$$d_i = \alpha_i d_c,\tag{10-1b}$$

其中，d_c——结点附近区域的结点平均间距；

α_i——大于 1 的无量纲系数。

通常而言，若式（10-1a）和式（10-1b）中的无量纲系数 α_s 和 α_i 取值过小，则难以取得较高的计算精度。对大多数问题，取 $\alpha_s/\alpha_i = 2.0 \sim 3.0$ 就可以获得良好的计算结果。一般情况下，支持域是以计算点为中心的，而影响域是以结点为中心的。但对于一些特殊问题，也可以采用偏心支持域和偏心影响域。

10.2.3 平均结点间距

根据式(10-1a)和式(10-1b)可知,平均结点间距是影响支持域和影响域的重要因素,合理确定结点间距是无网格法计算质量的重要保障。

对于一维情况,平均结点间距可简单表示为

$$d_c = \frac{D_s}{n_s - 1},\qquad(10\text{-}2)$$

其中,D_s——支持域的预估长度;

n_s——支持域内包含的结点数。

对于二维情况,平均结点间距可简单表示为

$$d_c = \frac{\sqrt{A_s}}{\sqrt{n_s} - 1},\qquad(10\text{-}3)$$

其中,A_s——支持域的预估面积;

n_s——支持域内包含的结点个数。

对于三维情况,平均结点间距可简单表示为

$$d_c = \frac{\sqrt{V_s}}{\sqrt{n_s} - 1},\qquad(10\text{-}4)$$

其中,V_s——支持域的预估体积;

n_s——支持域内包含的结点个数。

根据式(10-2)、式(10-3)或式(10-4)求出 d_c 后,就可以利用式(10-1a)确定某一计算点的支持域尺寸 d_s。具体过程如下:

(1) 预估计算点的支持域的预估尺寸 D_s、A_s 或 V_s;

(2) 统计包含在 D_s、A_s 或 V_s 中的结点个数;

(3) 根据式(10-2)、式(10-3)或式(10-4)计算 d_c;

(4) 利用式(10-1)计算支持域尺寸 d_s。

结点的影响域的确定过程与上述计算点的支持域的确定过程相同。

10.3　常用无网格法形函数

10.3.1　多项式插值法

利用多项式插值法,在问题域中将坐标为 $\boldsymbol{x}$ 的计算点的标量场函数 $u(\boldsymbol{x})$ 近似表示为

$$u(\boldsymbol{x}) = \sum_{i=1}^{m} p_i(\boldsymbol{x}) a_i = \boldsymbol{p}^{\mathrm{T}}(\boldsymbol{x}) \boldsymbol{a},\qquad(10\text{-}5)$$

其中,$\boldsymbol{p}(\boldsymbol{x}) = [p_1(\boldsymbol{x}), p_2(\boldsymbol{x}), \cdots, p_m(\boldsymbol{x})]^{\mathrm{T}}$——多项式基函数列阵($m$ 行);

$\boldsymbol{a} = [a_1, a_2, \cdots, a_m]^{\mathrm{T}}$——待定系数列阵($m$ 行);

$$\left. \begin{aligned} \boldsymbol{x} &= [x, y]^{\mathrm{T}} \quad (\text{2D}) \\ \boldsymbol{x} &= [x, y, z]^{\mathrm{T}} \quad (\text{3D}) \end{aligned} \right\} \text{——计算点坐标;}$$

m——基函数个数,等于待定系数个数。

设计算点的局部支持域内有 n 个结点,每个结点都满足近似式(10-5),因此有

$$U = Pa ,\qquad(10\text{-}6)$$

其中,$U = [u_1, u_2, \cdots, u_n]^{\mathrm{T}}$——结点函数值列阵($n$ 行);

$$P = \begin{bmatrix} p_1(\boldsymbol{x}_1), & p_2(\boldsymbol{x}_1), & \cdots, & p_m(\boldsymbol{x}_1) \\ p_1(\boldsymbol{x}_2), & p_2(\boldsymbol{x}_2), & \cdots, & p_m(\boldsymbol{x}_2) \\ \vdots & \vdots & & \vdots \\ p_1(\boldsymbol{x}_n), & p_2(\boldsymbol{x}_n), & \cdots, & p_m(\boldsymbol{x}_n) \end{bmatrix}$$——结点基函数矩阵(n 行 m 列);

$$a = [a_1, a_2, \cdots, a_m]^{\mathrm{T}}$$——待定系数列阵(m 行)。

需要说明的是,目前在很多无网格法文献中将式(10-6)中的矩阵 P 称为力矩阵。由于矩阵 P 中的每一个元素都是某个基函数在结点处的值,因此在本书中我们将 P 称为结点基函数矩阵,这样可有效反映它的内涵。

在多项式插值法中,局部支持域中结点数 n 和基函数个数 m 相等,因此结点函数矩阵 P 为方形矩阵。根据式(10-6)可直接求得

$$a = P^{-1}U 。\qquad(10\text{-}7)$$

将式(10-7)代入场函数近似表达式(10-5),得

$$u(\boldsymbol{x}) = p^{\mathrm{T}}(\boldsymbol{x})P^{-1}U = \boldsymbol{\Phi}(\boldsymbol{x})U ,\qquad(10\text{-}8)$$

其中,$\boldsymbol{\Phi}(\boldsymbol{x}) = p^{\mathrm{T}}(\boldsymbol{x})P^{-1} = [\phi_1(x), \phi_2(x), \cdots, \phi_n(x)]$——形函数行阵($n$ 列),其中 $\phi_i(x)$ 为结点 i 的形函数;$i = 1, 2, \cdots, n$,为局部支持域内结点编号;

$$p(\boldsymbol{x}) = [p_1(x), p_2(x), \cdots, p_n(x)]^{\mathrm{T}}$$——多项式基函数列阵(n 行);

$$U = [u_1, u_2, \cdots, u_n]^{\mathrm{T}}$$——结点函数列阵(n 行);

$$P = \begin{bmatrix} p_1(\boldsymbol{x}_1), & p_2(\boldsymbol{x}_1), & \cdots, & p_n(\boldsymbol{x}_1) \\ p_1(\boldsymbol{x}_2), & p_2(\boldsymbol{x}_2), & \cdots, & p_n(\boldsymbol{x}_2) \\ \vdots & \vdots & & \vdots \\ p_1(\boldsymbol{x}_n), & p_2(\boldsymbol{x}_n), & \cdots, & p_n(\boldsymbol{x}_n) \end{bmatrix}$$——结点多项式基函数方形矩阵(n 行,n 列)。

根据式(10-8)可以得到形函数的偏导数,其中 1 阶和 2 阶偏导数的具体表达式为

$$\left.\begin{aligned} \boldsymbol{\Phi}_{,k} &= p_{,k}^{\mathrm{T}}P^{-1} = [\phi_{1,k}(x), \phi_{2,k}(x), \cdots, \phi_{n,k}(x)] \\ \boldsymbol{\Phi}_{,kl} &= p_{,kl}^{\mathrm{T}}P^{-1} = [\phi_{1,kl}(x), \phi_{2,kl}(x), \cdots, \phi_{n,kl}(x)] \end{aligned}\right\},\qquad(10\text{-}9)$$

其中,$\boldsymbol{\Phi}_{,k} = [\phi_{1,k}(x), \phi_{2,k}(x), \cdots, \phi_{n,k}(x)]$——形函数 1 阶偏导数行阵($n$ 列);

$$\boldsymbol{\Phi}_{,kl} = [\phi_{1,kl}(x), \phi_{2,kl}(x), \cdots, \phi_{n,kl}(x)]$$——形函数 2 阶偏导数行阵(n 列);

$k, l = x, y, z$——空间直角坐标;

$$p = [p_1(x), p_2(x), \cdots, p_n(x)]^{\mathrm{T}}$$——基函数列阵(n 行);

$$P = \begin{bmatrix} p_1(\boldsymbol{x}_1), & p_2(\boldsymbol{x}_1), & \cdots, & p_n(\boldsymbol{x}_1) \\ p_1(\boldsymbol{x}_2), & p_2(\boldsymbol{x}_2), & \cdots, & p_n(\boldsymbol{x}_2) \\ \vdots & \vdots & & \vdots \\ p_1(\boldsymbol{x}_n), & p_2(\boldsymbol{x}_n), & \cdots, & p_n(\boldsymbol{x}_n) \end{bmatrix}$$——结点基函数矩阵(n 行,n 列)。

通过多项式插值法得到的形函数具有如下性质：①一致性；②再生性；③线性独立性；④δ 特性；⑤单位分解性；⑥线性再生性；⑦多项式性；⑧紧支性；⑨相容性。

为保证场函数近似式(10-5)的近似精度，其中的基函数列阵 $p(x)$ 应尽量选用完备多项式基函数列阵。例如，对于一维情况，1 次和 2 次完备多项式基函数列阵分别为

$p = [1, x]^T$——一维 1 次完备；

$p = [1, x, x^2]^T$——一维 2 次完备。

对于二维情况，1 次和 2 次完备多项式基函数列阵分别为

$p = [1, x, y]^T$——二维 1 次完备；

$p = [1, x, y, x^2, xy, y^2]^T$——二维 2 次完备。

实践 10-1

【例 10-1】 局部支持域内的结点坐标和结点函数值列于表 10-1 中，利用 PIM 法：求(1)形函数及其 1 阶偏导数的表达式；(2)验证形函数的单位分解特性；(3)计算点(3,3)的形函数行阵及 1 阶偏导数行阵；(4)计算点(3,3)的函数值及 1 阶偏导数值。

表 10-1　结点坐标和函数值

结节坐标与函数值	结点 1	结点 2	结点 3	结点 4	结点 5	结点 6
x_i	5	2	1	4	2	2
y_i	3	1	1	5	5	3
u_i	34	5	2	41	29	13

【解】 (1)编写 MATLAB 程序 ex1001.m，内容如下：

```
clear;
clc;
nxy = [5,3;
       2,1;
       1,1;
       4,5;
       2,5;
       2,3];
nxy = sym(nxy);
U = [34; 5; 2; 41; 29; 13];
U = sym(U);
syms x y
pT(x,y) = [1, x, y, x^2, x*y, y^2];
for i = 1:6
    xi = nxy(i,1);
    yi = nxy(i,2);
    P(i,:) = [1, xi, yi, xi^2, xi*yi, yi^2];
end
P1 = inv(P);
Phi1 = pT * P1(:,1)
Phi2 = pT * P1(:,2)
Phi3 = pT * P1(:,3)
Phi4 = pT * P1(:,4)
Phi5 = pT * P1(:,5)
Phi6 = pT * P1(:,6)
```

```
pT_x = diff(pT,x,1)
pT_y = diff(pT,y,1)
Phi1_x = pT_x * P1(:,1)
Phi2_x = pT_x * P1(:,2)
Phi3_x = pT_x * P1(:,3)
Phi4_x = pT_x * P1(:,4)
Phi5_x = pT_x * P1(:,5)
Phi6_x = pT_x * P1(:,6)
Phi1_y = pT_y * P1(:,1)
Phi2_y = pT_y * P1(:,2)
Phi3_y = pT_y * P1(:,3)
Phi4_y = pT_y * P1(:,4)
Phi5_y = pT_y * P1(:,5)
Phi6_y = pT_y * P1(:,6)
```

运行程序 ex1001.m,得到各结点的形函数表达式如下:

Phi1(x, y) = y/5 − 3x/10 − xy/10 + $2x^2$/15 + 1/15,

Phi2(x, y) = − x^2/5 − xy/10 + 17x/10 + y^2/8 − 4y/5 − 29/40,

Phi3(x, y) = xy/10 − y/5 − 17x/10 + x^2/5 + 13/5,

Phi4(x, y) = x/10 − 2y/5 + xy/5 − x^2/10 + 1/5,

Phi5(x, y) = x^2/10 − xy/5 − x/10 + y^2/8 − y/10 + 7/40,

Phi6(x, y) = 3x/10 + 13y/10 + xy/10 − $2x^2$/15 − y^2/4 − 79/60;

各结点形函数对 x **的偏导数表达式如下:**

Phi1_x(x, y) = 4x/15 − y/10 − 3/10,

Phi2_x(x, y) = 17/10 − y/10 − 2x/5,

Phi3_x(x, y) = 2x/5 + y/10 − 17/10,

Phi4_x(x, y) = y/5 − x/5 + 1/10,

Phi5_x(x, y) = x/5 − y/5 − 1/10,

Phi6_x(x, y) = y/10 − 4x/15 + 3/10;

各结点形函数对 y **的偏导数表达式如下:**

Phi1_y(x, y) = 1/5 − x/10,

Phi2_y(x, y) = y/4 − x/10 − 4/5,

Phi3_y(x, y) = x/10 − 1/5,

Phi4_y(x, y) = x/5 − 2/5,

Phi5_y(x, y) = y/4 − x/5 − 1/10,

Phi6_y(x, y) = x/10 − y/2 + 13/10.

(2) 继续运行指令:

```
Phi_sum = Phi1 + Phi2 + Phi3 + Phi4 + Phi5 + Phi6,
```

得到所有结点形函数的和:

```
Phi_sum(x, y) = 1
```

可见,形函数满足单位分解特性。

(3) 继续运行指令:

```
Phi = [Phi1(3,3),Phi2(3,3),Phi3(3,3),Phi4(3,3),Phi5(3,3),Phi6(3,3)],
```

得到计算点的形函数行阵：

```
Phi = [1/15, 2/5, -2/5, 1/5, -1/5, 14/15];
```

继续运行指令：

```
Phi_x = [Phi1_x(3,3),Phi2_x(3,3),Phi3_x(3,3),Phi4_x(3,3),Phi5_x(3,3),Phi6_x(3,3)],
```

得到计算点的形函数对 x 的偏导数行阵：

```
Phi_x = [1/5, 1/5, -1/5, 1/10, -1/10, -1/5];
```

继续运行指令：

```
Phi_y = [Phi1_y(3,3),Phi2_y(3,3),Phi3_y(3,3),Phi4_y(3,3),Phi5_y(3,3),Phi6_y(3,3)],
```

得到计算点的形函数对 y 的偏导数行阵：

```
Phi_y = [-1/10, -7/20, 1/10, 1/5, 1/20, 1/10].
```

（4）继续运行指令：

```
u = Phi * U,
```

得到计算点的函数值：

```
u = 18;
```

继续运行指令：

```
u_x = Phi_x * U,
```

得到计算点的函数对 x 的偏导数的值：

```
u_x = 6;
```

继续运行指令：

```
u_y = Phi_y * U,
```

得到计算点的函数对 y 的偏导数的值：

```
u_y = 6.
```

10.3.2　加权最小二乘法

若局部支持域中的结点个数 n 大于基函数个数 m，则方程式(10-6)中的结点基函数矩阵 P 不是方形矩阵，不能直接求出待定系数列阵 a。

由于 $n>m$，式(10-6)中的方程个数大于待求量个数，则属于超定方程组。超定方程组可利用加权最小二乘法近似求解，具体过程如下：

定义误差

$$J = \sum_{i=1}^{n} w_i [p^{\mathrm{T}}(x_i)a - u_i]^2, \tag{10-10}$$

其中,$\boldsymbol{a}=[a_1,a_2,\cdots,a_m]^{\mathrm{T}}$——待定系数列阵($m$ 行);

$\qquad m$——待定系数个数,即基函数个数;

$\qquad \boldsymbol{x}_i$——结点 i 的坐标;

$\qquad u_i$——结点 i 的场函数;

$\qquad w_i$——结点 i 的加权系数;

$\qquad \boldsymbol{p}(\boldsymbol{x}_i)$——结点 i 的基函数列阵(m 行);

$\qquad i=1,2,\cdots,n$——局部支持域内结点编号;

$\qquad n$——支持域内结点个数,大于待定系数个数 m。

需要说明的是,式(10-10)中的加权系数 w_i 是常数,它反映支持域中不同结点对函数近似的影响程度的不同。远处结点对函数近似的影响作用较小,加权系数取值应小一些;而近处结点影响作用较大,加权系数取值应大一些。

误差 J 取极小值的条件为

$$\frac{\partial J}{\partial \boldsymbol{a}}=\boldsymbol{0}, \tag{10-11}$$

其中,$\boldsymbol{a}=[a_1,a_2,\cdots,a_m]^{\mathrm{T}}$——待定系数列阵($m$ 行);

$\qquad J$——式(10-10)定义的误差。

将式(10-10)代入式(10-11)得

$$\left[\sum_{i=1}^{n}\boldsymbol{p}(\boldsymbol{x}_i)w_i\boldsymbol{p}^{\mathrm{T}}(\boldsymbol{x}_i)\right]\boldsymbol{a}=\sum_{i=1}^{n}\boldsymbol{p}(\boldsymbol{x}_i)w_i u_i。 \tag{10-12}$$

式(10-12)等号两边的求和项可分别改写为

$$\sum_{i=1}^{n}\boldsymbol{p}(\boldsymbol{x}_i)w_i\boldsymbol{p}^{\mathrm{T}}(\boldsymbol{x}_i)=\boldsymbol{P}^{\mathrm{T}}\boldsymbol{W}\boldsymbol{P}=\boldsymbol{A} \tag{10-13a}$$

和

$$\sum_{i=1}^{n}\boldsymbol{p}(\boldsymbol{x}_i)w_i u_i=\boldsymbol{P}^{\mathrm{T}}\boldsymbol{W}\boldsymbol{U}=\boldsymbol{B}\boldsymbol{U}, \tag{10-13b}$$

其中,

$$\boldsymbol{P}=\begin{bmatrix}\boldsymbol{p}(\boldsymbol{x}_1)\\\boldsymbol{p}(\boldsymbol{x}_2)\\\vdots\\\boldsymbol{p}(\boldsymbol{x}_n)\end{bmatrix}$$——结点基函数矩阵(n 行,m 列);

$\boldsymbol{U}=[u_1,u_2,\cdots,u_n]^{\mathrm{T}}$——结点函数列阵($n$ 行);

$$\boldsymbol{W}=\begin{bmatrix}w_1 & 0 & \cdots & 0\\0 & w_2 & \cdots & 0\\\vdots & \vdots & & \vdots\\0 & 0 & \cdots & w_n\end{bmatrix}$$——加权系数矩阵(n 行,n 列);

$\boldsymbol{A}=\boldsymbol{P}^{\mathrm{T}}\boldsymbol{W}\boldsymbol{P}$——结点基函数加权方形矩阵($m$ 行,m 列);

$\boldsymbol{B}=\boldsymbol{P}^{\mathrm{T}}\boldsymbol{W}$——结点基函数加权矩阵($m$ 行,n 列)。

n——结点个数,

m——基函数个数,小于结点个数 n。

将式(10-13a)和式(10-13b)代入式(10-12)得

$$Aa = BU。\tag{10-14}$$

由于加权系数 w_i 为常数,因此全系数矩阵 W 为常数矩阵。此外,结点基函数矩阵 P 也是常数矩阵,因此可知矩阵 A 和 B 都为常数矩阵。

根据式(10-14)得 $a = A^{-1}BU$,将其代入场函数近似表达式(10-5),得

$$u(x) = p^{\mathrm{T}}(x)A^{-1}BU = \boldsymbol{\Phi}(x)U,\tag{10-15}$$

其中,

$$\begin{aligned}\boldsymbol{\Phi}(x) &= p^{\mathrm{T}}(x)A^{-1}B \\ &= [\phi_1(x),\phi_2(x),\cdots,\phi_n(x)]\end{aligned}$$
——形函数行阵(n 列);

$$p(x) = [p_1(x),p_2(x),\cdots,p_m(x)]^{\mathrm{T}}$$——基函数列阵(m 行)。

根据式(10-15)可以得到形函数的偏导数,其中 1、2 阶偏导数的具体表达式为

$$\left.\begin{aligned}\boldsymbol{\Phi}_{,k} &= p_{,k}^{\mathrm{T}}(x)A^{-1}B \\ \boldsymbol{\Phi}_{,kl} &= p_{,kl}^{\mathrm{T}}(x)A^{-1}B\end{aligned}\right\},\tag{10-16}$$

其中,$\boldsymbol{\Phi}_{,k} = [\phi_{1,k}(x),\phi_{2,k}(x),\cdots,\phi_{n,k}(x)]$——形函数的 1 阶偏导数行阵($n$ 列);

$\boldsymbol{\Phi}_{,kl} = [\phi_{1,kl}(x),\phi_{2,kl}(x),\cdots,\phi_{n,kl}(x)]$——形函数的 2 阶偏导数行阵($n$ 列);

$k,l = x,y,z$——空间坐标;

$p(x) = [p_1(x),p_2(x),\cdots,p_n(x)]^{\mathrm{T}}$——基函数列阵($n$ 行);

$A = P^{\mathrm{T}}WP$——方形矩阵(m 行,m 列);

$B = P^{\mathrm{T}}W$——矩阵(m 行 n 列);

$$P = \begin{bmatrix} p_1(x_1), & p_2(x_1), & \cdots, & p_m(x_1) \\ p_1(x_2), & p_2(x_2), & \cdots, & p_m(x_2) \\ \vdots & \vdots & & \vdots \\ p_1(x_n), & p_2(x_n), & \cdots, & p_m(x_n) \end{bmatrix}$$——结点基函数矩阵(n 行,m 列);

$$W = \begin{bmatrix} w_1 & 0 & \cdots & 0 \\ 0 & w_2 & \cdots & 0 \\ \vdots & \vdots & & \vdots \\ 0 & 0 & \cdots & w_n \end{bmatrix}$$——加权系数矩阵(n 行,n 列)。

加权系数 w_i 的选取是加权最小二乘法的关键。加权系数的选取有多种方案,具体内容在 10.3.4 节中介绍。例如,四次样条加权系数的计算式为

$$w_i(x) = 1 - 6\left(\frac{d}{\delta}\right)^2 + 8\left(\frac{d}{\delta}\right)^3 - 3\left(\frac{d}{\delta}\right)^4, \quad \frac{d}{\delta} \leqslant 1,$$

$$w_i(x) = 0, \qquad\qquad\qquad\qquad\qquad \frac{d}{\delta} > 1。$$

其中,$w_i(x)$——加权系数;

d——计算点 x 与结点 x_i 之间的距离;

δ——支持域尺寸。

实践 10-2

【例 10-2】　局部支持域内的结点坐标列于表 10-2 中，取 2 次完备多项式基函数，计算点坐标为 $(0, 1)$。求各结点的加权系数和形函数。

表 10-2　例 10-2 表

i	1	2	3	4	5	6	7	8	9	10	11	12
x_i	2	$\sqrt{3}$	1	0	-1	$-\sqrt{3}$	-2	$-\sqrt{3}$	-1	0	1	$\sqrt{3}$
y_i	0	1	$\sqrt{3}$	2	$\sqrt{3}$	1	0	-1	$-\sqrt{3}$	-2	$-\sqrt{3}$	-1

【解】　编写 MATLAB 程序 ex1002.m，内容如下：

```
clear;
clc;
nxy = [2,3^(1/2), 1, 0, -1, -3^(1/2), -2, -3^(1/2), ...
                            -1, 0, 1, 3^(1/2);...
           0,1, 3^(1/2), 2, 3^(1/2), 1, 0, -1, ...
                            -3^(1/2), -2, -3^(1/2), -1];
xy = [0; 1];
for i = 1:12
    d(i) = norm(nxy(:,i) - xy);
end
dt = max(d);
for i = 1:12
    w(i) = 1 - 6 * (d(i)/dt)^2 + 8 * (d(i)/dt)^3 - ...
                        3 * (d(i)/dt)^4;
end
for i = 1:12
    xi = nxy(1,i);
    yi = nxy(2,i);
    P(i,:) = [1, xi, yi, xi^2, xi * yi, yi^2];
end
W = diag(w)
A = P' * W * P;
B = P' * W;
x = xy(1);
y = xy(2);
pT = [1, x, y, x^2, x * y, y^2];
Phi = pT/A * B
```

运行程序 ex1002.m，得到各结点的加权系数：

```
w = [0.0534, 0.2063, 0.4527, 0.5926, 0.4527, 0.2063, 0.0534, 0.006, 0.0001, 0, 0.0001,
0.006]
```

各结点的形函数：

```
Phi = [0.0312, 0.0156, 0.125, 0.5, 0.125, -0.0781, -0.0625, 0.0029, 0.0003, 0, 0.0005,
0.0186]
```

10.3.3　径向基插值法

使用多项式插值法时由于采用多项式基函数,容易出现结点基函数矩阵 P 的奇异性问题。而使用径向基插值法可有效解决这一问题。具体介绍如下。

利用径向基插值法,将问题域中的场函数近似表示为

$$u(\boldsymbol{x}) \approx \sum_{i=1}^{n} r_i(\boldsymbol{x}) a_i + \sum_{j=1}^{m} p_j(\boldsymbol{x}) b_j = \boldsymbol{r}^{\mathrm{T}}(\boldsymbol{x}) \boldsymbol{a} + \boldsymbol{p}^{\mathrm{T}}(\boldsymbol{x}) \boldsymbol{b}, \tag{10-17}$$

其中, $\boldsymbol{r}(\boldsymbol{x}) = [r_1(\boldsymbol{x}), r_2(\boldsymbol{x}), \cdots, r_n(\boldsymbol{x})]^{\mathrm{T}}$ ——径向基函数列阵(n 行);

$r_i(\boldsymbol{x})$ ——结点 i 的径向基函数;

$\boldsymbol{a} = [a_1, a_2, \cdots, a_n]^{\mathrm{T}}$ ——径向基待定系数列阵(n 行);

$i = 1, 2, \cdots, n$ ——局部支持域内的结点编号;

n ——局部支持域内的结点个数,即径向基函数个数;

$\boldsymbol{p}(\boldsymbol{x}) = [p_1(\boldsymbol{x}), p_2(\boldsymbol{x}), \cdots, p_m(\boldsymbol{x})]^{\mathrm{T}}$ ——多项式基函数列阵(m 行);

$\boldsymbol{b} = [b_1, b_2, \cdots, b_m]^{\mathrm{T}}$ ——多项式基待定系数列阵(m 行);

$j = 1, 2, \cdots, m$ ——多项式基函数的个数。

在场函数近似表达式(10-17)中,如果 $m = 0$ 则为单纯径向基插值法,否则为添加多项式基函数的径向基插值法。

将支持域内的 n 个结点的坐标代入场函数近似表达式(10-17),得

$$\boldsymbol{U} = \boldsymbol{R}\boldsymbol{a} + \boldsymbol{P}\boldsymbol{b}, \tag{10-18}$$

其中, $\boldsymbol{U} = [u_1, u_2, \cdots, u_n]^{\mathrm{T}}$ ——结点函数列阵(n 行);

$$\boldsymbol{R} = \begin{bmatrix} r_1(\boldsymbol{x}_1), & r_2(\boldsymbol{x}_1), & \cdots, & r_n(\boldsymbol{x}_1) \\ r_1(\boldsymbol{x}_2), & r_2(\boldsymbol{x}_2), & \cdots, & r_n(\boldsymbol{x}_2) \\ \vdots & \vdots & & \vdots \\ r_1(\boldsymbol{x}_n), & r_2(\boldsymbol{x}_n), & \cdots, & r_n(\boldsymbol{x}_n) \end{bmatrix} \text{——结点径向基函数方形矩阵(} n \text{ 行,} n \text{ 列);}$$

$$\boldsymbol{P} = \begin{bmatrix} p_1(\boldsymbol{x}_1), & p_2(\boldsymbol{x}_1), & \cdots, & p_m(\boldsymbol{x}_1) \\ p_1(\boldsymbol{x}_2), & p_2(\boldsymbol{x}_2), & \cdots, & p_m(\boldsymbol{x}_2) \\ \vdots & \vdots & & \vdots \\ p_1(\boldsymbol{x}_n), & p_2(\boldsymbol{x}_n), & \cdots, & p_m(\boldsymbol{x}_n) \end{bmatrix} \text{——结点多项式基函数矩阵(} n \text{ 行,} m \text{ 列)。}$$

方程组式(10-18)中含有 n 个方程,但包含 $n+m$ 个待求量,因此需要寻找 m 个补充方程才能求解 $n+m$ 个待求量。可使用下面 m 个约束条件,建立 m 个补充方程,即

$$\boldsymbol{P}^{\mathrm{T}} \boldsymbol{a} = \boldsymbol{0}, \tag{10-19}$$

其中,

$$\boldsymbol{P} = \begin{bmatrix} p_1(\boldsymbol{x}_1), & p_2(\boldsymbol{x}_1), & \cdots, & p_m(\boldsymbol{x}_1) \\ p_1(\boldsymbol{x}_2), & p_2(\boldsymbol{x}_2), & \cdots, & p_m(\boldsymbol{x}_2) \\ \vdots & \vdots & & \vdots \\ p_1(\boldsymbol{x}_n), & p_2(\boldsymbol{x}_n), & \cdots, & p_m(\boldsymbol{x}_n) \end{bmatrix} \text{——结点多项式基函数矩阵(} n \text{ 行,} m \text{ 列);}$$

$\boldsymbol{a} = [a_1, a_2, \cdots, a_n]^{\mathrm{T}}$ ——径向基待定系数列阵(n 行)。

将方程式(10-18)和式(10-19)合并,得

$$Ga' = U',\qquad(10\text{-}20)$$

其中,

$$a' = \begin{bmatrix} a \\ b \end{bmatrix}\qquad\qquad\text{——扩展待定系数列阵}(n+m\text{ 行});$$

$$= [a_1, a_2, \cdots, a_n, b_1, b_2, \cdots, b_m]^{\mathrm{T}}$$

$$U' = \begin{bmatrix} U \\ 0 \end{bmatrix}\qquad\qquad\text{——扩展结点函数列阵}(n+m\text{ 行});$$

$$= [u_1, u_2, \cdots, u_n, 0, 0, \cdots, 0]^{\mathrm{T}}$$

$$G = \begin{bmatrix} R & P \\ P^{\mathrm{T}} & 0 \end{bmatrix}\text{——扩展结点基函数方形矩阵}(n+m\text{ 行}\ n+m\text{ 列})。$$

根据式(10-20)可得

$$a' = G^{-1}U'。\qquad(10\text{-}21)$$

将式(10-17)改写为

$$u(x) = [r^{\mathrm{T}}(x), p^{\mathrm{T}}(x)]a'。\qquad(10\text{-}22)$$

将式(10-21)代入式(10-22)得

$$u(x) = [r^{\mathrm{T}}(x), p^{\mathrm{T}}(x)]G^{-1}U' = \Phi'U',\qquad(10\text{-}23)$$

其中,

$$\Phi' = [r^{\mathrm{T}}(x), p^{\mathrm{T}}(x)]G^{-1}$$

$$= [\phi_1(x), \phi_2(x), \cdots, \phi_n(x), \phi_{n+1}(x), \phi_{n+2}(x), \cdots, \phi_{n+m}(x)]$$

$$\text{——形函数扩展行阵}(n+m\text{ 列});$$

$$U' = \begin{bmatrix} U \\ 0 \end{bmatrix}\qquad\qquad\text{——结点函数扩展列阵}(n+m\text{ 行});$$

$$= [u_1, u_2, \cdots, u_n, 0, 0, \cdots, 0]^{\mathrm{T}}$$

$$G = \begin{bmatrix} R & P \\ P^{\mathrm{T}} & 0 \end{bmatrix}\text{——结点基函数扩展方形矩阵}(n+m\text{ 行}\ n+m\text{ 列})。$$

根据式(10-23)可进一步得

$$u(x) = \Phi U,\qquad(10\text{-}24)$$

其中,$\Phi = [\phi_1(x), \phi_2(x), \cdots, \phi_n(x)]$——形函数列阵($n$ 行);

$U = [u_1, u_2, \cdots, u_n]^{\mathrm{T}}$——结点函数列阵($n$ 行)。

根据式(10-23)求得

$$(\Phi')_{,k} = [r_{,k}^{\mathrm{T}}(x), p_{,k}^{\mathrm{T}}(x)]G^{-1}$$

$$= [(\phi_1)_{,k}, (\phi_2)_{,k}, \cdots, (\phi_n)_{,k}, (\phi_{n+1})_{,k}, (\phi_{n+2})_{,k}, \cdots, (\phi_{n+m})_{,k}]$$

$$\text{——形函数的 1 阶偏导数扩展行阵}(n+m\text{ 列});$$

$$(\Phi')_{,kl} = [r_{,kl}^{\mathrm{T}}(x), p_{,kl}^{\mathrm{T}}(x)]G^{-1}$$

$$= [(\phi_1)_{,kl}, (\phi_2)_{,kl}, \cdots, (\phi_n)_{,kl}, (\phi_{n+1})_{,kl}, (\phi_{n+2})_{,kl}, \cdots, (\phi_{n+m})_{,kl}]$$

$$\text{——形函数的 2 阶偏导数扩展行阵}(n+m\text{ 列})。$$

据此得到形函数的偏导数行阵,即

$$\boldsymbol{\varPhi}_{,k}=\left[(\phi_1)_{,k},(\phi_2)_{,k},\cdots,(\phi_n)_{,k}\right]\text{——形函数的 1 阶偏导数行阵}(n\text{ 列});$$
$$\boldsymbol{\varPhi}_{,kl}=\left[(\phi_1)_{,kl},(\phi_2)_{,kl},\cdots,(\phi_n)_{,kl}\right]\text{——形函数的 2 阶偏导数行阵}(n\text{ 列})。$$

径向基函数的选择是影响径向基插值法计算精度的重要因素。目前常用的径向基函数可分为两类：含形状参数的典型径向基函数和紧支型径向基函数。

含形状参数的典型径向基函数主要有

$$r_i(\boldsymbol{x})=\left[d^2+(\alpha_c d_c)^2\right]^q,\tag{10-25a}$$

$$r_i(\boldsymbol{x})=\exp\left[-\alpha_c\left(\frac{d}{d_c}\right)^2\right],\tag{10-25b}$$

$$r_i(\boldsymbol{x})=d^\eta,\tag{10-25c}$$

$$r_i(\boldsymbol{x})=d^\eta\ln(d),\tag{10-25d}$$

其中，d_c——支持域的平均结点间距；

α_c,q,η——无量纲形状参数；

d——计算点 $\boldsymbol{x}$ 和结点 $\boldsymbol{x}_i$ 之间的距离。

紧支型径向基函数主要有

$$r_i(\boldsymbol{x})=\left(1-\frac{d}{\delta}\right)^5\left[8+40\frac{d}{\delta}+48\left(\frac{d}{\delta}\right)^2+25\left(\frac{d}{\delta}\right)^3+5\left(\frac{d}{\delta}\right)^4\right],\tag{10-26a}$$

$$r_i(\boldsymbol{x})=\left(1-\frac{d}{\delta}\right)^6\left[6+36\frac{d}{\delta}+82\left(\frac{d}{\delta}\right)^2+72\left(\frac{d}{\delta}\right)^3+30\left(\frac{d}{\delta}\right)^4+5\left(\frac{d}{\delta}\right)^5\right],\tag{10-26b}$$

$$r_i(\boldsymbol{x})=\left(1-\frac{d}{\delta}\right)^4\left(1+4\frac{d}{\delta}\right),\tag{10-26c}$$

$$r_i(\boldsymbol{x})=\left(1-\frac{d}{\delta}\right)^6\left[3+18\frac{d}{\delta}+35\left(\frac{d}{\delta}\right)^2\right],\tag{10-26d}$$

$$r_i(\boldsymbol{x})=\left(1-\frac{d}{\delta}\right)^8\left[1+8\frac{d}{\delta}+25\left(\frac{d}{\delta}\right)^2+32\left(\frac{d}{\delta}\right)^3\right],\tag{10-26e}$$

其中，δ——支持域尺寸；

d——计算点 $\boldsymbol{x}$ 和结点 $\boldsymbol{x}_i$ 之间的距离。

下面以 8 次紧支型径向基函数式(10-26d)为例，介绍径向基函数偏导数的计算方法。

由式(10-26d)可知

$$\frac{\partial r_i}{\partial d}=-6\frac{d}{\delta}\left(1-\frac{d}{\delta}\right)^5\left[3+18\frac{d}{\delta}+35\left(\frac{d}{\delta}\right)^2\right]+\frac{1}{\delta}\left(1-\frac{d}{\delta}\right)^6\left(18+70\frac{d}{\delta}\right);$$

$$\frac{\partial d}{\partial x}=\frac{x-x_i}{d}(d\text{——计算点和结点的间距});$$

$$\frac{\partial d}{\partial y}=\frac{y-y_i}{d}(d\text{——计算点和结点的间距});$$

$$\frac{\partial r_i}{\partial x}=\frac{\partial r_i}{\partial d}\frac{\partial d}{\partial x}=\frac{\partial r_i}{\partial d}\frac{x-x_i}{d};$$

$$\frac{\partial r_i}{\partial y}=\frac{\partial r_i}{\partial d}\frac{\partial d}{\partial y}=\frac{\partial r_i}{\partial d}\frac{y-y_i}{d};$$

$$\frac{\partial^2 r_i}{\partial x^2}=\frac{\partial}{\partial x}\left(\frac{\partial r_i}{\partial x}\right)=\frac{\partial^2 r_i}{\partial d^2}\left(\frac{\partial d}{\partial x}\right)^2+\frac{\partial r_i}{\partial d}\frac{\partial^2 d}{\partial x^2}=\left(\frac{x-x_i}{d}\right)^2\frac{\partial^2 r_i}{\partial d^2}+\frac{1}{d}\frac{\partial r_i}{\partial d};$$

$$\frac{\partial^2 r_i}{\partial y^2} = \frac{\partial}{\partial y}\left(\frac{\partial r_i}{\partial y}\right) = \frac{\partial^2 r_i}{\partial d^2}\left(\frac{\partial d}{\partial y}\right)^2 + \frac{\partial r_i}{\partial d}\frac{\partial^2 d}{\partial y^2} = \left(\frac{y-y_i}{d}\right)^2 \frac{\partial^2 r_i}{\partial d^2} + \frac{1}{d}\frac{\partial r_i}{\partial d};$$

$$\frac{\partial^2 r_i}{\partial x \partial y} = \frac{\partial}{\partial x}\left(\frac{\partial r_i}{\partial y}\right) = \frac{\partial^2 r_i}{\partial d^2}\frac{\partial d}{\partial x}\frac{\partial d}{\partial y} + \frac{\partial r_i}{\partial d}\frac{\partial^2 d}{\partial x \partial y} = \frac{x-x_i}{d}\frac{y-y_i}{d}\frac{\partial^2 r_i}{\partial d^2}\text{。}$$

实践 10-3

【例 10-3】　局部支持域内的结点坐标列于表 10-3 中,径向基函数为式(10-26d),并取 1 次完备多项式基函数,计算点坐标为(0,1)。求各计算点的形函数行阵。

表 10-3　例 10-3 表

i	1	2	3	4	5	6	7	8	9	10	11	12
x_i	2	$\sqrt{3}$	1	0	-1	$-\sqrt{3}$	-2	$-\sqrt{3}$	-1	0	1	$\sqrt{3}$
y_i	0	1	$\sqrt{3}$	2	$\sqrt{3}$	1	0	-1	$-\sqrt{3}$	-2	$-\sqrt{3}$	-1

【解】　编写 MATLAB 程序 ex1003.m,内容如下:

```
clear;
clc;
nxy = [2,3^(1/2), 1, 0, -1, -3^(1/2), -2, ...
            -3^(1/2), -1, 0, 1, 3^(1/2);...
        0,1, 3^(1/2), 2, 3^(1/2), 1, 0, -1, ...
            -3^(1/2), -2, -3^(1/2), -1];
xy = [0; 1];
for i = 1:12
    d(i) = norm(nxy(:,i) - xy);
end
dt = max(d);
for i = 1:12
    for j = 1:12
        d1 = norm(nxy(:,i) - nxy(:,j));
        t = d1/dt;
        R(i,j) = (1-t)^6 * (3+18*t+35*t^2);
    end
end
for i = 1:12
    P(i,:) = [1, nxy(1,i), nxy(2,i)];
end
G = [R, P; P', zeros(3,3)];
for i = 1:12
    t = d(i)/dt;
    rT(i) = (1-t)^6 * (3+18*t+35*t^2)
end
pT = [1, xy(1), xy(2)];
Phi1 = [rT, pT]/G
Phi = Phi1(1,1:12)
```

运行程序 ex1003.m,得到形函数行阵:

```
Phi = [0.0418, 0.0404, 0.1553, 0.3317, 0.1553, 0.0404, 0.0418, 0.0419,
       0.0387, 0.0321, 0.0387, 0.0419]
```

10.3.4 移动最小二乘法

在移动最小二乘法中,将计算点 x 的场函数 $u(x)$ 近似表示为

$$u(x) = \sum_{j=1}^{m} p_j(x)a_j(x) = \boldsymbol{p}^{\mathrm{T}}(x)\boldsymbol{a}(x),\tag{10-27}$$

其中,$\boldsymbol{p}(x)=[p_1(x),p_2(x),\cdots,p_m(x)]^{\mathrm{T}}$——基函数列阵($m$ 行);

$\boldsymbol{a}(x)=[a_1(x),a_2(x),\cdots,a_m(x)]^{\mathrm{T}}$——待定系数列阵($m$ 行);

m——基函数个数,等于待定系数个数。

需要说明的是,在移动最小二乘法中,待定系数与计算点 x 有关,是计算点 x 的函数;而在多项式插值法和最小二乘法中,待定系数是与计算点 x 无关的常量。

设局部支持域内有 n 个结点,将各结点坐标 $x_i(i=1,2,\cdots,n)$ 代入式(10-27)得

$$\boldsymbol{U} = \boldsymbol{P}\boldsymbol{a}(x),\tag{10-28}$$

其中,$\boldsymbol{U}=[u_1,u_2,\cdots,u_n]^{\mathrm{T}}$——结点函数列阵($n$ 行);

$$\boldsymbol{P}=\begin{bmatrix} p_1(x_1), & p_2(x_1), & \cdots, & p_m(x_1) \\ p_1(x_2), & p_2(x_2), & \cdots, & p_m(x_2) \\ \vdots & \vdots & & \vdots \\ p_1(x_n), & p_2(x_n), & \cdots, & p_m(x_n) \end{bmatrix}$$ ——结点基函数矩阵(n 行,m 列);

$\boldsymbol{a}(x)=[a_1(x),a_2(x),\cdots,a_m(x)]^{\mathrm{T}}$——待定系数列阵($m$ 行);

m——待定系数个数,即基函数个数;

n——支持域内结点个数,大于待定系数个数 m。

由于支持域内结点个数 n 大于基函数个数 m,因此无法利用式(10-28)直接求出待定系数列阵 $\boldsymbol{a}(x)$。可使用移动最小二乘法求解式(10-28),具体介绍如下。

定义误差

$$J = \sum_{i=1}^{n} w_i(x)\left[\boldsymbol{p}^{\mathrm{T}}(x_i)\boldsymbol{a}(x) - u_i\right]^2,\tag{10-29}$$

其中,$\boldsymbol{a}(x)=[a_1(x),a_2(x),\cdots,a_m(x)]^{\mathrm{T}}$——待定系数列阵($m$ 行);

m——待定系数个数,即基函数个数;

x_i——结点 i 的坐标;

u_i——结点 i 的场函数;

w_i——结点 i 的加权系数;

$\boldsymbol{p}(x_i)$——结点 i 的基函数列阵(m 行);

$i=1,2,\cdots,n$——局部支持域内结点编号;

n——局部支持域内结点个数,大于待定系数个数 m。

误差 J 取极小值的条件为 $\dfrac{\partial J}{\partial \boldsymbol{a}}=\boldsymbol{0}$,将式(10-29)代入此式,得

$$\left[\sum_{i=1}^{n} \boldsymbol{p}(\boldsymbol{x}_i) w_i(\boldsymbol{x}) \boldsymbol{p}^{\mathrm{T}}(\boldsymbol{x}_i)\right] \boldsymbol{a}(\boldsymbol{x}) = \sum_{i=1}^{n} \boldsymbol{p}(\boldsymbol{x}_i) w_i(\boldsymbol{x}) u_i \text{。} \tag{10-30}$$

式(10-30)的等号左、右两端的求和项可分别表示为

$$\sum_{i=1}^{n} \boldsymbol{p}(\boldsymbol{x}_i) w_i(\boldsymbol{x}) \boldsymbol{p}^{\mathrm{T}}(\boldsymbol{x}_i) = \boldsymbol{P}^{\mathrm{T}} \boldsymbol{W}(\boldsymbol{x}) \boldsymbol{P} = \boldsymbol{A}(\boldsymbol{x}) \tag{10-31a}$$

和

$$\sum_{i=1}^{n} \boldsymbol{p}(\boldsymbol{x}_i) w_i u_i = \boldsymbol{P}^{\mathrm{T}} \boldsymbol{W}(\boldsymbol{x}) \boldsymbol{U} = \boldsymbol{B}(\boldsymbol{x}) \boldsymbol{U}, \tag{10-31b}$$

其中,

$$\boldsymbol{P} = \begin{bmatrix} \boldsymbol{p}^{\mathrm{T}}(\boldsymbol{x}_1) \\ \boldsymbol{p}^{\mathrm{T}}(\boldsymbol{x}_2) \\ \vdots \\ \boldsymbol{p}^{\mathrm{T}}(\boldsymbol{x}_n) \end{bmatrix}$$ ——结点基函数矩阵(n 行,m 列);

$\boldsymbol{U} = [u_1, u_2, \cdots, u_n]^{\mathrm{T}}$——结点函数列阵($n$ 行);

$$\boldsymbol{W}(\boldsymbol{x}) = \begin{bmatrix} w_1(\boldsymbol{x}) & 0 & \cdots & 0 \\ 0 & w_2(\boldsymbol{x}) & \cdots & 0 \\ \vdots & \vdots & & \vdots \\ 0 & 0 & \cdots & w_n(\boldsymbol{x}) \end{bmatrix}$$ ——加权函数方形矩阵(n 行,n 列);

n——结点个数;

m——基函数个数,小于结点个数 n。

将式(10-31a)和式(10-31b)代入式(10-30)得

$$\boldsymbol{A}(\boldsymbol{x}) \boldsymbol{a}(\boldsymbol{x}) = \boldsymbol{B}(\boldsymbol{x}) \boldsymbol{U}, \tag{10-32}$$

其中,

$\boldsymbol{A}(\boldsymbol{x}) = \boldsymbol{P}^{\mathrm{T}} \boldsymbol{W}(\boldsymbol{x}) \boldsymbol{P}$——结点基函数加权方形矩阵($m$ 行,m 列);

$\boldsymbol{B}(\boldsymbol{x}) = \boldsymbol{P}^{\mathrm{T}} \boldsymbol{W}(\boldsymbol{x})$——结点基函数加权矩阵($m$ 行,n 列)。

根据式(10-32)得 $\boldsymbol{a}(\boldsymbol{x}) = \boldsymbol{A}^{-1}(\boldsymbol{x}) \boldsymbol{B}(\boldsymbol{x}) \boldsymbol{U}$,将其代入式(10-27)得

$$u(\boldsymbol{x}) = \boldsymbol{p}^{\mathrm{T}}(\boldsymbol{x}) \boldsymbol{A}^{-1}(\boldsymbol{x}) \boldsymbol{B}(\boldsymbol{x}) \boldsymbol{U} = \boldsymbol{\Phi}(\boldsymbol{x}) \boldsymbol{U}, \tag{10-33}$$

其中,

$$\begin{aligned} \boldsymbol{\Phi}(\boldsymbol{x}) &= \boldsymbol{p}^{\mathrm{T}}(\boldsymbol{x}) \boldsymbol{A}^{-1}(\boldsymbol{x}) \boldsymbol{B}(\boldsymbol{x}) \\ &= [\phi_1(\boldsymbol{x}), \phi_2(\boldsymbol{x}), \cdots, \phi_n(\boldsymbol{x})] \end{aligned}$$ ——形函数行阵(n 列);

$\boldsymbol{p}(\boldsymbol{x}) = [p_1(\boldsymbol{x}), p_2(\boldsymbol{x}), \cdots, p_m(\boldsymbol{x})]^{\mathrm{T}}$——基函数列阵($m$ 行)。

为便于计算形函数的偏导数,将式(10-33)中的形函数 $\boldsymbol{\Phi}(\boldsymbol{x})$ 改写为

$$\boldsymbol{\Phi}(\boldsymbol{x}) = \boldsymbol{\gamma}(\boldsymbol{x}) \boldsymbol{B}(\boldsymbol{x}), \tag{10-34}$$

其中,$\boldsymbol{\gamma}(\boldsymbol{x}) = \boldsymbol{p}^{\mathrm{T}}(\boldsymbol{x}) \boldsymbol{A}^{-1}(\boldsymbol{x})$——替换行阵($m$ 列);

$\boldsymbol{B}(\boldsymbol{x}) = \boldsymbol{P}^{\mathrm{T}} \boldsymbol{W}(\boldsymbol{x})$——结点基函数加权矩阵($m$ 行,n 列);

$\boldsymbol{A}(\boldsymbol{x}) = \boldsymbol{P}^{\mathrm{T}} \boldsymbol{W}(\boldsymbol{x}) \boldsymbol{P}$——结点基函数加权方形矩阵($m$ 行,m 列);

$$W(x) = \begin{bmatrix} w_1(x) & 0 & \cdots & 0 \\ 0 & w_2(x) & \cdots & 0 \\ \vdots & \vdots & & \vdots \\ 0 & 0 & \cdots & w_n(x) \end{bmatrix}$$ ——加权函数矩阵(n 行,n 列)。

根据式(10-34)中的 $\boldsymbol{\gamma}(x)$ 表达式,可进一步得到

$$\boldsymbol{\gamma}(x)A(x) = p^{\mathrm{T}}(x)。 \tag{10-35}$$

根据式(10-34)和式(10-35)可求得形函数的各阶偏导数,其中 1 阶和 2 阶偏导数的具体求解过程如下。

首先,根据式(10-35)可以求得

$$\left. \begin{aligned} \boldsymbol{\gamma}_{,k} &= (p^{\mathrm{T}}_{,k} - \boldsymbol{\gamma}A_{,k})A^{-1} \\ \boldsymbol{\gamma}_{,kl} &= [p^{\mathrm{T}}_{,kl} - (\boldsymbol{\gamma}_{,l}A_{,k} + \boldsymbol{\gamma}A_{,kl} + \boldsymbol{\gamma}_{,k}A_{,l})]A^{-1} \end{aligned} \right\}。 \tag{10-36}$$

然后,再根据式(10-34)和式(10-36),可以求得形函数的 1 阶和 2 阶偏导数,表达式为

$$\left. \begin{aligned} \boldsymbol{\Phi}_{,k} &= \boldsymbol{\gamma}_{,k}B + \boldsymbol{\gamma}B_{,k} \\ \boldsymbol{\Phi}_{,kl} &= \boldsymbol{\gamma}_{,kl}B + \boldsymbol{\gamma}_{,kl}B_{,l} + \boldsymbol{\gamma}_{,l}B_{,k} + \boldsymbol{\gamma}B_{,kl} \end{aligned} \right\}。 \tag{10-37}$$

在移动最小二乘法中,形函数的连续性由基函数的连续性及结点基函数加权方形矩阵 $\boldsymbol{A}$ 和结点基函数加权矩阵 $\boldsymbol{B}$ 的光滑性决定。矩阵 $\boldsymbol{A}$ 和 $\boldsymbol{B}$ 的光滑性由加权函数的光滑性决定。可见加权函数是影响移动最小二乘法的重要因素。

一般而言,加权函数 $w_i(x)$ 应具有如下性质:

(1) 在支持域内 $w_i(x) > 0$;

(2) 在支持域外 $w_i(x) = 0$;

(3) $w_i(x)$ 应足够光滑,尤其是在支持域边界上。

常用的权函数包括:三次样条权函数

$$\left. \begin{aligned} w_i(x) &= \frac{2}{3} - 4\left(\frac{d}{\delta}\right)^2 + 4\left(\frac{d}{\delta}\right)^3, & \frac{d}{\delta} &\leqslant 0.5 \\ w_i(x) &= \frac{4}{3} - 4\left(\frac{d}{\delta}\right) + 4\left(\frac{d}{\delta}\right)^2 - \frac{4}{3}\left(\frac{d}{\delta}\right)^3, & 0.5 < \frac{d}{\delta} &\leqslant 1 \\ w_i(x) &= 0, & \frac{d}{\delta} &> 1 \end{aligned} \right\}, \tag{10-38a}$$

四次样条权函数

$$\left. \begin{aligned} w_i(x) &= 1 - 6\left(\frac{d}{\delta}\right)^2 + 8\left(\frac{d}{\delta}\right)^3 - 3\left(\frac{d}{\delta}\right)^4, & \frac{d}{\delta} &\leqslant 1 \\ w_i(x) &= 0, & \frac{d}{\delta} &> 1 \end{aligned} \right\}, \tag{10-38b}$$

指数型权函数

$$\left. \begin{aligned} w_i(x) &= \exp\left[-\left(\frac{d}{a\delta}\right)^2\right], & \frac{d}{\delta} &\leqslant 1 \\ w_i(x) &= 0, & \frac{d}{\delta} &> 1 \end{aligned} \right\}, \tag{10-38c}$$

其中,δ——支持域尺寸;

α——形状参数；

d——计算点 $\boldsymbol{x}$ 与结点 $\boldsymbol{x}_i$ 之间的距离。

还可以利用通用样条权函数公式构造任意连续阶数的权函数。通用样条权函数公式可表示为

$$\left.\begin{array}{ll} w_i(\boldsymbol{x}) = \sum_{k=0}^{n} C_k \bar{d}^k, & 0 \leqslant \bar{d} \leqslant 1 \\ w_i(\boldsymbol{x}) = 0, & \bar{d} > 1 \end{array}\right\}, \tag{10-39}$$

其中，n——样条函数的阶数；

C_k——待定系数；

$\bar{d} = \dfrac{d}{\delta}$——无量纲参数；

d——计算点 $\boldsymbol{x}$ 与结点 $\boldsymbol{x}_i$ 之间的距离；

δ——支持域尺寸。

例如，四次样条权函数表示为

$$\left.\begin{array}{ll} w_i(\boldsymbol{x}) = C_0 + C_1 \bar{d} + C_2 \bar{d}^2 + C_3 \bar{d}^3 + C_4 \bar{d}^4, & 0 \leqslant \bar{d} \leqslant 1 \\ w_i(\boldsymbol{x}) = 0, & \bar{d} > 1 \end{array}\right\}。$$

确定待定系数 C_0、C_1、C_2、C_3 和 C_4 的条件包括：

(1) 在支持域中心，即 $\bar{d} = 0$ 处，权函数的值为 1；

(2) 在支持域边界，即 $\bar{d} = 1$ 处，权函数及其对 $\bar{d}$ 的 1、2 阶导数都为 0；

(3) 在支持域中心，即 $\bar{d} = 0$ 处，权函数对 $\bar{d}$ 的 1 阶导数为 0。

下面以四次样条权函数式(10-38b)为例，介绍加权函数偏导数的计算过程。

(1) 计算权函数对 d 的偏导数

根据式(10-38b)可得

$$\frac{\partial w_i}{\partial d} = \frac{1}{\delta} \left[24 \left(\frac{d}{\delta} \right)^2 - 12 \frac{d}{\delta} - 12 \left(\frac{d}{\delta} \right)^3 \right] \text{——权函数对 } d \text{ 的 1 阶偏导数；}$$

$$\frac{\partial^2 w_i}{\partial d^2} = \frac{1}{\delta^2} \left[48 \frac{d}{\delta} - 12 - 36 \left(\frac{d}{\delta} \right)^2 \right] \text{——权函数对 } d \text{ 的 2 阶偏导数。}$$

(2) 计算 d 的偏导数

根据 $d^2 = (x - x_i)^2 + (y - y_i)^2$，可得

$$\frac{\partial d}{\partial x} = \frac{x - x_i}{d} \text{——} d \text{ 对 } x \text{ 的 1 阶偏导数；}$$

$$\frac{\partial d}{\partial y} = \frac{y - y_i}{d} \text{——} d \text{ 对 } y \text{ 的 1 阶偏导数；}$$

$$\frac{\partial^2 d}{\partial x^2} = \frac{1}{d} \text{——} d \text{ 对 } x \text{ 的 2 阶偏导数；}$$

$$\frac{\partial^2 d}{\partial y^2} = \frac{1}{d} \text{——} d \text{ 对 } y \text{ 的 2 阶偏导数；}$$

$$\frac{\partial^2 d}{\partial x \partial y}=0\text{——}d \text{ 对 } x \text{、} y \text{ 的 2 阶偏导数。}$$

（3）计算权函数的 1 阶偏导数

$$\frac{\partial w_i}{\partial x}=\frac{\partial w_i}{\partial d}\frac{\partial d}{\partial x}=\frac{\partial w_i}{\partial d}\frac{x-x_i}{d}\text{——权函数对 } x \text{ 的 1 阶偏导数；}$$

$$\frac{\partial w_i}{\partial y}=\frac{\partial w_i}{\partial d}\frac{\partial d}{\partial y}=\frac{\partial w_i}{\partial d}\frac{y-y_i}{d}\text{——权函数对 } y \text{ 的 1 阶偏导数。}$$

（4）计算权函数的 2 阶偏导数

$$\frac{\partial^2 w_i}{\partial x^2}=\frac{\partial}{\partial x}\left(\frac{\partial w_i}{\partial x}\right)=\frac{\partial^2 w_i}{\partial d^2}\left(\frac{\partial d}{\partial x}\right)^2+\frac{\partial w_i}{\partial d}\frac{\partial^2 d}{\partial x^2}$$
$$=\left(\frac{x-x_i}{d}\right)^2\frac{\partial^2 w_i}{\partial d^2}+\frac{1}{d}\frac{\partial w_i}{\partial d}$$

——权函数对 x 的 2 阶偏导数；

$$\frac{\partial^2 w_i}{\partial y^2}=\frac{\partial}{\partial y}\left(\frac{\partial w_i}{\partial y}\right)=\frac{\partial^2 w_i}{\partial d^2}\left(\frac{\partial d}{\partial y}\right)^2+\frac{\partial w_i}{\partial d}\frac{\partial^2 d}{\partial y^2}$$
$$=\left(\frac{y-y_i}{d}\right)^2\frac{\partial^2 w_i}{\partial d^2}+\frac{1}{d}\frac{\partial w_i}{\partial d}$$

——权函数对 y 的 2 阶偏导数；

$$\frac{\partial^2 w_i}{\partial x \partial y}=\frac{\partial}{\partial x}\left(\frac{\partial w_i}{\partial y}\right)=\frac{\partial^2 w_i}{\partial d^2}\frac{\partial d}{\partial x}\frac{\partial d}{\partial y}+\frac{\partial w_i}{\partial d}\frac{\partial^2 d}{\partial x \partial y}$$
$$=\frac{x-x_i}{d}\frac{y-y_i}{d}\frac{\partial^2 w_i}{\partial d^2}$$

——权函数对 x、y 的 2 阶偏导数。

实践 10-4

【例 10-4】 支持域内结点坐标列于表 10-4，权函数取四次样条权函数式（10-38b），计算点坐标为（2，2.5）。使用移动最小二乘法求计算点的形函数行阵。

表 10-4　例 10-4 表

i	1	2	3	4	5	6	7	8	9
x_i	1	1	1	2	2	2	3	3	3
y_i	1	2	3	1	2	3	1	2	3

【解】 编写 MATLAB 程序 ex1004.m，内容如下：

```
clear;
clc;
nxy = [1, 1; ...
       1, 2; ...
       1, 3; ...
       2, 1; ...
       2, 2; ...
       2, 3; ...
       3, 1; ...
       3, 2; ...
       3, 3];
```

```
xy = [2, 2.5];
pT = [1, xy(1), xy(2)];
dt = 4.5;
for i = 1:9
    d = norm(xy - nxy(i,:));
    t = d/dt;
    w(i) = 1 - 6 * t^2 + 8 * t^3 - 3 * t^4;
end
W = diag(w);
for i = 1:9
    P(i,:) = [1, nxy(i,1), nxy(i,2)];
end
A = P' * W * P;
B = P' * W;
Phi = pT/A * B
```

运行程序 ex1004.m,得到计算点的形函数行阵:

```
Phi = [0.0234, 0.1066, 0.1765, 0.0293, 0.1347, 0.2231, 0.0234, 0.1066, 0.1765]
```

习题

习题 **10-1**　简述无网格法中支持域和有限元法中单元的区别。

习题 **10-2**　简述无网格法形函数和有限元法形函数的区别。

习题 **10-3**　简述加权最小二乘法形函数和移动最小二乘法形函数的区别。

习题 **10-4**　简述用多项式插值法构造无网格法形函数的主要局限。

第11章

径向基函数插值无网格法

本章以弹性力学平面问题为例,介绍径向基函数插值无网格法。主要内容包括:位移与应变分析、背景单元分析、系统离散方程等。

11.1　背景网格及其说明

11.1.1　关于背景网格

对于弹性力学问题,可以总势能为泛函,建立径向基函数无网格法。根据弹性力学知识可知,弹性体的总势能可表示为

$$\Pi = \frac{1}{2}\int_{\Omega} \boldsymbol{\varepsilon}^{\mathrm{T}} \boldsymbol{D}\boldsymbol{\varepsilon}\,\mathrm{d}\Omega - \int_{\Omega} \boldsymbol{u}^{\mathrm{T}} \boldsymbol{b}\,\mathrm{d}\Omega - \int_{\Gamma} \boldsymbol{u}^{\mathrm{T}} \boldsymbol{t}\,\mathrm{d}\Gamma, \tag{11-1}$$

其中,$\boldsymbol{\varepsilon}$——应变分量列阵;

$\boldsymbol{D}$——弹性矩阵;

$\boldsymbol{u}$——位移分量列阵;

$\boldsymbol{b}$——体力分量列阵;

$\boldsymbol{t}$——面力分量列阵;

Ω——弹性体的体域;

Γ——弹性体的外表面。

为便于进行总势能表达式(11-1)中的积分运算,利用**背景网格**将弹性体划分为多个**背景单元**,如图11-1所示。根据背景单元可将弹性体的总势能表达式(11-1)改写为

$$\Pi = \sum_{e=1}^{M} \Pi_e, \tag{11-2}$$

其中,M——背景单元总数;

Π_e——背景单元的总势能;

$e=1,2,\cdots,M$——背景单元编号。

背景单元的总势能可表示为

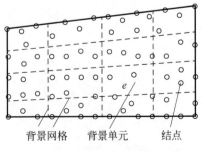

图 11-1　背景网格、背景单元和结点

$$\Pi_e = \frac{1}{2}\int_{\Omega_e}\boldsymbol{\varepsilon}^{\mathrm{T}}\boldsymbol{D}\boldsymbol{\varepsilon}\,\mathrm{d}\Omega - \int_{\Omega_e}\boldsymbol{u}^{\mathrm{T}}\boldsymbol{b}\,\mathrm{d}\Omega - \int_{\Gamma_e}\boldsymbol{u}^{\mathrm{T}}\boldsymbol{t}\,\mathrm{d}\Gamma,\tag{11-3}$$

其中，$\boldsymbol{\varepsilon}$——应变分量列阵；

$\quad\boldsymbol{D}$——弹性矩阵；

$\quad\boldsymbol{u}$——位移分量列阵；

$\quad\boldsymbol{b}$——体力分量列阵；

$\quad\boldsymbol{t}$——面力分量列阵；

$\quad\Omega_e$——背景单元的体域；

$\quad\Gamma_e$——背景单元的外表面。

11.1.2　背景网格的说明

无网格法中的背景网格、背景单元与有限元法中的网格、单元是不同的概念，它们有着本质区别。无网格法中的背景网格的划分、背景单元的形成都和结点无关，如图 11-1 所示；而在有限元法中，所有结点都在形成网格的线上，且每个单元都包含着固定的结点信息。无网格法中的背景网格和背景单元与无网格法形函数的建立没有任何关系，也不影响系统离散方程的规模。

无网格法中的背景网格只是为了方便积分运算而划分的，对背景网格中的结点没有特别要求，只要保证所有背景单元不重叠且覆盖整个问题域即可。有限元法中的网格则要求相邻的单元有共同的结点。

例如，图 11-2 中的网格可作为无网格法的背景网格，但不能作为有限元法中的网格，因为它不满足相邻的单元需要有共同的结点这一基本要求。可见无网格法中的背景网格比有限元法中的网格更灵活、更容易生成。

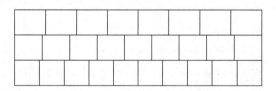

图 11-2　无网格法的背景网格

11.2　位移分析与应变分析

11.2.1　位移分析

对于弹性力学平面问题，利用径向基函数无网格法，可将弹性体内坐标为 $\boldsymbol{x}$ 的计算点的位移分量近似表示为

$$\boldsymbol{u}(\boldsymbol{x}) \approx \sum_{i=1}^{n}\boldsymbol{N}_i(\boldsymbol{x})\boldsymbol{u}_i = \boldsymbol{N}_s(\boldsymbol{x})\boldsymbol{a}_s,\tag{11-4}$$

其中, $\boldsymbol{u} = \begin{bmatrix} u \\ v \end{bmatrix}$ ——位移分量列阵；

$\boldsymbol{N}_s = [\boldsymbol{N}_1, \boldsymbol{N}_2, \cdots, \boldsymbol{N}_n]$ ——支持域形函数矩阵；

$\boldsymbol{N}_i = \begin{bmatrix} \phi_i & 0 \\ 0 & \phi_i \end{bmatrix}$ ——支持域形函数矩阵的子矩阵；

ϕ_i ——结点 i 的形函数,根据径向基插值法确定；

$i = 1, 2, \cdots, n$ ——支持域内结点编号；

$\boldsymbol{a}_s = \begin{bmatrix} \boldsymbol{u}_1 \\ \boldsymbol{u}_2 \\ \vdots \\ \boldsymbol{u}_n \end{bmatrix}$ ——支持域结点位移分量列阵；

$\boldsymbol{u}_i = \begin{bmatrix} u_i \\ v_i \end{bmatrix}$ ——支持域结点位移分量列阵的子列阵。

需要说明的是,无网格法中的形函数是基于计算点的支持域内的结点确定的；而有限元法中的形函数是基于计算点所在的单元的结点确定的。

实践 11-1

【例 11-1】 图 11-3 所示平面弹性结构的无网格离散结构,○代表结点,×代表计算点,计算点坐标为 $(4.3, 3.3)$,圆形支持域尺寸 $d_s = 1.4$。利用径向基函数插值法确定计算点的支持域,并计算支持域形函数矩阵 $\boldsymbol{N}_s$。

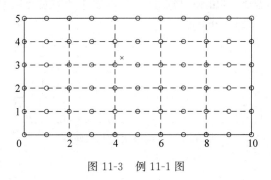

图 11-3 例 11-1 图

【解】 编写 MATLAB 程序 ex1101.m,内容如下：

```
clear;
clc;
x = 0:10;
y = 0:5;
[X,Y] = meshgrid(x,y);
plot(X,Y,'ko');
grid on
axis equal
axis tight
hold on
xy = [4.3,3.3];
```

```
plot(xy(1),xy(2),'rx')
[m,n] = size(X);
for i = 1:m * n
    NXY(i,:) = [X(i),Y(i)];
end
ds = 1.4;
support = FunSupport_C2D(xy,NXY,ds);
nxy = NXY(support,:);
plot(nxy(:,1),nxy(:,2),'b * ')
% Phi = FunShape_PIM6n2D(nxy, xy);
dt = 1.2 * ds;
Phi = FunShape_RPIM2D(xy, nxy, dt);
n = size(nxy,1);
Ns = zeros(2,2 * n);
for i = 1:n
    Ns(1,2 * i - 1) = Phi(i);
    Ns(2,2 * i) = Phi(i);
end
```

运行程序 ex1101.m，得到图 11-4 所示计算点的支持域(用 * 号标记)和形函数矩阵

```
Ns =
    0.26   0.00   0.26   0.00   0.05   0.00   - 0.12    0.00   - 0.12    0.00   0.67   0.00
    0.00   0.26   0.00   0.26   0.00   0.05    0.00   - 0.12    0.00   - 0.12   0.00   0.67
```

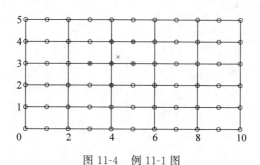

图 11-4　例 11-1 图

11.2.2　应变分析

将位移分量的近似表达式(11-4)代入弹性力学平面问题的几何方程式(4-2)，得到坐标为 x 的计算点的应变分量表达式

$$\boldsymbol{\varepsilon}(\boldsymbol{x}) = \sum_{i=1}^{n} \boldsymbol{B}_i \boldsymbol{u}_i = \boldsymbol{B}_s \boldsymbol{a}_s, \tag{11-5}$$

其中，

$$\boldsymbol{\varepsilon} = \begin{bmatrix} \varepsilon_x \\ \varepsilon_y \\ \gamma_{xy} \end{bmatrix} \text{——应变分量列阵;}$$

$$\boldsymbol{B}_s = [\boldsymbol{B}_1, \boldsymbol{B}_2, \cdots, \boldsymbol{B}_n] \text{——支持域应变矩阵;}$$

$$\boldsymbol{B}_i = \begin{bmatrix} \dfrac{\partial \phi_i}{\partial x} & 0 \\[2mm] 0 & \dfrac{\partial \phi_i}{\partial y} \\[2mm] \dfrac{\partial \phi_i}{\partial y} & \dfrac{\partial \phi_i}{\partial x} \end{bmatrix}$$ ——支持域应变矩阵的子矩阵；

$i=1,2,\cdots,n$——支持域内结点编号；

$$\boldsymbol{a}_s = \begin{bmatrix} \boldsymbol{u}_1 \\ \boldsymbol{u}_2 \\ \vdots \\ \boldsymbol{u}_n \end{bmatrix}$$ ——支持域结点位移分量列阵；

$$\boldsymbol{u}_i = \begin{bmatrix} u_i \\ v_i \end{bmatrix}$$ ——支持域结点位移分量列阵的子列阵。

实践 11-2

【例 11-2】　图 11-5 所示为平面弹性结构的无网格离散结构，○代表结点，×代表计算点，计算点坐标为(15,10)，圆形支持域尺寸 $d_s=3$。利用径向基函数插值法，确定计算点的支持域，并计算支持域应变矩阵。

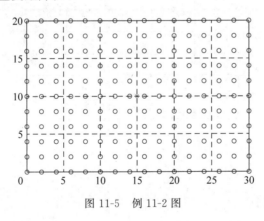

图 11-5　例 11-2 图

【解】　编写 MATLAB 程序 ex1102.m，内容如下：

```
clear;
clc;
x = 0:2:30;
y = 0:2:20;
[X,Y] = meshgrid(x,y);
plot(X,Y,'ko');
grid on
axis equal
axis tight
hold on
xy = [15,10];
plot(xy(1),xy(2),'rx')
```

```
[m,n] = size(X);
for i = 1:m * n
    NXY(i,:) = [X(i),Y(i)];
end
ds = 3;
support = FunSupport_C2D(xy,NXY,ds);
nxy = NXY(support,:);
plot(nxy(:,1),nxy(:,2),'b * ')
dt = 1.2 * ds;
[Phi_x,Phi_y] = FunShapePD1_RPIM2D(xy, nxy, dt);
n = size(nxy,1);
Bs = zeros(3,2 * n);
for i = 1:n
    Bs(1,2 * i - 1) = Phi_x(i);
    Bs(2,2 * i) = Phi_y(i);
    Bs(3,2 * i - 1) = Phi_y(i);
    Bs(3,2 * i) = Phi_x(i);
end
```

运行程序 ex1102.m，得到图 11-6 所示支持域（用 * 号标记）和应变矩阵

```
Bs =
    0.07    0.00  - 0.65    0.00    0.07    0.00  - 0.07    0.00    0.65    0.00  - 0.07    0.00
    0.00  - 0.13    0.00    0.00    0.00    0.13    0.00  - 0.13    0.00  - 0.00    0.00    0.13
  - 0.13    0.07    0.00  - 0.65    0.13    0.07  - 0.13  - 0.07  - 0.00    0.65    0.13  - 0.07
```

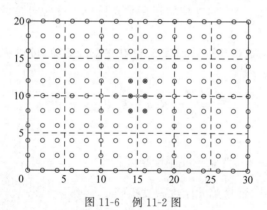

图 11-6　例 11-2 图

11.3　背景单元分析

11.3.1　背景单元的总势能

将位移分量表达式(11-4)和应变分量表达式(11-5)代入背景单元的总势能表达式(11-3)，得

$$\Pi_e = \frac{1}{2}\int_{\Omega_e} \boldsymbol{a}_s^{\mathrm{T}}(\boldsymbol{B}_s^{\mathrm{T}}\boldsymbol{D}\boldsymbol{B}_s)\boldsymbol{a}_s\,\mathrm{d}\Omega - \int_{\Omega_e}\boldsymbol{a}_s^{\mathrm{T}}(\boldsymbol{N}_s^{\mathrm{T}}\boldsymbol{b})\mathrm{d}\Omega - \int_{\Gamma_e}\boldsymbol{a}_s^{\mathrm{T}}(\boldsymbol{N}_s^{\mathrm{T}}\boldsymbol{t})\mathrm{d}\Gamma,\qquad(11\text{-}6\mathrm{a})$$

其中，$\boldsymbol{k}_s = \boldsymbol{B}_s^{\mathrm{T}}\boldsymbol{D}\boldsymbol{B}_s$——支持域刚度密度矩阵；

　　$\boldsymbol{a}_s$——支持域结点位移分量列阵；

B_s——支持域应变矩阵；

N_s——支持域形函数矩阵。

为便于数值计算，将式(11-6a)改写为

$$\varPi_e = \frac{1}{2}\int_{\varOmega_e} \boldsymbol{a}^{\mathrm{T}}(\boldsymbol{B}_e^{\mathrm{T}}\boldsymbol{D}\boldsymbol{B}_e)\boldsymbol{a}\,\mathrm{d}\varOmega - \int_{\varOmega_e}\boldsymbol{a}^{\mathrm{T}}(\boldsymbol{N}_e^{\mathrm{T}}\boldsymbol{b})\,\mathrm{d}\varOmega - \int_{\varGamma_e}\boldsymbol{a}^{\mathrm{T}}(\boldsymbol{N}_e^{\mathrm{T}}\boldsymbol{t})\,\mathrm{d}\varGamma, \qquad (11\text{-}6\mathrm{b})$$

其中，

$$\boldsymbol{a} = \begin{bmatrix} \boldsymbol{u}_1 \\ \boldsymbol{u}_2 \\ \vdots \\ \boldsymbol{u}_N \end{bmatrix}$$——整体结点位移分量列阵；

N——问题域内结点总数；

$i=1,2,\cdots,N$——问题域内结点整体编号；

$\boldsymbol{k}_e = \boldsymbol{B}_e^{\mathrm{T}}\boldsymbol{D}\boldsymbol{B}_e$——背景单元刚度密度矩阵；

$\boldsymbol{D}$——弹性矩阵；

$\boldsymbol{B}_e = [\boldsymbol{0},\cdots,\boldsymbol{0},\boldsymbol{B}_1,\boldsymbol{0},\cdots,\boldsymbol{0},\boldsymbol{B}_2,\boldsymbol{0},\cdots,\boldsymbol{0},\boldsymbol{B}_n,\boldsymbol{0},\cdots,\boldsymbol{0}]$——背景单元应变矩阵；

$\boldsymbol{N}_e = [\boldsymbol{0},\cdots,\boldsymbol{0},\boldsymbol{N}_1,\boldsymbol{0},\cdots,\boldsymbol{0},\boldsymbol{N}_2,\boldsymbol{0},\cdots,\boldsymbol{0},\boldsymbol{N}_n,\boldsymbol{0},\cdots,\boldsymbol{0}]$——背景单元形函数矩阵。

需要说明的是，式(11-6b)中的背景单元应变矩阵 $\boldsymbol{B}_e$ 是对式(11-6a)中的支持域应变矩阵 $\boldsymbol{B}_s$ 根据问题域内结点总数 N 和结点整体编号扩维得到的；式(11-6b)中的背景单元形函数矩阵 $\boldsymbol{N}_e$ 是对式(11-6a)中的支持域形函数矩阵 $\boldsymbol{N}_s$ 根据问题域内结点总数 N 和结点整体编号扩维得到的。

式(11-6b)中整体结点位移分量列阵 $\boldsymbol{a}$ 和积分变量无关，可以将其提到积分号外面，因此根据式(11-6b)可以得到

$$\varPi_e = \frac{1}{2}\boldsymbol{a}^{\mathrm{T}}\boldsymbol{K}_e\boldsymbol{a} - \boldsymbol{a}^{\mathrm{T}}\boldsymbol{P}_{be} - \boldsymbol{a}^{\mathrm{T}}\boldsymbol{P}_{te}, \qquad (11\text{-}7)$$

其中，

$\boldsymbol{K}_e = \displaystyle\int_{\varOmega_e}\boldsymbol{k}_e(x)\,\mathrm{d}\varOmega$——背景单元刚度矩阵；

$\boldsymbol{k}_e(x) = \boldsymbol{B}_e^{\mathrm{T}}\boldsymbol{D}\boldsymbol{B}_e$——背景单元刚度密度矩阵；

$\boldsymbol{P}_{be} = \displaystyle\int_{\varOmega_e}\boldsymbol{N}_e^{\mathrm{T}}\boldsymbol{b}\,\mathrm{d}\varOmega$——背景单元体力结点载荷列阵；

$\boldsymbol{P}_{te} = \displaystyle\int_{\varGamma_e}\boldsymbol{N}_e^{\mathrm{T}}\boldsymbol{t}\,\mathrm{d}\varGamma$——背景单元面力结点载荷列阵。

在实际应用中，可通过数值积分(如高斯积分)计算背景单元刚度矩阵、体力结点载荷列阵和面力单元的结点载荷列阵。

实践 11-3

【例 11-3】　图 11-7 所示为平面应力问题弹性结构的无网格离散结构，○代表结点，×代表计算点，计算点坐标为(11,5)，矩形支持域尺寸为 $d_x=3$ 和 $d_y=2$，弹性模量 $E=10$，泊松比 $\mu=0.3$。利用径向基函数插值法求计算点的支持域和背景单元刚度密度矩阵。

【解】　编写 MATLAB 程序 ex1103.m，内容如下：

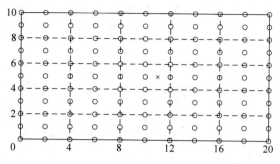

图 11-7　例 11-3 图

```
clear;
clc;
x = 0:2:20;
y = 0:10;
[X,Y] = meshgrid(x,y);
[m,n] = size(X);
for i = 1:m*n
    NXY(i,:) = [X(i),Y(i)];
end
plot(NXY(:,1),NXY(:,2),'ko')
axis equal
axis tight
h = gca;
set(h,'xtick',0:4:20)
set(h,'ytick',0:2:10)
grid on
hold on
xy = [11,5];
plot(xy(1),xy(2),'rx')
dx = 3;
dy = 2;
support = FunSupport_R2D(xy,NXY,dx,dy);
nxy = NXY(support,:);
plot(nxy(:,1),nxy(:,2),'b*')
ds = (dx^2 + dy^2)^0.5;
dt = 1.2*ds;
[Phi_x,Phi_y] = FunShapePD1_RPIM2D(xy, nxy, dt);
n = size(nxy,1);
Bs = zeros(3,2*n);
for i = 1:n
    Bs(1,2*i-1) = Phi_x(i);
    Bs(2,2*i) = Phi_y(i);
    Bs(3,2*i-1) = Phi_y(i);
    Bs(3,2*i) = Phi_x(i);
end
E = 10;
mu = 0.3;
D = [1,mu,0; mu,1,0; 0,0,0.5*(1-mu)];
D = E/(1-mu^2)*D;
ke = Bs'*D*Bs;
```

运行程序 ex1103.m,得到图 11-8 所示支持域(用 * 号标记)和背景单元刚度密度矩阵

ke =

$$
\begin{array}{rrrrrrrrrrrr}
0.35 & -0.18 & -0.76 & 0.67 & -0.13 & -0.01 & 0.13 & 0.01 & 0.76 & -0.67 & -0.35 & 0.18 \\
-0.18 & 0.72 & 0.57 & -0.27 & 0.01 & -0.65 & -0.01 & 0.65 & -0.57 & 0.27 & 0.18 & -0.72 \\
-0.76 & 0.57 & 5.35 & 0.00 & -0.76 & -0.57 & 0.76 & 0.57 & -5.35 & 0.00 & 0.76 & -0.57 \\
0.67 & -0.27 & 0.00 & 1.87 & -0.67 & -0.27 & 0.67 & 0.27 & 0.00 & -1.87 & -0.67 & 0.27 \\
-0.13 & 0.01 & -0.76 & -0.67 & 0.35 & 0.18 & -0.35 & -0.18 & 0.76 & 0.67 & 0.13 & -0.01 \\
-0.01 & -0.65 & -0.57 & -0.27 & 0.18 & 0.72 & -0.18 & -0.72 & 0.57 & 0.27 & 0.01 & 0.65 \\
0.13 & -0.01 & 0.76 & 0.67 & -0.35 & -0.18 & 0.35 & 0.18 & -0.76 & -0.67 & -0.13 & 0.01 \\
0.01 & 0.65 & 0.57 & 0.27 & -0.18 & -0.72 & 0.18 & 0.72 & -0.57 & -0.27 & -0.01 & -0.65 \\
0.76 & -0.57 & -5.35 & 0.00 & 0.76 & 0.57 & -0.76 & -0.57 & 5.35 & 0.00 & -0.76 & 0.57 \\
-0.67 & 0.27 & 0.00 & -1.87 & 0.67 & 0.27 & -0.67 & -0.27 & 0.00 & 1.87 & 0.67 & -0.27 \\
-0.35 & 0.18 & 0.76 & -0.67 & 0.13 & 0.01 & -0.13 & -0.01 & -0.76 & 0.67 & 0.35 & -0.18 \\
0.18 & -0.72 & -0.57 & 0.27 & -0.01 & 0.65 & 0.01 & -0.65 & 0.57 & -0.27 & -0.18 & 0.72 \\
\end{array}
$$

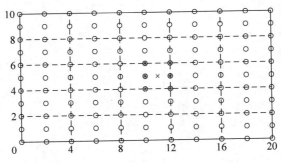

图 11-8   例 11-3 图

11.3.2   背景单元的数值积分

在计算背景单元的刚度矩阵和结点载荷列阵时需要用到数值积分。对于弹性平面问题,以四边形背景积分单元为例,可采用图 11-9 所示的坐标变换,将一般四边形变换为规则四边形,以便于数值积分的计算。

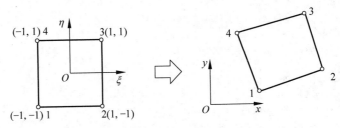

图 11-9   四边形背景单元的坐标变换

图 11-9 所示四边形背景单元的坐标变换可表示为

$$
\left.
\begin{aligned}
x(\xi,\eta) &= x_1 T_1(\xi,\eta) + x_2 T_2(\xi,\eta) + x_3 T_3(\xi,\eta) + x_4 T_4(\xi,\eta) \\
y(\xi,\eta) &= y_1 T_1(\xi,\eta) + y_2 T_2(\xi,\eta) + y_3 T_3(\xi,\eta) + y_4 T_4(\xi,\eta)
\end{aligned}
\right\} ,
\tag{11-8}
$$

其中,x,y——整体坐标;

　　ξ,η——局部坐标;

$$\left.\begin{aligned}T_1(\xi,\eta)&=\frac{1}{4}(1-\xi)(1-\eta)\\[2mm]T_2(\xi,\eta)&=\frac{1}{4}(1+\xi)(1-\eta)\\[2mm]T_3(\xi,\eta)&=\frac{1}{4}(1+\xi)(1+\eta)\\[2mm]T_4(\xi,\eta)&=\frac{1}{4}(1-\xi)(1+\eta)\end{aligned}\right\}$$——坐标变换函数。

图 11-9 所示四边形背景单元的雅可比矩阵表达式为

$$\boldsymbol{J}=\begin{bmatrix}\dfrac{\partial x}{\partial\xi}&\dfrac{\partial y}{\partial\xi}\\[3mm]\dfrac{\partial x}{\partial\eta}&\dfrac{\partial y}{\partial\eta}\end{bmatrix}\text{。}\tag{11-9}$$

将式(11-8)代入式(11-9)得

$$\boldsymbol{J}=\frac{1}{4}\begin{bmatrix}-(1-\eta)&1-\eta&1+\eta&-(1+\eta)\\-(1-\xi)&-(1+\xi)&1+\xi&1-\xi\end{bmatrix}\begin{bmatrix}x_1&y_1\\x_2&y_2\\x_3&y_3\\x_4&y_4\end{bmatrix},\tag{11-10}$$

其中,x_i,$y_i(i=1,2,3,4)$——背景单元结点整体坐标;

　　ξ,η——局部坐标。

在二维情况下,图 11-9 中整体坐标系下面微元 $\mathrm{d}A$ 与局部坐标系下面微元 $\mathrm{d}\xi\mathrm{d}\eta$ 之间的关系为

$$\mathrm{d}A=|\boldsymbol{J}|\,\mathrm{d}\xi\mathrm{d}\eta,\tag{11-11}$$

其中,$|\boldsymbol{J}|$——雅可比矩阵的行列式。

根据式(11-11),可以将式(11-7)中的背景单元刚度矩阵改写为

$$\boldsymbol{K}_e=\int_{-1}^{1}\int_{-1}^{1}\boldsymbol{f}(\xi,\eta)\mathrm{d}\xi\mathrm{d}\eta,\tag{11-12}$$

其中,

　　$\boldsymbol{f}(\xi,\eta)=\boldsymbol{k}_e(\boldsymbol{x})|\boldsymbol{J}|t$——替换刚度函数;

　　$\boldsymbol{k}_e(\boldsymbol{x})=\boldsymbol{B}_e^{\mathrm{T}}\boldsymbol{D}\boldsymbol{B}_e$——背景单元刚度函数;

　　t——单元厚度。

若采用 Gauss 积分,则式(11-12)等号右边的积分可表示为

$$\int_{-1}^{1}\int_{-1}^{1}\boldsymbol{f}(\xi,\eta)\mathrm{d}\xi\mathrm{d}\eta\approx\sum_{j=1}^{n}\sum_{i=1}^{m}G_iG_j\boldsymbol{f}(\xi_i,\eta_j),\tag{11-13}$$

其中,ξ_i,η_j——Gauss 积分点坐标;

　　G_i,G_j——Gauss 积分权系数。

实践 11-4

【例 11-4】 积分面域 A 为图 11-10 中四边形。利用坐标变换法计算定积分

$$I = \int_A (x + y) \mathrm{d}A$$

的值。

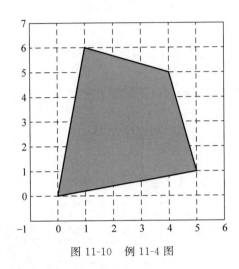

图 11-10   例 11-4 图

【解】 编写 MATLAB 程序 ex1104.m,内容如下:

```
clear;
clc;
nxy = [0,0;5,1;4,5;1,6];
syms r s
T1 = (1 - r) * (1 - s)/4;
T2 = (1 + r) * (1 - s)/4;
T3 = (1 + r) * (1 + s)/4;
T4 = (1 - r) * (1 + s)/4;
x1 = nxy(1,1);
x2 = nxy(2,1);
x3 = nxy(3,1);
x4 = nxy(4,1);
x = T1 * x1 + T2 * x2 + T3 * x3 + T4 * x4;
y1 = nxy(1,2);
y2 = nxy(2,2);
y3 = nxy(3,2);
y4 = nxy(4,2);
y = T1 * y1 + T2 * y2 + T3 * y3 + T4 * y4;
f = (x + y);
I = int(f,r, - 1,1);
I = int(I,s, - 1,1)
```

运行程序 ex1104.m,得到

```
I = 22
```

11.4   系统离散方程

11.4.1   离散方程的建立

将背景单元的总势能表达式(11-7)代入弹性体的总势能表达式(11-2),得

$$\Pi = \frac{1}{2}\boldsymbol{a}^{\mathrm{T}}\boldsymbol{K}\boldsymbol{a} - \boldsymbol{a}^{\mathrm{T}}\boldsymbol{P}^{b} - \boldsymbol{a}^{\mathrm{T}}\boldsymbol{P}^{t}, \tag{11-14}$$

其中,$\boldsymbol{K} = \displaystyle\sum_{e=1}^{M}\boldsymbol{K}_{e}$ —— 整体刚度矩阵;

$\boldsymbol{K}_{e} = \displaystyle\int_{\Omega_{e}}\boldsymbol{k}_{e}(\boldsymbol{x})\mathrm{d}\Omega$ —— 背景单元刚度矩阵;

$\boldsymbol{k}_{e}(\boldsymbol{x}) = \boldsymbol{B}_{e}^{\mathrm{T}}\boldsymbol{D}\boldsymbol{B}_{e}$ —— 背景单元刚度积分函数;

M —— 背景单元总数;

$\boldsymbol{P}^{b} = \displaystyle\sum_{e=1}^{M}\boldsymbol{P}_{e}^{b}$ —— 整体体力结点载荷列阵;

$\boldsymbol{P}_{e}^{b} = \displaystyle\int_{\Omega_{e}}\boldsymbol{N}_{e}^{\mathrm{T}}\boldsymbol{b}\,\mathrm{d}\Omega$ —— 背景单元体力结点载荷列阵;

$\boldsymbol{P}^{t} = \displaystyle\sum_{e=1}^{M}\boldsymbol{P}_{e}^{t}$ —— 整体面力结点载荷列阵;

$\boldsymbol{P}_{e}^{t} = \displaystyle\int_{\Gamma_{e}}\boldsymbol{N}_{e}^{\mathrm{T}}\boldsymbol{t}\,\mathrm{d}\Gamma$ —— 背景单元面力结点载荷列阵;

$\boldsymbol{a} = \begin{bmatrix} \boldsymbol{u}_{1} \\ \boldsymbol{u}_{2} \\ \vdots \\ \boldsymbol{u}_{N} \end{bmatrix}$ —— 问题域内整体结点位移分量列阵。

根据弹性力学的最小势能原理可知,弹性体的总势能取得极小值的条件为

$$\frac{\partial \Pi}{\partial \boldsymbol{a}} = \boldsymbol{0}。 \tag{11-15}$$

将弹性体的总势能表达式(11-14)代入极小值条件(11-15),得到弹性力学平面问题的径向基函数无网格法的系统离散方程

$$\boldsymbol{K}\boldsymbol{a} = \boldsymbol{P}, \tag{11-16}$$

其中,

$\boldsymbol{a} = \begin{bmatrix} \boldsymbol{u}_{1} \\ \boldsymbol{u}_{2} \\ \vdots \\ \boldsymbol{u}_{N} \end{bmatrix}$ —— 整体结点位移分量列阵;

$\boldsymbol{K} = \displaystyle\sum_{e=1}^{M}\boldsymbol{K}_{e}$ —— 整体刚度矩阵;

$$\boldsymbol{K}_e = \int_{\Omega_e} \boldsymbol{k}_e(\boldsymbol{x}) \mathrm{d}\Omega \text{——背景单元刚度矩阵；}$$

$$\boldsymbol{k}_e(\boldsymbol{x}) = \boldsymbol{B}_e^{\mathrm{T}} \boldsymbol{D} \boldsymbol{B}_e \text{——背景单元刚度积分函数；}$$

M——背景单元总数；

$$\boldsymbol{P} = \boldsymbol{P}^b + \boldsymbol{P}^t \text{——整体结点载荷列阵；}$$

$$\boldsymbol{P}^b = \sum_{e=1}^{M} \boldsymbol{P}_e^b \text{——整体体力结点载荷列阵；}$$

$$\boldsymbol{P}_e^b = \int_{\Omega_e} \boldsymbol{N}_e^{\mathrm{T}} \boldsymbol{b} \, \mathrm{d}\Omega \text{——背景单元体力结点载荷列阵；}$$

$$\boldsymbol{P}^t = \sum_{e=1}^{M} \boldsymbol{P}_e^t \text{——整体面力结点载荷列阵；}$$

$$\boldsymbol{P}_e^t = \int_{\Gamma_e} \boldsymbol{N}_e^{\mathrm{T}} \boldsymbol{t} \, \mathrm{d}\Gamma \text{——背景单元面力结点载荷列阵。}$$

求解系统离散方程式(11-16)，可以得到所有结点的结点位移分量，再通过径向基函数插值函数得到整个问题域的位移场。将位移场代入几何方程得到应变场，再将应变场代入物理方程得到应力场。

实践 11-5

【例 11-5】 扇形平面如图 11-11 所示，已知其内半径为 4，外半径为 8。设平均结点间距为 0.5，对该扇形面进行均匀分布结点离散。

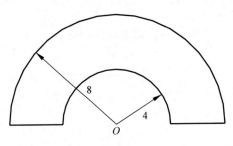

图 11-11   例 11-5 图

【解】 编写 MATLAB 程序 ex1105.m，内容如下：

```
clear;
clc;
Ri = 4;
Ro = 8;
dc = 0.5
R = Ri:0.5:Ro
m = size(R,2)
x = []
y = []
for i = 1:m
    n = fix(pi * R(i)/dc)
    xt = linspace(0,180,n);
    x = [x,R(i) * cosd(xt)];
```

```
        y = [y,R(i) * sind(xt)];
    end
    plot(x,y,'ko')
    axis equal
    axis off
    n = size(x,2)
    NXY = [x',y']
```

运行程序 ex1105.m,得到图 11-12 所示的结点离散结构和结点坐标矩阵 NXY。

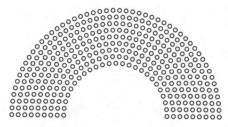

图 11-12　例 11-5 图

11.4.2　位移边界条件的处理

由于径向基函数插值法得到的形函数与有限元法中的形函数一样也具有 δ 特性,因此在利用径向基函数插值无网格法处理位移边界条件时,可采用与有限元法中处理位移边界条件相同的处理方法。在程序设计时常采用如下两类方法。

1. 直接法

若已知结点位移分量 $\bar{a}_i$,可将整体刚度矩阵 $\boldsymbol{K}$ 中与 $\bar{a}_i$ 对应的行和列中的非对角元素 K_{ij} 和 $K_{ji}(j \neq i)$ 改为 0、对角元素 K_{ii} 改为 1,再将整体结点载荷列阵 $\boldsymbol{F}$ 中与 $\bar{a}_i$ 对应的结点载荷分量 F_i 改为 $\bar{a}_i$,其他结点载荷分量 F_j 改为 $F_j - \bar{a}_i K_{ji}$,得到非奇异性简化方程。求解这个简化方程,得到全部结点位移分量,再利用整体刚度方程可进一步得到与 $\bar{a}_i$ 对应的约束反力 $\bar{F}_i$。直接法的具体介绍见 4.6.1 节。

2. 罚函数法

若已知结点位移分量 $\bar{a}_i$,可将整体刚度矩阵 $\boldsymbol{K}$ 中与 $\bar{a}_i$ 对应的对角线元素 K_{ii} 乘一个很大的数 C,再将整体结点载荷列阵 $\boldsymbol{F}$ 中与 $\bar{a}_i$ 对应的元素 P_i 乘以 $CK_{ii}\bar{a}_i$,得到非奇异性简化方程。求解这个简化方程,得到全部结点位移分量,再利用整体刚度方程可进一步得到与 $\bar{a}_i$ 对应的约束反力 $\bar{F}_i$。罚函数法的具体介绍见 4.6.2 节。

实践 11-6

【例 11-6】　扇面结构如图 11-13 所示,其内半径为 3,外半径为 7。设平均结点间距为 1,对该结构进行结点离散,并给出水平边界和竖直边界上的结点坐标。

【解】　编写 MATLAB 程序 ex1106.m,内容如下:

```
clear;
```

```
clc;
Ri = 3;
Ro = 7;
dc = 1
R = Ri:0.5:Ro
m = size(R,2)
x = []
y = []
for i = 1:m
    n = fix(pi * R(i)/dc);
    xt = linspace(0,90,n);
    x = [x,R(i) * cosd(xt)];
    y = [y,R(i) * sind(xt)];
end
plot(x,y,'ko')
axis equal
axis tight
hold on
n = size(x,2)
NXY = [x',y']
idy0 = find(NXY(:,2) == 0)
nxy1 = NXY(idy0,:)
idx0 = find(NXY(:,1) == 0)
nxy2 = NXY(idx0,:)
plot(nxy1(:,1),nxy1(:,2),'b * ')
plot(nxy2(:,1),nxy2(:,2),'r * ')
figure
plot(nxy1(:,1),nxy1(:,2),'k - ')
hold on
plot(nxy2(:,1),nxy2(:,2),'k - ')
r = NXY(:,1).^2 + NXY(:,2).^2;
idr3 = find(abs(r - 3^2)< 1e - 6);
idr7 = find(abs(r - 7^2)< 1e - 6);
plot(NXY(idr3,1),NXY(idr3,2),'k - ')
plot(NXY(idr7,1),NXY(idr7,2),'k - ')
axis equal
axis tight
axis off
```

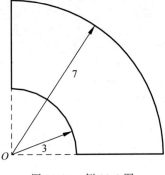

图 11-13   例 11-6 图

运行程序 ex1106.m,得到图 11-14 所示结点离散结构(纵向 * 号代表竖直边界结点,横向 * 代表水平边界结点)。得到竖直边界结点坐标矩阵:

```
nxy1 =
    3.0000    0
    3.5000    0
    4.0000    0
    4.5000    0
    5.0000    0
    5.5000    0
    6.0000    0
    6.5000    0
```

```
        7.0000     0
```

水平边界结点坐标矩阵：

```
nxy2 =
        0     3.0000
        0     3.5000
        0     4.0000
        0     4.5000
        0     5.0000
        0     5.5000
        0     6.0000
        0     6.5000
        0     7.0000
```

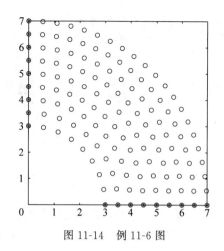

图 11-14　例 11-6 图

习题

习题 11-1　简述无网格法背景网格和有限元法网格的主要区别。

习题 11-2　简述无网格法中背景单元和有限元法中单元的主要区别。

习题 11-3　简述背景单元数值积分的常用方法。

习题 11-4　简述径向基函数插值无网格法和有限元法的主要区别。

第12章

最小二乘插值无网格法

本章以弹性力学平面问题为例,介绍最小二乘插值无网格法,主要内容包括:位移与应变分析、基于拉格朗日乘子法的无网格法公式、基于罚函数法的无网格法公式等。

12.1 位移与应变分析

12.1.1 位移分析

对于弹性力学平面问题,根据加权最小二乘法或移动最小二乘法,弹性体内坐标为 $\boldsymbol{x}$ 的计算点的位移分量及其变分可分别近似表示为

$$\boldsymbol{u}(\boldsymbol{x}) \approx \sum_{i=1}^{n} \boldsymbol{N}_i(\boldsymbol{x})\boldsymbol{u}_i = \boldsymbol{N}_s(\boldsymbol{x})\boldsymbol{a}_s \tag{12-1a}$$

和

$$\delta\boldsymbol{u}(\boldsymbol{x}) \approx \sum_{i=1}^{n} \boldsymbol{N}_i(\boldsymbol{x})\delta\boldsymbol{u}_i = \boldsymbol{N}_s(\boldsymbol{x})\delta\boldsymbol{a}_s, \tag{12-1b}$$

其中,

$\boldsymbol{u} = \begin{bmatrix} u \\ v \end{bmatrix}$ ——位移分量列阵(2 行);

$\delta\boldsymbol{u} = \begin{bmatrix} \delta u \\ \delta v \end{bmatrix}$ ——$\boldsymbol{u}$ 的变分(2 行);

$\boldsymbol{N}_s = [\boldsymbol{N}_1, \boldsymbol{N}_2, \cdots, \boldsymbol{N}_n]$ ——支持域形函数矩阵(2 行,$2n$ 列);

n ——支持域内结点个数;

$\boldsymbol{N}_i = \begin{bmatrix} \phi_i & 0 \\ 0 & \phi_i \end{bmatrix}$ ——$\boldsymbol{N}_s$ 的子矩阵(2 行,2 列);

ϕ_i ——结点 i 的形函数,根据加权最小二乘法或移动最小二乘法确定;

$i = 1, 2, \cdots, n$ ——支持域内结点编号;

$\boldsymbol{a}_s = \begin{bmatrix} \boldsymbol{u}_1 \\ \boldsymbol{u}_2 \\ \vdots \\ \boldsymbol{u}_n \end{bmatrix}$ ——支持域结点位移分量列阵($2n$ 行);

$$\delta \boldsymbol{a}_s = \begin{bmatrix} \delta \boldsymbol{u}_1 \\ \delta \boldsymbol{u}_2 \\ \vdots \\ \delta \boldsymbol{u}_n \end{bmatrix} \longrightarrow \boldsymbol{a}_s \text{ 的变分}(2n \text{ 行});$$

$$\boldsymbol{u}_i = \begin{bmatrix} u_i \\ v_i \end{bmatrix} \longrightarrow \boldsymbol{a}_s \text{ 的子列阵}(2 \text{ 行});$$

$$\delta \boldsymbol{u}_i = \begin{bmatrix} \delta u_i \\ \delta v_i \end{bmatrix} \longrightarrow \delta \boldsymbol{a}_s \text{ 的子列阵}(2 \text{ 行}).$$

实践 12-1

【例 12-1】 图 12-1 所示为平面弹性结构的无网格离散结构,○代表结点,×代表计算点,计算点坐标为 $(4.3, 3.3)$,圆形支持域尺寸 $d_s = 1.4$。利用加权最小二乘法确定计算点的支持域,并计算支持域形函数矩阵 $\boldsymbol{N}_s$。

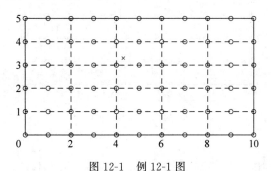

图 12-1　例 12-1 图

【解】 编写 MATLAB 程序 ex1201.m,内容如下:

```
clear;
clc;
x = 0:10;
y = 0:5;
[X,Y] = meshgrid(x,y);
plot(X,Y,'ko');
grid on
axis equal
axis tight
hold on
xy = [4.3,3.3];
plot(xy(1),xy(2),'rx')
[m,n] = size(X);
for i = 1:m * n
    NXY(i,:) = [X(i),Y(i)];
end
ds = 1.4;
support = FunSupport_C2D(xy,NXY,ds);
% call the function FunSupport_C2D
nxy = NXY(support,:);
plot(nxy(:,1),nxy(:,2),'b * ')
```

```
dt = 1.2 * ds;
Phi = FunShape_WLS2D(nxy,xy,ds);
% call the function FunShape_RPIM2D
n = size(nxy,1);
Ns = zeros(2,2 * n);
for i = 1:n
    Ns(1,2 * i - 1) = Phi(i);
    Ns(2,2 * i) = Phi(i);
end
```

运行程序 ex1201.m,得到图 12-2 所示计算点的支持域(用 * 号标记)和形函数矩阵

```
Ns =
    - 0.11     0.00    - 0.10     0.00    0.91    0.00    0.10    0.00    0.10    0.00    0.09    0.00
      0.00    - 0.11      0.00    - 0.10    0.00    0.91    0.00    0.10    0.00    0.10    0.00    0.09
```

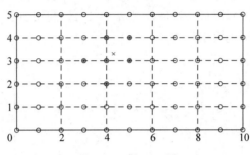

图 12-2 例 12-1 图

12.1.2 应变分析

将位移分量及其变分的近似表达式(12-1a)和式(12-1b)分别代入弹性力学平面问题的几何方程式(4-2),得到坐标为 x 的计算点的应变分量及其变分,分别表示为

$$\boldsymbol{\varepsilon} = \sum_{i=1}^{n} \boldsymbol{B}_i \boldsymbol{u}_i = \boldsymbol{B}_s \boldsymbol{a}_s \tag{12-2a}$$

和

$$\delta \boldsymbol{\varepsilon} = \sum_{i=1}^{n} \boldsymbol{B}_i \delta \boldsymbol{u}_i = \boldsymbol{B}_s \delta \boldsymbol{a}_s, \tag{12-2b}$$

其中,

$$\boldsymbol{\varepsilon} = \begin{bmatrix} \varepsilon_x \\ \varepsilon_y \\ \gamma_{xy} \end{bmatrix} —— 应变分量列阵;$$

$$\delta\boldsymbol{\varepsilon} = \begin{bmatrix} \delta\varepsilon_x \\ \delta\varepsilon_y \\ \delta\gamma_{xy} \end{bmatrix} —— \boldsymbol{\varepsilon} \text{ 的变分};$$

$$\boldsymbol{B}_s = \begin{bmatrix} \boldsymbol{B}_1, \boldsymbol{B}_2, \cdots, \boldsymbol{B}_n \end{bmatrix} —— 支持域应变矩阵;$$

$$\boldsymbol{B}_i = \begin{bmatrix} \dfrac{\partial \phi_i}{\partial x} & 0 \\[2mm] 0 & \dfrac{\partial \phi_i}{\partial y} \\[2mm] \dfrac{\partial \phi_i}{\partial y} & \dfrac{\partial \phi_i}{\partial x} \end{bmatrix} \quad —— \boldsymbol{B}_s \text{ 的子矩阵；}$$

ϕ_i——结点 i 的形函数，根据加权最小二乘法或移动最小二乘法确定；

$i = 1, 2, \cdots, n$——支持域内结点编号。

实践 12-2

【例 12-2】　图 12-3 所示为平面弹性结构的无网格离散结构，○代表结点，×代表计算点，计算点坐标为(15,10)，圆形支持域尺寸 $d_s = 3$。利用加权最小二乘法求计算点的支持域，并计算支持域应变矩阵。

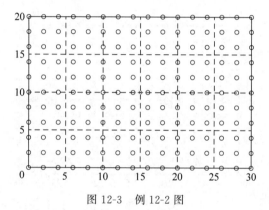

图 12-3　例 12-2 图

【解】　编写 MATLAB 程序 ex1202.m，内容如下：

```
clear;
clc;
x = 0:2:30;
y = 0:2:20;
[X,Y] = meshgrid(x,y);
plot(X,Y,'ko');
grid on
axis equal
axis tight
hold on
xy = [15,10];
plot(xy(1),xy(2),'rx')
[m,n] = size(X);
for i = 1:m*n
    NXY(i,:) = [X(i),Y(i)];
end
ds = 3;
support = FunSupport_C2D(xy,NXY,ds);
nxy = NXY(support,:);
```

```
plot(nxy(:,1),nxy(:,2),'b*')
dt = 1.2*ds;
[Phi_x, Phi_y] = FunShapePD1_WLS2D(nxy, xy, ds);
n = size(nxy,1);
Bs = zeros(3,2*n);
for i = 1:n
    Bs(1,2*i-1) = Phi_x(i);
    Bs(2,2*i) = Phi_y(i);
    Bs(3,2*i-1) = Phi_y(i);
    Bs(3,2*i) = Phi_x(i);
end
```

运行程序 ex1202.m,得到图 12-4 所示支持域(用 * 号标记)和应变矩阵

```
Bs =
   -0.04   0.00  -0.42   0.00  -0.04   0.00   0.04   0.00   0.42   0.00   0.04   0.00
    0.00  -0.12   0.00   0.00   0.00   0.12   0.00  -0.13   0.00   0.00   0.00   0.12
   -0.12  -0.04   0.00  -0.42   0.12  -0.04  -0.13   0.04   0.00   0.42   0.12   0.04
```

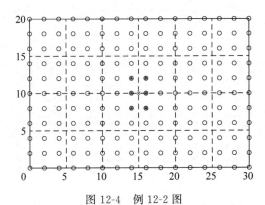

图 12-4　例 12-2 图

12.1.3　本质边界条件

根据弹性力学知识可知,弹性体的总势能可表示为

$$\Pi = \frac{1}{2}\int_{\Omega} \boldsymbol{\varepsilon}^{\mathrm{T}}\boldsymbol{D}\boldsymbol{\varepsilon}\,\mathrm{d}\Omega - \int_{\Omega}\boldsymbol{u}^{\mathrm{T}}\boldsymbol{b}\,\mathrm{d}\Omega - \int_{\Gamma}\boldsymbol{u}^{\mathrm{T}}\boldsymbol{t}\,\mathrm{d}\Gamma, \tag{12-3}$$

其中,$\boldsymbol{\varepsilon}$——应变分量列阵;

　　$\boldsymbol{D}$——弹性矩阵;

　　$\boldsymbol{u}$——位移分量列阵;

　　$\boldsymbol{b}$——体力分量列阵;

　　$\boldsymbol{t}$——面力分量列阵;

　　Ω——弹性体的体域;

　　Γ——弹性体的外表面。

在第 11 章中,结合第 10 章介绍的径向基函数插值形函数公式,利用式(12-3)建立了径向基函数插值无网格法,这是由于径向基函数插值形函数具有 δ 特性,容易在式(12-3)中施加本质边界条件(弹性力学中的位移边界条件就是本质边界条件)。

但是,若采用不具有 δ 特性的形函数公式(如第 10 章介绍的加权最小二乘法和移动最小二乘法建立的形函数),则无法在式(12-3)中施加本质边界条件,也就无法直接利用式(12-3)建立无网格法。

若采用不具有 δ 特性的形函数公式建立无网格法,需要利用一些特殊的处理方法。这些处理方法主要包括边界配置法、拉格朗日乘子法、修正变分原理、罚函数法、有限元耦合法等。本章主要介绍拉格朗日乘子法和罚函数法。

12.2　基于拉格朗日乘子法的无网格法公式

12.2.1　弹性势能的修正

为采用拉格朗日乘子法处理本质边界条件,将弹性体的总势能表达式(12-3)修正为

$$\Pi = \frac{1}{2}\int_{\Omega}\boldsymbol{\varepsilon}^{\mathrm{T}}\boldsymbol{D}\boldsymbol{\varepsilon}\,\mathrm{d}\Omega - \int_{\Omega}\boldsymbol{u}^{\mathrm{T}}\boldsymbol{b}\,\mathrm{d}\Omega - \int_{\Gamma_t}\boldsymbol{u}^{\mathrm{T}}\bar{\boldsymbol{t}}\,\mathrm{d}\Gamma - \int_{\Gamma_u}\boldsymbol{\lambda}^{\mathrm{T}}(\boldsymbol{u}-\bar{\boldsymbol{u}})\,\mathrm{d}\Gamma, \tag{12-4}$$

其中,$\boldsymbol{\lambda}$ ——拉格朗日乘子列阵;

$\boldsymbol{b}$ ——体力分量列阵;

$\bar{\boldsymbol{t}}$ ——已知面力分量列阵;

$\bar{\boldsymbol{u}}$ ——已知位移分量列阵;

$\boldsymbol{D}$ ——弹性矩阵;

$\boldsymbol{\varepsilon}$ ——应变分量列阵;

$\boldsymbol{u}$ ——位移分量列阵。

利用弹性力学的势能变分原理 $\delta\Pi = 0$,式(12-4)为

$$\int_{\Omega}(\delta\boldsymbol{\varepsilon})^{\mathrm{T}}\boldsymbol{D}\boldsymbol{\varepsilon}\,\mathrm{d}\Omega - \int_{\Omega}(\delta\boldsymbol{u})^{\mathrm{T}}\boldsymbol{b}\,\mathrm{d}\Omega - \int_{\Gamma_t}(\delta\boldsymbol{u})^{\mathrm{T}}\bar{\boldsymbol{t}}\,\mathrm{d}\Gamma - \int_{\Gamma_u}(\delta\boldsymbol{\lambda})^{\mathrm{T}}(\boldsymbol{u}-\bar{\boldsymbol{u}})\,\mathrm{d}\Gamma - \int_{\Gamma_u}(\delta\boldsymbol{u})^{\mathrm{T}}\boldsymbol{\lambda}\,\mathrm{d}\Gamma = 0, \tag{12-5}$$

其中,$\boldsymbol{\varepsilon}$ ——应变列阵;

$\delta\boldsymbol{\varepsilon}$ ——$\boldsymbol{\varepsilon}$ 的变分;

$\boldsymbol{u}$ ——位移分量列阵;

$\delta\boldsymbol{u}$ ——$\boldsymbol{u}$ 的变分;

$\boldsymbol{\lambda}$ ——拉格朗日乘子列阵;

$\delta\boldsymbol{\lambda}$ ——$\boldsymbol{\lambda}$ 的变分。

需要说明的是,在式(12-5)的推导过程中利用了弹性矩阵 $\boldsymbol{D}$ 的对称性。

12.2.2　拉格朗日乘子分析

对于弹性力学平面问题,弹性体的总势能修正式(12-5)中的拉格朗日乘子列阵$\boldsymbol{\lambda}$ 及其变分 $\delta\boldsymbol{\lambda}$ 可分别近似表示为

$$\boldsymbol{\lambda}(\boldsymbol{x}) \approx \sum_{i=1}^{n}\boldsymbol{N}_i^{\lambda}(\boldsymbol{x})\boldsymbol{\varLambda}_i = \boldsymbol{N}^{\lambda}(\boldsymbol{x})\boldsymbol{\varLambda} \tag{12-6a}$$

和

$$\delta\boldsymbol{\lambda}(\boldsymbol{x}) \approx \sum_{i=1}^{n} \boldsymbol{N}_i^{\lambda}(\boldsymbol{x})\delta\boldsymbol{\Lambda}_i = \boldsymbol{N}^{\lambda}(\boldsymbol{x})\delta\boldsymbol{\Lambda} , \tag{12-6b}$$

其中,

$\boldsymbol{\lambda} = \begin{bmatrix} \lambda_x \\ \lambda_y \end{bmatrix}$ ——拉格朗日乘子列阵;

$\delta\boldsymbol{\lambda} = \begin{bmatrix} \delta\lambda_x \\ \delta\lambda_y \end{bmatrix}$ ——$\boldsymbol{\lambda}$ 的变分;

$\boldsymbol{N}^{\lambda} = [\boldsymbol{N}_1, \boldsymbol{N}_2, \cdots, \boldsymbol{N}_n]$ ——拉格朗日形函数矩阵;

$\boldsymbol{N}_i^{\lambda} = \begin{bmatrix} \varphi_i^{\lambda} & 0 \\ 0 & \varphi_i^{\lambda} \end{bmatrix}$ ——$\boldsymbol{N}^{\lambda}$ 的子矩阵;

φ_i^{λ} ——拉格朗日形函数;

$\boldsymbol{\Lambda} = \begin{bmatrix} \boldsymbol{\Lambda}_1 \\ \boldsymbol{\Lambda}_2 \\ \vdots \\ \boldsymbol{\Lambda}_n \end{bmatrix}$ ——结点拉格朗日乘子列阵;

$\delta\boldsymbol{\Lambda} = \begin{bmatrix} \delta\boldsymbol{\Lambda}_1 \\ \delta\boldsymbol{\Lambda}_2 \\ \vdots \\ \delta\boldsymbol{\Lambda}_n \end{bmatrix}$ ——$\boldsymbol{\Lambda}$ 的变分;

$\boldsymbol{\Lambda}_i = \begin{bmatrix} \lambda_{xi} \\ \lambda_{yi} \end{bmatrix}$ ——$\boldsymbol{\Lambda}$ 的子列阵;

$\delta\boldsymbol{\Lambda}_i = \begin{bmatrix} \delta\lambda_{xi} \\ \delta\lambda_{yi} \end{bmatrix}$ ——$\delta\boldsymbol{\Lambda}$ 的子列阵。

12.2.3 系统离散方程

对于弹性平面问题,将问题域进行背景网格划分,则式(12-5)中的各个积分项可改写为各背景单元积分的和,即

$$\sum_{e=1}^{M}\int_{\Omega_e}(\delta\boldsymbol{\varepsilon})^{\mathrm{T}}\boldsymbol{D}\boldsymbol{\varepsilon}\mathrm{d}\Omega - \sum_{e=1}^{M}\int_{\Omega_e}(\delta\boldsymbol{u})^{\mathrm{T}}\boldsymbol{b}\mathrm{d}\Omega - \sum_{e=1}^{M_1}\int_{\Gamma_t^e}(\delta\boldsymbol{u})^{\mathrm{T}}\bar{\boldsymbol{t}}\mathrm{d}\Gamma -$$

$$\sum_{e=1}^{M_2}\int_{\Gamma_u^e}(\delta\boldsymbol{\lambda})^{\mathrm{T}}(\boldsymbol{u}-\bar{\boldsymbol{u}})\mathrm{d}\Gamma - \sum_{e=1}^{M_2}\int_{\Gamma_u^e}(\delta\boldsymbol{u})^{\mathrm{T}}\boldsymbol{\lambda}\mathrm{d}\Gamma = \boldsymbol{0}, \tag{12-7}$$

其中,Ω_e——背景单元域;

M——背景单元总数;

Γ_u^e——已知位移边界背景单元;

M_1——已知位移边界背景单元总数;

Γ_t^e——已知面力边界背景单元;

M_2——已知面力边界背景单元总数。

根据式(12-2a)和式(12-2b)可得

$$\sum_{e=1}^{M} \int_{\Omega_e} (\delta \boldsymbol{\varepsilon})^{\mathrm{T}} \boldsymbol{D} \boldsymbol{\varepsilon} \mathrm{d}\Omega = \sum_{e=1}^{M} \int_{\Omega_e} (\delta \boldsymbol{a}_s)^{\mathrm{T}} \boldsymbol{B}_s^{\mathrm{T}} \boldsymbol{D} \boldsymbol{B}_s \boldsymbol{a}_s \mathrm{d}\Omega$$

$$= (\delta \boldsymbol{a})^{\mathrm{T}} \Big(\sum_{e=1}^{M} \int_{\Omega_e} \widetilde{\boldsymbol{B}}_s^{\mathrm{T}} \boldsymbol{D} \widetilde{\boldsymbol{B}}_s \mathrm{d}\Omega \Big) \boldsymbol{a}$$

$$= (\delta \boldsymbol{a})^{\mathrm{T}} \boldsymbol{K} \boldsymbol{a} , \qquad (12\text{-}8\mathrm{a})$$

其中,$\boldsymbol{K} = \sum_{e=1}^{M} \int_{\Omega_e} \widetilde{\boldsymbol{B}}_s^{\mathrm{T}} \boldsymbol{D} \widetilde{\boldsymbol{B}}_s \mathrm{d}\Omega$——整体刚度矩阵;

$$\boldsymbol{a} = \begin{bmatrix} \boldsymbol{u}_1 \\ \boldsymbol{u}_2 \\ \vdots \\ \boldsymbol{u}_N \end{bmatrix}$$——整体结点位移分量列阵;

$$\delta \boldsymbol{a} = \begin{bmatrix} \delta \boldsymbol{u}_1 \\ \delta \boldsymbol{u}_2 \\ \vdots \\ \delta \boldsymbol{u}_N \end{bmatrix}$$——$\boldsymbol{a}$ 的变分;

N——离散结构的结点总数;

$$\boldsymbol{u}_i = \begin{bmatrix} u_i \\ v_i \end{bmatrix}$$——$\boldsymbol{a}$ 的子列阵;

$$\delta \boldsymbol{u}_i = \begin{bmatrix} \delta u_i \\ \delta v_i \end{bmatrix}$$——$\delta \boldsymbol{a}$ 的子列阵;

$\widetilde{\boldsymbol{B}}_s$——扩维支持域应变矩阵(3 行,2N 列),由 $\boldsymbol{B}_s$ 扩维得到;

$\boldsymbol{D}$——弹性矩阵。

根据式(12-1b)可得

$$\sum_{e=1}^{M} \int_{\Omega_e} (\delta \boldsymbol{u})^{\mathrm{T}} \boldsymbol{b} \mathrm{d}\Omega + \sum_{e=1}^{M_1} \int_{\Gamma_t^e} (\delta \boldsymbol{u})^{\mathrm{T}} \bar{\boldsymbol{t}} \mathrm{d}\Gamma = \sum_{e=1}^{M} \Big[\int_{\Omega_e} (\delta \boldsymbol{a}_s)^{\mathrm{T}} \boldsymbol{N}_s^{\mathrm{T}} \boldsymbol{b} \mathrm{d}\Omega \Big] + \sum_{e=1}^{M_1} \Big[\int_{\Gamma_t^e} (\delta \boldsymbol{a}_s)^{\mathrm{T}} \boldsymbol{N}_s^{\mathrm{T}} \bar{\boldsymbol{t}} \mathrm{d}\Gamma \Big]$$

$$= (\delta \boldsymbol{a})^{\mathrm{T}} \Big[\sum_{e=1}^{M} \Big(\int_{\Omega_e} \widetilde{\boldsymbol{N}}_s^{\mathrm{T}} \boldsymbol{b} \mathrm{d}\Omega \Big) + \sum_{e=1}^{M_1} \Big(\int_{\Gamma_t^e} \widetilde{\boldsymbol{N}}_s^{\mathrm{T}} \bar{\boldsymbol{t}} \mathrm{d}\Gamma \Big) \Big]$$

$$= (\delta \boldsymbol{a})^{\mathrm{T}} \boldsymbol{F} , \qquad (12\text{-}8\mathrm{b})$$

其中,$\boldsymbol{F} = \sum_{e=1}^{M} \Big(\int_{\Omega_e} \widetilde{\boldsymbol{N}}_s^{\mathrm{T}} \boldsymbol{b} \mathrm{d}\Omega \Big) + \sum_{e=1}^{M_1} \Big(\int_{\Gamma_t^e} \widetilde{\boldsymbol{N}}_s^{\mathrm{T}} \bar{\boldsymbol{t}} \mathrm{d}\Gamma \Big)$ —— 整体结点载荷列阵;

$\widetilde{\boldsymbol{N}}_s$——扩维支持域形函数矩阵(2 行,2N 列),根据 $\boldsymbol{N}_s$ 扩维得到。

根据式(12-6b)和式(12-1a)可得

$$\sum_{e=1}^{M_2} \int_{\Gamma_u^e} (\delta \boldsymbol{\lambda})^{\mathrm{T}} (\boldsymbol{u} - \bar{\boldsymbol{u}}) \mathrm{d}\Gamma = \sum_{e=1}^{M_2} \int_{\Gamma_u^e} (\delta \boldsymbol{\lambda})^{\mathrm{T}} \boldsymbol{u} \mathrm{d}\Gamma - \sum_{e=1}^{M_2} \int_{\Gamma_u^e} (\delta \boldsymbol{\lambda})^{\mathrm{T}} \bar{\boldsymbol{u}} \mathrm{d}\Gamma$$

$$= \sum_{e=1}^{M_2} \int_{\Gamma_u^e} (\delta \boldsymbol{\Lambda}_\lambda)^{\mathrm{T}} \boldsymbol{N}_\lambda^{\mathrm{T}} \boldsymbol{N}_s \boldsymbol{a}_s \, \mathrm{d}\Gamma - \sum_{e=1}^{M_2} \int_{\Gamma_u^e} (\delta \boldsymbol{\Lambda}_\lambda)^{\mathrm{T}} \boldsymbol{N}_\lambda^{\mathrm{T}} \bar{\boldsymbol{u}} \, \mathrm{d}\Gamma$$

$$= (\delta \boldsymbol{\Lambda})^{\mathrm{T}} \left[\left(\sum_{e=1}^{M_2} \int_{\Gamma_u^e} \widetilde{\boldsymbol{N}}_\lambda^{\mathrm{T}} \widetilde{\boldsymbol{N}}_s \, \mathrm{d}\Gamma \right) \boldsymbol{a} - \sum_{e=1}^{M_2} \int_{\Gamma_u^e} \widetilde{\boldsymbol{N}}_\lambda^{\mathrm{T}} \bar{\boldsymbol{u}} \, \mathrm{d}\Gamma \right]$$

$$= -(\delta \boldsymbol{\Lambda})^{\mathrm{T}} (\boldsymbol{G} \boldsymbol{a} - \boldsymbol{q}), \tag{12-8c}$$

其中,$\boldsymbol{G} = -\sum_{e=1}^{M_2} \int_{\Gamma_u^e} \widetilde{\boldsymbol{N}}_\lambda^{\mathrm{T}} \widetilde{\boldsymbol{N}}_s \, \mathrm{d}\Gamma$——拉格朗日耦合矩阵($2n_\lambda$ 行,$2N$ 列);

$$\boldsymbol{q} = -\sum_{e=1}^{M_2} \int_{\Gamma_u^e} \widetilde{\boldsymbol{N}}_\lambda^{\mathrm{T}} \bar{\boldsymbol{u}} \, \mathrm{d}\Gamma$$——拉格朗日结点位移列阵($2n_\lambda$ 行);

$\widetilde{\boldsymbol{N}}_\lambda$——扩维拉格朗日形函数矩阵($2$ 行,$2n_\lambda$ 列),由 $\boldsymbol{N}_\lambda$ 扩维得到;

$$\delta \boldsymbol{\Lambda} = \begin{bmatrix} \delta \boldsymbol{\Lambda}_1 \\ \delta \boldsymbol{\Lambda}_2 \\ \vdots \\ \delta \boldsymbol{\Lambda}_{n_\lambda} \end{bmatrix}$$——结点拉格朗日乘子列阵的变分;

$$\delta \boldsymbol{\Lambda}_i = \begin{bmatrix} \delta \lambda_{xi} \\ \delta \lambda_{yi} \end{bmatrix}$$——$\delta \boldsymbol{\Lambda}$ 的子列阵;

n_λ——已知位移边界上的结点个数。

根据式(12-6a)和式(12-1b)可得

$$\sum_{e=1}^{M_2} \int_{\Gamma_u^e} (\delta \boldsymbol{u})^{\mathrm{T}} \boldsymbol{\lambda} \, \mathrm{d}\Gamma = \sum_{e=1}^{M_2} \int_{\Gamma_u^e} (\delta \boldsymbol{a}_s)^{\mathrm{T}} \boldsymbol{N}_s \boldsymbol{N}_\lambda \boldsymbol{\Lambda}_\lambda \, \mathrm{d}\Gamma$$

$$= \sum_{e=1}^{M_2} \int_{\Gamma_u^e} (\delta \boldsymbol{a}_s)^{\mathrm{T}} \boldsymbol{N}_s^{\mathrm{T}} \boldsymbol{N}_\lambda \boldsymbol{\Lambda}_\lambda \, \mathrm{d}\Gamma$$

$$= (\delta \boldsymbol{a})^{\mathrm{T}} \left(\sum_{e=1}^{M_2} \int_{\Gamma_u^e} \widetilde{\boldsymbol{N}}_s^{\mathrm{T}} \widetilde{\boldsymbol{N}}_\lambda \, \mathrm{d}\Gamma \right) \boldsymbol{\Lambda}$$

$$= -(\delta \boldsymbol{a})^{\mathrm{T}} \boldsymbol{G}^{\mathrm{T}} \boldsymbol{\Lambda}, \tag{12-8d}$$

其中,

$$\boldsymbol{\Lambda} = \begin{bmatrix} \boldsymbol{\Lambda}_1 \\ \boldsymbol{\Lambda}_2 \\ \vdots \\ \boldsymbol{\Lambda}_{n_\lambda} \end{bmatrix}$$——整体结点拉格朗日乘子列阵;

$$\boldsymbol{\Lambda}_i = \begin{bmatrix} \lambda_{xi} \\ \lambda_{yi} \end{bmatrix}$$——$\boldsymbol{\Lambda}$ 的子列阵。

将式(12-8a)~式(12-8d)分别代入式(12-7),整理后得

$$(\delta \boldsymbol{a})^{\mathrm{T}} (\boldsymbol{K} \boldsymbol{a} - \boldsymbol{F} + \boldsymbol{G}^{\mathrm{T}} \boldsymbol{\Lambda}) + (\delta \boldsymbol{\Lambda})^{\mathrm{T}} (\boldsymbol{G} \boldsymbol{a} - \boldsymbol{q}) = 0 \text{。} \tag{12-9}$$

由 $\delta \boldsymbol{a}$ 和 $\delta \boldsymbol{\Lambda}$ 取值的任意性可知,式(12-9)成立需要满足的条件为

$$\left. \begin{array}{r} \boldsymbol{Ka} + \boldsymbol{G}^{\mathrm{T}}\boldsymbol{\Lambda} = \boldsymbol{F} \\ \boldsymbol{Ga} = \boldsymbol{q} \end{array} \right\}, \tag{12-10a}$$

或改写为矩阵形式：

$$\begin{bmatrix} \boldsymbol{K} & \boldsymbol{G}^{\mathrm{T}} \\ \boldsymbol{G} & 0 \end{bmatrix} \begin{bmatrix} \boldsymbol{a} \\ \boldsymbol{\Lambda} \end{bmatrix} = \begin{bmatrix} \boldsymbol{F} \\ \boldsymbol{q} \end{bmatrix}, \tag{12-10b}$$

其中，$\boldsymbol{K} = \sum\limits_{e=1}^{M} \int_{\Omega_e} \widetilde{\boldsymbol{B}}_s^{\mathrm{T}} \boldsymbol{D} \widetilde{\boldsymbol{B}}_s \mathrm{d}\Omega$ —— 整体刚度矩阵（$2N$ 行，$2N$ 列）；

$\boldsymbol{G} = -\sum\limits_{e=1}^{M_2} \int_{\Gamma_u^e} \widetilde{\boldsymbol{N}}_\lambda^{\mathrm{T}} \widetilde{\boldsymbol{N}}_s \mathrm{d}\Gamma$ —— 拉格朗日耦合矩阵（$2n_\lambda$ 行，$2N$ 列）；

$\boldsymbol{q} = -\sum\limits_{e=1}^{M_2} \int_{\Gamma_u^e} \widetilde{\boldsymbol{N}}_\lambda^{\mathrm{T}} \bar{\boldsymbol{u}} \mathrm{d}\Gamma$ —— 拉格朗日结点位移列阵（$2n_\lambda$ 行）；

$\boldsymbol{F} = \sum\limits_{e=1}^{M} \left(\int_{\Omega_e} \widetilde{\boldsymbol{N}}_s^{\mathrm{T}} \boldsymbol{b} \mathrm{d}\Omega \right) + \sum\limits_{e=1}^{M_1} \left(\int_{\Gamma_t^e} \widetilde{\boldsymbol{N}}_s^{\mathrm{T}} \boldsymbol{t} \mathrm{d}\Gamma \right)$ —— 整体结点载荷列阵（$2N$ 行）；

$\boldsymbol{\Lambda} = \begin{bmatrix} \boldsymbol{\Lambda}_1 \\ \boldsymbol{\Lambda}_2 \\ \vdots \\ \boldsymbol{\Lambda}_{n_\lambda} \end{bmatrix}$ —— 整体结点拉格朗日乘子列阵（$2n_\lambda$ 行）；

$\boldsymbol{a} = \begin{bmatrix} \boldsymbol{u}_1 \\ \boldsymbol{u}_2 \\ \vdots \\ \boldsymbol{u}_N \end{bmatrix}$ —— 整体结点位移分量列阵（$2N$ 行）；

n_λ —— 已知位移的结点个数；

N —— 离散结构的结点总数。

式(12-10a)或式(12-10b)就是基于拉格朗日乘子法的无网格法系统离散方程。拉格朗日乘子法的优点是，可以准确地施加本质边界条件，可有效保证计算精度和稳定性；不足之处是，拉格朗日乘子的引入增加了系统矩阵的维数和待求变量的个数，当本质边界上结点数目较多时，有可能降低计算效率。

12.3　基于罚函数法的无网格法公式

12.3.1　弹性势能的修正

为采用罚函数法处理本质边界条件，将弹性势能表达式(12-3)修正为

$$\Pi = \frac{1}{2} \int_\Omega \boldsymbol{\varepsilon}^{\mathrm{T}} \boldsymbol{D} \boldsymbol{\varepsilon} \mathrm{d}\Omega - \int_\Omega \boldsymbol{u}^{\mathrm{T}} \boldsymbol{b} \mathrm{d}\Omega - \int_{\Gamma_t} \boldsymbol{u}^{\mathrm{T}} \bar{\boldsymbol{t}} \mathrm{d}\Gamma - \int_{\Gamma_u} \frac{1}{2} (\boldsymbol{u} - \bar{\boldsymbol{u}})^{\mathrm{T}} \boldsymbol{\alpha} (\boldsymbol{u} - \bar{\boldsymbol{u}}) \mathrm{d}\Gamma, \tag{12-11}$$

其中，

$\boldsymbol{\alpha} = \begin{bmatrix} \alpha & 0 \\ 0 & \alpha \end{bmatrix}$ —— 惩罚因子矩阵，其中 α 为惩罚因子；

b——体力分量列阵；

$\bar{t}$——已知面力分量列阵；

$\bar{u}$——已知位移分量列阵；

D——弹性矩阵；

ε——应变分量列阵；

u——位移分量列阵。

利用弹性力学的势能变分原理 $\delta \Pi = 0$，由式(12-11)得

$$\int_{\Omega}(\delta \varepsilon)^{\mathrm{T}} D \varepsilon \mathrm{d}\Omega - \int_{\Omega}(\delta u)^{\mathrm{T}} b \mathrm{d}\Omega - \int_{\Gamma_t}(\delta u)^{\mathrm{T}}\bar{t} \mathrm{d}\Gamma - \int_{\Gamma_u}(\delta u)^{\mathrm{T}} \alpha (u - \bar{u})\mathrm{d}\Gamma = 0，\quad (12\text{-}12)$$

其中，ε——应变列阵；

$\delta\varepsilon$——ε 的变分；

u——位移分量列阵；

δu——u 的变分；

$\alpha = \begin{bmatrix} \alpha & 0 \\ 0 & \alpha \end{bmatrix}$——惩罚因子矩阵；

α——惩罚因子，对于弹性力学问题可取 $10^3 E \sim 10^5 E$，E 为弹性模量。

需要说明的是，在式(12-12)的推导过程中利用了弹性矩阵 D 的对称性。

12.3.2　系统离散方程

对于弹性平面问题，将问题域进行背景网格划分，则式(12-12)中的各个积分项可改写为各背景单元积分的和，即

$$\sum_{e=1}^{M}\int_{\Omega_e}(\delta \varepsilon)^{\mathrm{T}} D \varepsilon \mathrm{d}\Omega - \sum_{e=1}^{M}\int_{\Omega_e}(\delta u)^{\mathrm{T}} b \mathrm{d}\Omega - \sum_{e=1}^{M_1}\int_{\Gamma_t^e}(\delta u)^{\mathrm{T}}\bar{t} \mathrm{d}\Gamma - \sum_{e=1}^{M_2}\int_{\Gamma_u^e}(\delta u)^{\mathrm{T}} \alpha (u - \bar{u})\mathrm{d}\Gamma = 0，$$

$$(12\text{-}13)$$

其中，Ω_e——背景单元域；

M——背景单元总数；

Γ_u^e——已知位移边界背景单元；

M_1——已知位移边界背景单元总数；

Γ_t^e——已知面力边界背景单元；

M_2——已知面力边界背景单元总数。

根据式(12-1a)和式(12-1b)可得

$$\sum_{e=1}^{M_2}\int_{\Gamma_e^u}(\delta u)^{\mathrm{T}} \alpha (u - \bar{u})\mathrm{d}\Gamma = \sum_{e=1}^{M_2}\int_{\Gamma_u}(\delta u)^{\mathrm{T}} \alpha u \mathrm{d}\Gamma - \sum_{e=1}^{M_2}\int_{\Gamma_u}(\delta u)^{\mathrm{T}} \alpha \bar{u} \mathrm{d}\Gamma$$

$$= \sum_{e=1}^{M_2}\int_{\Gamma_u}(\delta a_s)^{\mathrm{T}} N_s^{\mathrm{T}} \alpha N_s a_s \mathrm{d}\Gamma - \sum_{e=1}^{M_2}\int_{\Gamma_u}(\delta a_s)^{\mathrm{T}} N_s^{\mathrm{T}} \alpha \bar{u} \mathrm{d}\Gamma$$

$$= (\delta a)^{\mathrm{T}}\left[\left(\sum_{e=1}^{M_2}\int_{\Gamma_u}\widetilde{N}_s^{\mathrm{T}} \alpha \widetilde{N}_s \mathrm{d}\Gamma\right) a - \sum_{e=1}^{M_2}\int_{\Gamma_u}\widetilde{N}_s^{\mathrm{T}} \alpha \bar{u} \mathrm{d}\Gamma\right]$$

$$= (\delta a)^{\mathrm{T}}(K_\alpha a - F_\alpha)，\quad (12\text{-}14)$$

其中，$\boldsymbol{K}_\alpha = \sum\limits_{e=1}^{M_2} \int_{\Gamma_u} \widetilde{\boldsymbol{N}}_s^{\mathrm{T}} \boldsymbol{\alpha} \widetilde{\boldsymbol{N}}_s \, \mathrm{d}\Gamma$ —— 整体惩罚刚度矩阵；

$\boldsymbol{F}_\alpha = \sum\limits_{e=1}^{M_2} \int_{\Gamma_u} \widetilde{\boldsymbol{N}}_s^{\mathrm{T}} \boldsymbol{\alpha} \bar{\boldsymbol{u}} \, \mathrm{d}\Gamma$ —— 整体结点惩罚载荷列阵；

$\widetilde{\boldsymbol{N}}_s$ —— 扩维支持域矩阵（2 行，2N 列），根据 $\boldsymbol{N}_s$ 扩维得到。

将式(12-8a)、式(12-8b)和式(12-14)分别代入式(12-13)，经整理后得

$$(\delta \boldsymbol{a})^{\mathrm{T}} \left[(\boldsymbol{K} + \boldsymbol{K}_\alpha) \boldsymbol{a} - (\boldsymbol{F} + \boldsymbol{F}_\alpha) \right] = \boldsymbol{0} \, 。 \tag{12-15}$$

根据 $(\delta \boldsymbol{a})^{\mathrm{T}}$ 的任意性，若式(4-15)成立，则需要满足的条件为

$$(\boldsymbol{K} + \boldsymbol{K}_\alpha) \boldsymbol{a} = \boldsymbol{F} + \boldsymbol{F}_\alpha \, , \tag{12-16}$$

其中，$\boldsymbol{K}_\alpha = \sum\limits_{e=1}^{M_2} \int_{\Gamma_u} \widetilde{\boldsymbol{N}}_s^{\mathrm{T}} \boldsymbol{\alpha} \widetilde{\boldsymbol{N}}_s \, \mathrm{d}\Gamma$ —— 整体惩罚刚度矩阵；

$\boldsymbol{F}_\alpha = \sum\limits_{e=1}^{M_2} \int_{\Gamma_u} \widetilde{\boldsymbol{N}}_s^{\mathrm{T}} \boldsymbol{\alpha} \bar{\boldsymbol{u}} \, \mathrm{d}\Gamma$ —— 整体结点惩罚载荷列阵；

$\boldsymbol{K} = \sum\limits_{e=1}^{M} \int_{\Omega_e} \widetilde{\boldsymbol{B}}_s^{\mathrm{T}} \boldsymbol{D} \widetilde{\boldsymbol{B}}_s \, \mathrm{d}\Omega$ —— 整体刚度矩阵；

$\boldsymbol{F} = \sum\limits_{e=1}^{M} \left(\int_{\Omega_e} \widetilde{\boldsymbol{N}}_s^{\mathrm{T}} \boldsymbol{b} \, \mathrm{d}\Omega \right) + \sum\limits_{e=1}^{M_1} \left(\int_{\Gamma_t^e} \widetilde{\boldsymbol{N}}_s^{\mathrm{T}} \bar{\boldsymbol{t}} \, \mathrm{d}\Gamma \right)$ —— 整体结点载荷列阵；

$\boldsymbol{a} = \begin{bmatrix} \boldsymbol{u}_1 \\ \boldsymbol{u}_2 \\ \vdots \\ \boldsymbol{u}_N \end{bmatrix}$ —— 整体结点位移分量列阵；

$\boldsymbol{u}_i = \begin{bmatrix} u_i \\ v_i \end{bmatrix}$ —— $\boldsymbol{a}$ 的子列阵。

式(12-16)就是基于罚函数法的无网格法离散方程。罚函数法的优点是，只要惩罚因子为正，系数矩阵 $\boldsymbol{K} + \boldsymbol{K}_\alpha$ 就是对称的半正定带状矩阵，其维数与整体刚度矩阵 $\boldsymbol{K}$ 的维数相同，系统矩阵的维数和待求变量的个数均增加；不足之处是，惩罚因子的取值对计算结果的影响很大，合适的惩罚因子需要反复试算来确定。通常情况下，罚函数法的计算精度低于拉格朗日乘子法的计算精度。

习题

习题 12-1　简述式(12-6a)中拉格朗日乘子列阵 $\boldsymbol{\Lambda}$ 中各元素的物理意义。

习题 12-2　简述式(12-10b)中拉格朗日耦合矩阵 $\boldsymbol{G}$ 中各元素的物理意义。

习题 12-3　简述式(12-16)中惩罚刚度矩阵 $\boldsymbol{K}_\alpha$ 中各元素的物理意义。

习题 12-4　简述拉格朗日乘子法和罚函数法的主要区别。

第13章

形函数的综合实践

13.1 支持域和影响域

13.1.1 圆形支持域

函数 FunSupport_C2D. m

针对二维问题,编写根据支持域尺寸确定圆形支持域内结点的 MATLAB 功能函数 FunSupport_C2D. m,具体内容和说明如下:

```
function support = FunSupport_C2D(xy,NXY,ds)
% find circle support domain of interesting point
% xy(1*2), coordinates of interesting point
% NXY(N*2), nodal coordinates in the global domain
% ds(1*1), size of circle support domain
% support(1*n), nodal numbers of circle support domain
N = size(NXY, 1);
for i = 1:N
    dxy = xy - NXY(i,:);
    d(i) = norm(dxy);
end
support = find(d < ds);
end
```

实践 13-1

【例 13-1】 图 13-1 所示为问题域内的结点(用○号标记)和计算点(用×号标记),计算点坐标为 $(5.5,3)$,圆形支持域尺寸 $d_s = 2$。利用函数 FunSupport_C2D. m,确定计算点的支持域。

【解】 编写 MATLAB 程序 ex1301. m,内容如下:

```
clear;
clc
x = 1:11;
y = 1:7;
[X,Y] = meshgrid(x,y);
plot(X,Y,'ko')
```

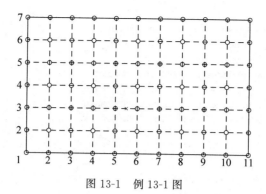

图 13-1　例 13-1 图

```
h = gca;
axis equal
axis tight
set(h,'xtick',x)
set(h,'ytick',y)
hold on
xy = [5.5,3];
plot(xy(1),xy(2),'rx')
grid on
[m,n] = size(X);
for i = 1:m * n
    NXY(i,:) = [X(i),Y(i)];
end
ds = 2;
support = FunSupport_C2D(xy, NXY, ds);
plot(NXY(support,1)',NXY(support,2),'b * ')
```

运行程序 ex1301.m, 得到图 13-2 所示的支持域(用 * 号标记), 支持域内结点编号行阵为

support = [23, 24, 25, 30, 31, 32, 37, 38, 39, 44, 45, 46]

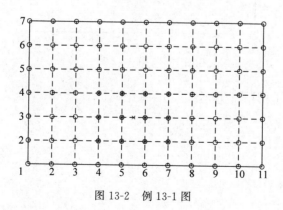

图 13-2　例 13-1 图

13.1.2　矩形支持域

函数 FunSupport_R2D.m

针对二维问题, 编写根据支持域尺寸确定矩形支持域内结点的 MATLAB 功能函数 FunSupport_R2D.m, 具体内容和说明如下:

```
function support = FunSupport_R2D(xy, NXY, dx, dy)
% find the local support domain with rectangle shape
% xy(1 * 2), coordinates of interesting point
% NXY(N * 2), nodal coordinates in the global domain
% dx(1 * 1), x - direction size of local support domain
% dy(1 * 1), y - direction size of local support domain
% support(1 * n), nodal numbers in the local support domain
N = size(NXY,1);
support = [];
for i = 1:N
    dxy(i,1) = abs(xy(1) - NXY(i,1));
    dxy(i,2) = abs(xy(2) - NXY(i,2));
    if and(dxy(i,1)< dx , dxy(i,2)< dy)
        support = [support, i];
    end
end
end
```

实践 13-2

【例 13-2】 问题域内的分布结点如图 13-3 所示，计算点的坐标为 $(6,4.5)$，矩形支持域尺寸为 $d_x = 4$ 和 $d_y = 2$。利用函数 FunSupport_R2D.m 确定计算点的支持域。

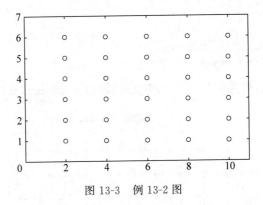

图 13-3 例 13-2 图

【解】 编写 MATLAB 程序 ex1302.m，内容如下：

```
clear;
clc
x = 2:2:10;
y = 1:6;
[X,Y] = meshgrid(x,y);
plot(X,Y,'ko')
axis equal
xlim([0,11]);
ylim([0,7]);
hold on
for i = 1:30
    NXY(i,:) = [X(i),Y(i)];
end
dx = 4;
dy = 2;
```

```
xy = [6,4.5];
ID_S = FunSupport_R2D(xy, NXY, dx, dy);
figure
plot(xy(1),xy(2),'rx')
hold on
plot(NXY(ID_S,1)',NXY(ID_S,2)','b * ')
plot(X,Y,'ko')
axis equal
xlim([0,11]);
ylim([0,7]);
```

运行程序 ex1302.m,得到图 13-4 所示支持域(用 * 号标记),支持域内的结点编号行阵为

ID_S = [9, 10, 11, 12, 15, 16, 17, 18, 21, 22, 23, 24]

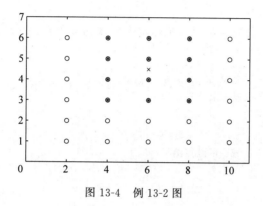

图 13-4　例 13-2 图

13.1.3　影响域

函数 FunInfluence.m

针对二维问题,编写确定结点影响域的 MATLAB 功能函数 FunInfluence.m,具体内容和说明如下:

```
function Nd = FunInfluence(NXY,ELE,af)
% 影响域的确定
% NXY(N * 2) —— 结点坐标
% ELE(M * 4) —— 单元结点编号
% Nd(N * 1) —— 结点支持域半径
% af(1 * 1) —— 支持域参数
N = size(NXY,1);
M = size(ELE,1);
Nd = zeros(N,1);
for i = 1:M
    sn = ELE(i,:);
    xy = NXY(sn,:);
    for ii = 1:4
        i1 = ii;
        i2 = ii+1;
        if i2 == 5
            i2 = 1;
        end
        d(ii) = norm(xy(i1,:) - xy(i2,:));
```

```
        end
        dmax = max(d);
        for jj = 1:4
            if Nd(sn(jj))< dmax
                Nd(sn(jj)) = dmax;
            end
        end
    end
    Nd = af * Nd;
end
```

13.1.4　根据影响域确定支持域

函数 FunSupport_C2D_2. m

针对二维问题,编写根据结点影响域确定支持域的 MATLAB 功能函数,具体内容和说明如下:

```
function [support,ds] = FunSupport_C2D_2(NXY,xy,Nd)
% 根据影响域确定圆形支持域和支持域尺寸
% NXY(N * 2) - 结点坐标
% xy(1 * 2) - 计算点坐标
% Nd(N * 1) - 结点影响域半径
% support(1 * n) - 支持域内的结点编号
% ds(1 * 1) - 支持域半径
N = size(NXY,1);
x = xy(1);
y = xy(2);
for i = 1:N
    xi = NXY(i,1);
    yi = NXY(i,2);
    r(i,1) = sqrt((x - xi)^2 + (y - yi)^2);
end
support = find(r < Nd);
support = support';
nxy = NXY(support,:);
n = length(support);
for i = 1:n
    d(i) = norm(nxy(i,:) - xy);
end
ds = max(d);
end
```

13.2　多项式基函数插值法

13.2.1　形函数的计算

函数 FunShape_PIM6n2D. m

根据多项式基函数插值法,取 2 次完备多项式基函数列阵,编写计算形函数的 MATLAB 功能函数 FunShape_PIM6n2D. m,具体内容和说明如下:

```
function Phi = FunShape_PIM6n2D(nxy, xy)
% a function for shape function of PIM
% nxy(6 * 2),the node coordinates in the support domain
% xy(1 * 2),a coordinate of calculated point
% Phi(1 * 6),shape function line vector
for i = 1:6
    xi = nxy(i,1);
    yi = nxy(i,2);
    P(i,:) = [1, xi, yi, xi^2, xi * yi, yi^2];
end
x = xy(1);
y = xy(2);
pT = [1, x, y, x^2, x * y, y^2];
Phi = pT/P;
end
```

实践 13-3

【例 13-3】　支持域内的结点坐标和结点函数值列于表 13-1 中,计算点的坐标为(3,3)。利用函数 FunShape_PIM6n2D.m,确定计算点的形函数和计算点的函数近似值。

表 13-1　例 13-3 表

结点	结点 1	结点 2	结点 3	结点 4	结点 5	结点 6
x_i	5	2	1	4	2	2
y_i	3	1	1	5	5	3
u_i	34	5	2	41	29	13

【解】　编写 MATLAB 程序 ex1303.m,内容如下:

```
clear;
clc;
nxy = [5, 3
    2, 1
    1, 1
    4, 5
    2, 5
    2, 3];
U = [34; 5; 2; 41; 29; 13];
xy = [3, 3];
Phi = FunShape_PIM6n2D(nxy, xy)
u = Phi * U
```

运行程序 ex1303.m,得到计算点的形函数行阵为

```
Phi = [0.0667, 0.40, − 0.40, 0.20, − 0.20, 0.9333]
```

和计算点的函数近似值为

```
u = 18.0
```

13.2.2　形函数偏导数的计算

函数 FunShapePD1_PIM6n2D. m

根据多项式基函数插值法,取 2 次完备多项式基函数列阵,编写计算多项式基形函数偏导数的 MATLAB 功能函数 FunShapePD1_PIM6n2D. m,具体内容和说明如下:

```
function [Phi_x,Phi_y] = FunShapePD1_PIM6n2D(nxy, xy)
% a function for the partial derivative of shape
%                          function of PIM
% nxy(6 * 2),the node coordinates in the support domain
% xy(1 * 2),a coordinate of calculated point
% Phi_x(1 * 6),shape function partial derivative with
%                          respect to x
% Phi_y(1 * 6),shape function partial derivative with
%                          respect to y
for i = 1:6
    xi = nxy(i,1);
    yi = nxy(i,2);
    P(i,:) = [1, xi, yi, xi^2, xi * yi, yi^2];
end
x = xy(1);
y = xy(2);
% pT = [1, x, y, x^2, x * y, y^2];
pT_x = [0, 1 ,0, 2 * x, y, 0];
pT_y = [0, 0, 1, 0, x, 2 * y];
Phi_x = pT_x/P;
Phi_y = pT_y/P;
end
```

实践 13-4

【**例 13-4**】　计算点的支持域内结点坐标和结点函数值列于表 13-2 中,计算点的坐标为 (3,3)。利用函数 FunShapePD1_PIM6n2D. m,确定计算点的形函数偏导数和计算点的形函数偏导数的近似值。

表 13-2　例 13-4 表

结点	结点 1	结点 2	结点 3	结点 4	结点 5	结点 6
x_i	5	2	1	4	2	2
y_i	3	1	1	5	5	3
u_i	34	5	2	41	29	13

【**解**】　编写 MATLAB 程序 ex1304. m,内容如下:

```
clear;
clc;
nxy = [5, 3
    2, 1
    1, 1
    4, 5
```

```
        2, 5
        2, 3];
U = [34; 5; 2; 41; 29; 13];
xy = [3, 3];
[Phi_x,Phi_y] = FunShapePD1_PIM6n2D(nxy, xy)
u_x = Phi_x * U
u_y = Phi_y * U
```

运行程序 ex1304.m,得到形函数偏导数行阵为

```
Phi_x = [0.20, 0.20, -0.20, 0.10, -0.10, -0.20]
Phi_y = [-0.10, -0.35, 0.10, 0.20, 0.050, 0.10]
```

计算点形函数偏导数的近似值为

```
u_x = 6.0
u_y = 6.0
```

13.3　加权最小二乘法

13.3.1　形函数的计算

函数 FunWeight_QS2D.m

根据四次样条权函数式(10-38b)编写计算权系数的 MATLAB 功能函数 FunWeight_QS2D.m,具体内容和说明如下:

```
function w = FunWeight_QS2D(nxy, xy, dt)
% a function to have the quartic spline weights
% nxy(n * 2) —— nodal coordinates
% xy(1 * 2) —— calculated point coordinates
% ds —— supported domain size
% w(1 * n) —— weighted coefficients line vector
n = size(nxy,1);
for i = 1:n
    d = norm(nxy(i,:) - xy);
    t = d/dt;
    if t <= 1 && t > 0
        w(i) = 1 - 6 * t^2 + 8 * t^3 - 3 * t^4;
    else
        w(i) = 0;
    end
end
end
```

实践 13-5

【例 13-5】　问题域及其结点如图 13-5 所示,其中○代表结点,×代表计算点;计算点坐标为(5.5,5.5),圆形支持域尺寸 $d_s = 2$。利用函数 FunWeight_QS2D.m,求支持域内各结点的加权系数。

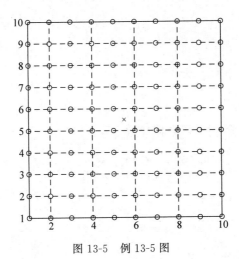

图 13-5   例 13-5 图

【解】   编写 MATLAB 程序 ex1305.m,内容如下:

```
clear;
clc;
x = 1:10;
y = 1:10;
[X,Y] = meshgrid(x,y);
X = reshape(X,100,1);
Y = reshape(Y,100,1);
NXY = [X,Y];
plot(X,Y,'ko')
xy = [5.5, 5.5];
ds = 2;
axis equal
axis square
grid on
xlim([1,10])
ylim([1,10])
hold on
plot(xy(1),xy(2),'rx')
support = FunSupport_C2D(xy,NXY,ds);
plot(NXY(support,1),NXY(support,2),'b*');
nxy = NXY(support,:);
w = FunWeight_QS2D(nxy, xy, ds);
```

运行程序 ex1305.m,得到图 13-6 所示支持域(用 * 号标记)和加权系数行阵

```
w = [0.0310, 0.0310, 0.0310, 0.5567, 0.5567, 0.0310, 0.0310, 0.5567, 0.5567, 0.0310,
    0.0310, 0.0310]
```

实践 13-6

【例 13-6】   局部支持域内的结点坐标列于表 13-3 中,取四次样条权函数式(10-38b),计算点坐标为 $(0,0.5)$,支持域尺寸 $d_s=4$。利用函数 FunWeight_QS2D.m,求各结点的加权系数。

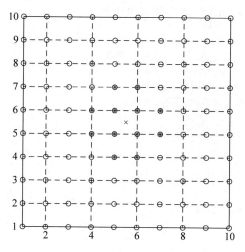

图 13-6　例 13-5 图

表 13-3　例 13-6 表

i	1	2	3	4	5	6	7	8	9	10	11	12
x_i	2	$\sqrt{3}$	1	0	-1	$-\sqrt{3}$	-2	$-\sqrt{3}$	-1	0	1	$\sqrt{3}$
y_i	0	1	$\sqrt{3}$	2	$\sqrt{3}$	1	0	-1	$-\sqrt{3}$	-2	$-\sqrt{3}$	-1

【解】　编写 MATLAB 程序 ex1306. m,内容如下:

```
clear;
clc;
nxy = [2, 0; ...
        3^(1/2),1; ...
        1, 3^(1/2); ...
        0, 2; ...
        -1, 3^(1/2); ...
        -3^(1/2), 1; ...
        -2,0; ...
        -3^(1/2), -1; ...
        -1, -3^(1/2); ...
        0, -2; ...
        1, -3^(1/2); ...
        3^(1/2), -1];
xy = [0,0.5];
ds = 4;
w = FunWeight_QS2D(nxy, xy, ds)
```

运行程序 ex1306. m,得

```
w = [0.2898, 0.3898, 0.4809, 0.5188, 0.4809, 0.3898, 0.2898, 0.2119, 0.1663,
     0.1516, 0.1663, 0.2119]
```

函数 FunShape_WLS2D. m
利用加权最小二乘法,取 2 次完备多项式基函数列阵,编写计算形函数的 MATLAB 功

能函数 FunShape_WLS2D. m,具体内容和说明如下:

```
function Phi = FunShape_WLS2D(nxy,xy,ds)
% a function to have the shape functions of WLS
% nxy(n * 2) —— nodal coordinates in support domain
% xy(1 * 2) —— calculated point coordinates
% Phi(1 * n) —— shape function line vector
n = size(nxy,1);
for i = 1:n
    xi = nxy(i,1);
    yi = nxy(i,2);
    P(i,:) = [1, xi, yi, xi^2, xi * yi, yi^2];
end
w = FunWeight_QS2D(nxy, xy, ds);
W = diag(w);
A = P' * W * P;
B = P' * W;
x = xy(1);
y = xy(2);
pT = [1, x, y, x^2, x * y, y^2];
Phi = pT/A * B;
end
```

实践 13-7

【例 13-7】 图 13-7 所示支持域内结点用 * 号标记、计算点用×号标记,计算点坐标为(4.5,4.5)。利用函数 FunShape_WLS2D. m,计算形函数行阵,并求各结点形函数的和。

【解】 编写 MATLAB 程序 ex1307. m,内容如下:

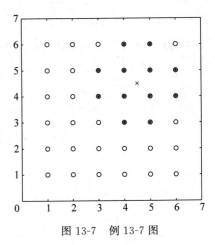

图 13-7 例 13-7 图

```
clear;
clc;
nxy = [3  4; ...
       3  5; ...
       4  3; ...
       4  4; ...
       4  5; ...
       4  6; ...
       5  3; ...
       5  4; ...
       5  5; ...
       5  6; ...
       6  4; ...
       6  5];
xy = [4.5, 4.5];
ds = 4;
Phi = FunShape_WLS2D (nxy, xy,ds)
Sum_Phi = sum(Phi)
```

运行程序 ex1307. m,得到计算点的形函数行阵,及各结点形函数的和如下:

```
Phi = [ -0.0313, -0.0313, -0.0313, 0.3125, 0.3125, -0.0312, -0.0312, 0.3125, 0.3125,
        -0.0313, -0.0312, -0.0313]
Sum_Phi = 1.0
```

13.3.2　形函数偏导数的计算

函数 FunShapePD1_WLS2D.m

利用加权最小二乘法,取 2 次完备多项式基函数列阵,编写计算形函数偏导数的 MATLAB 功能函数 FunShapePD1_WLS2D.m,具体内容和说明如下:

```
function [Phi_x, Phi_y] = FunShapePD1_WLS2D(nxy,xy,ds)
% a function to have the partial derivative of WLS shape
%                              functions
% nxy(n * 2) —— nodal coordinates in support domain
% xy(1 * 2) —— calculated point coordinates
% Phi_x(1 * n) —— shape function partial derivative line
%                      vector with respect to x
% Phi_y(1 * n) —— shape function partial derivative line
%                      vector with respect to y
n = size(nxy,1);
for i = 1:n
    xi = nxy(i,1);
    yi = nxy(i,2);
    P(i,:) = [1, xi, yi, xi^2, xi * yi, yi^2];
end
w = FunWeight_QS2D(nxy, xy, ds);
W = diag(w);
A = P' * W * P;
B = P' * W;
% pT = [1, x, y, x^2, x * y, y^2];
x = xy(1);
y = xy(2);
pT_x = [0, 1 ,0, 2 * x, y, 0];
pT_y = [0, 0, 1, 0, x, 2 * y];
Phi_x = pT_x/A * B;
Phi_y = pT_y/A * B;
end
```

实践 13-8

【例 13-8】　图 13-8 所示为问题域内的结点(用○号标记)和计算点(用×号标记),计算点坐标为为(8.5,4.5),矩形支持域尺寸 $d_x=2$,$d_y=2$。利用函数 FunShapePD1_WLS2D.m,确定支持域内结点的形函数偏导数列阵。

【解】　编写 MATLAB 程序 ex1308.m,内容如下:

```
clear;
clc;
x = 0:1:20;
y = 0:1:10;
[X,Y] = meshgrid(x,y);
```

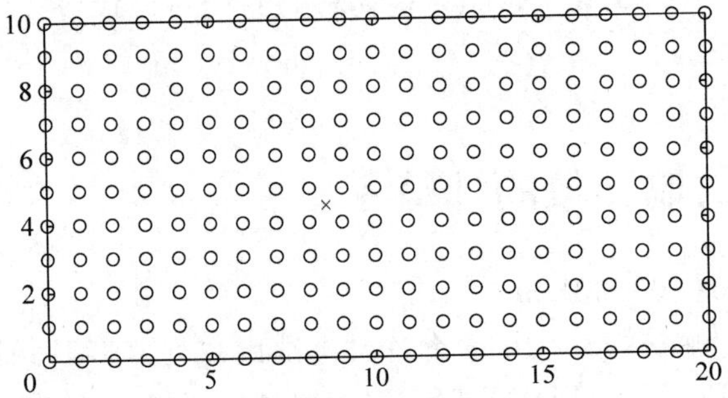

图 13-8　例 13-8 图

```matlab
[m,n] = size(X);
for i = 1:m * n
    NXY(i,:) = [X(i),Y(i)];
end
plot(X,Y,'ko')
axis equal
xlim([0,20])
ylim([0,10])
xy = [8.5, 4.5];
hold on
plot(xy(1),xy(2),'rx')
dx = 2;
dy = 2;
support = FunSupport_R2D(xy, NXY, dx, dy);
plot(NXY(support,1),NXY(support,2),'b * ')
nxy = NXY(support, :);
ds = (dx^2 + dy^2)^0.5;
[Phi_x, Phi_y] = FunShapePD1_WLS2D (nxy, xy,ds)
```

运行程序 ex1308. m,得到图 13-9 所示的支持域(用 * 号标记)和形函数偏导数列阵

```matlab
Phi_x = [ - 0.0218, - 0.0986, - 0.0986, - 0.0218, - 0.0329, - 0.1057, - 0.1057, - 0.0329,
        0.0329, 0.1057, 0.1057, 0.0329, 0.0218, 0.0986, 0.0986, 0.0218]
Phi_y = [ - 0.0218, - 0.0329, 0.0329, 0.0218, - 0.0986, - 0.1057, 0.1057, 0.0986, - 0.0986,
        - 0.1057, 0.1057, 0.0986, - 0.0218, - 0.0329, 0.0329, 0.0218]
```

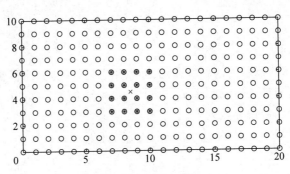

图 13-9　例 13-8 图

13.4　径向基函数插值法

13.4.1　形函数的计算

函数 FunRadial_CS8.m

以 8 次紧支型径向基函数式(10-26d)为例,编写计算径向基函数的 MATLAB 功能函数 FunRadial_CS8.m,具体内容和说明如下:

```
function rT = FunRadial_CS8(xy, nxy, dt)
% a function for the radial basis functions of CS8
% xy(1 * 2) —— coordinates of calculated point
% nxy(n * 2) —— nodal coordinates of support domain
% dt(1 * 1) —— the size of support domain
% rT(1 * n) —— a line vector of radial basis functions
n = size(nxy, 1);
rT = zeros(1, n);
for i = 1:n
    xyi = nxy(i, :);
    d = norm(xy - xyi);
    rT(1,i) = (1 - d/dt)^6 * (3 + 18 * d/dt + 35 * d^2/dt^2);
end
end
```

实践 13-9

【例 13-9】　图 13-10 所示为问题域内的结点(用○标记)和计算点(用×标记),计算点坐标为(16.5,10.5),矩形支持域尺寸 $d_x = 3$, $d_y = 2$。利用函数 FunSupport_R2D.m,确定支持域,利用函数 FunRadial_CS8.m,计算径向基函数行阵。

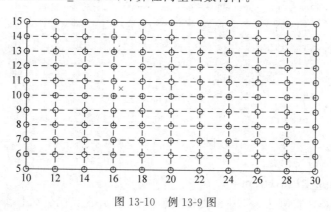

图 13-10　例 13-9 图

【解】　编写 MATLAB 程序 ex1309.m,内容如下:

```
clear;
clc;
x = 10:2:30;
```

```
y = 5:1:15;
[X,Y] = meshgrid(x,y);
plot(X,Y,'ko');
h = gca;
set(h,'xtick',x)
set(h,'ytick',y)
set(h,'xlim',[10,30])
set(h,'ylim',[5,25])
axis tight
axis equal
grid on
hold on
xy = [16.5,10.5];
plot(xy(1),xy(2),'rx')
dx = 3;
dy = 2;
[m,n] = size(X);
for i = 1:m*n
    NXY(i,:) = [X(i),Y(i)];
end
support = FunSupport_R2D(xy, NXY, dx, dy);
plot(NXY(support,1),NXY(support,2),'b*')
dt = 1.2*(3^2+2^2)^0.5;
nxy = NXY(support,:);
rT = FunRadial_CS8(xy, nxy, dt)
```

运行程序 ex1309.m,得到图 13-11 所示支持域(用 * 号标记)和径向基函数列阵

```
rT = [0.0373, 0.1237, 0.1237, 0.0373, 0.9305, 2.3571, 2.3571, 0.9305, 0.3549,
        0.9305, 0.9305, 0.3549]
```

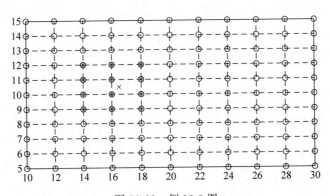

图 13-11   例 13-9 图

函数 FunShape_RPIM2D.m

使用径向基函数插值法,利用 8 次紧支型径向基函数式(10-26d)编写计算形函数的 MATLAB 功能函数 FunShape_RPIM2D.m,具体内容和说明如下:

```
function Phi = FunShape_RPIM2D(xy, nxy, dt)
% a function for the shape fuctions by RPIM
% xy(1*2) —— coordinates of calculated point
% nxy(n*2) —— nodal coordinates of support domain
```

```
% dt(1*1) —— the parameter of support domain
% Phi(1*n) —— a line vector of shape functions
n = size(nxy,1);
rT = FunRadial_CS8(xy, nxy, dt);
pT = [1, xy(1), xy(2)];
for i = 1:n
    xyi = nxy(i,:);
    rT = FunRadial_CS8(xyi, nxy, dt);
    R(i,:) = rT;
    P(i,:) = [1, xyi(1), xyi(2)];
end
G = [R,P;P',zeros(3,3)];
Phi = [rT,pT]/G;
Phi = Phi(1,1:n);
end
```

实践 13-10

【例 13-10】　图 13-12 所示为问题域内的结点(用○标记)和计算点(用×标记)，计算点坐标为(8.5,5.5)，矩形支持域尺寸 $d_x=4$，$d_y=3$。利用函数 FunSupport_R2D.m，确定支持域，利用函数 FunShape_RPIM2D.m，计算形函数行阵。

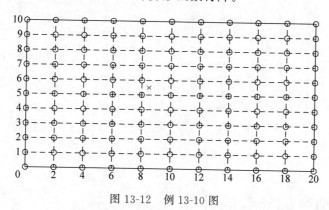

图 13-12　例 13-10 图

【解】　编写 MATLAB 程序 ex1310.m，内容如下：

```
clear;
clc;
x = 0:2:20;
y = 0:1:10;
[X,Y] = meshgrid(x,y);
plot(X,Y,'ko');
h = gca;
set(h,'xtick',x)
set(h,'ytick',y)
set(h,'xlim',[0,20])
set(h,'ylim',[0,10])
axis tight
axis equal
grid on
hold on
```

```
xy = [8.5,5.5];
plot(xy(1),xy(2),'rx')
dx = 4;
dy = 3;
[m,n] = size(X);
for i = 1:m * n
    NXY(i,:) = [X(i),Y(i)];
end
support = FunSupport_R2D(xy, NXY, dx, dy);
plot(NXY(support,1),NXY(support,2),'b * ')
dt = 1.2 * (3^2 + 2^2)^0.5;
nxy = NXY(support,:);
Phi = FunShape_RPIM2D(xy, nxy, dt);
```

运行程序 ex1310.m,得到图 13-13 所示支持域(用 * 号标记)和形函数列阵

```
Phi = [ - 0.1613, 0.3621, 0.0787, 0.1181, 0.1612, - 0.0538, 0.3346, - 0.0618
        0.1634, - 0.1043, 0.1184, - 0.2149, 0.2149, - 0.1184, 0.1043, - 0.1634
        0.0618, - 0.3346, 0.0538, - 0.1612, - 0.1181, - 0.0787, - 0.3621, 1.1613]
```

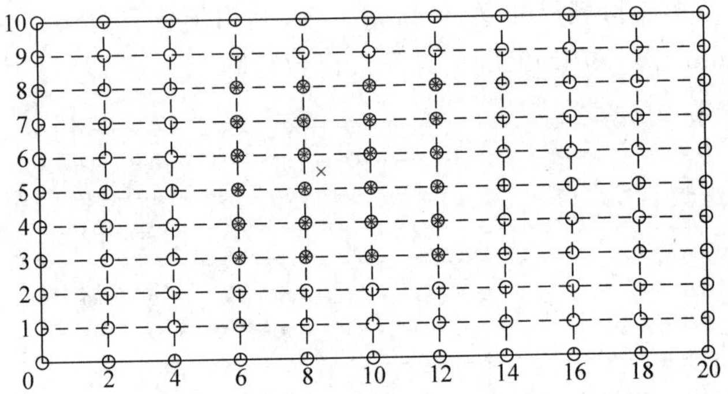

图 13-13   例 13-10 图

13.4.2   形函数偏导数的计算

函数 FunRadialPD1_CS8.m

根据 8 次紧支型径向基函数式(10-26d)编写计算径向基函数偏导数的 MATLAB 功能函数 FunRadialPD1_CS8.m,具体内容及说明如下:

```
function [rT_x,rT_y] = FunRadialPD1_CS8(xy, nxy, dt)
% a function for the partial derivatives of radial basis
%                             function of CS8
% xy(1 * 2) —— coordinates of calculated point
% nxy(n * 2) —— nodal coordinates in the support domain
% dt(1 * 1) —— a parameter of support domain
% rT_x(1 * n) —— partial derivatives of radial basis
%                             function with respect to x
% rT_y(1 * n) —— partial derivatives of radial basis
%                             function with respect to y
x = xy(1);
y = xy(2);
```

```
n = size(nxy,1);
for i = 1:n
    xi = nxy(i, 1);
    yi = nxy(i, 2);
    d = (x - xi)^2 + (y - yi)^2;
    d = d^0.5;
    if d == 0
        rT_x(i) = 0;
        rT_y(i) = 0;
    else
        d_x = (x - xi)/d;
        d_y = (y - yi)/d;
        % ri = F1 * F2
        F1 = (1 - d/dt)^6;
        F2 = 3 + 18 * d/dt + 35 * d^2/dt^2;
        F1_d = - 6/dt * (1 - d/dt)^5;
        F2_d = 18/dt + 70 * d/dt^2;
        ri_d = F1_d * F2 + F1 * F2_d;
        rT_x(i) = ri_d * d_x;
        rT_y(i) = ri_d * d_y;
    end
end
end
```

实践 13-11

【例 13-11】 图 13-14 所示为问题域内的结点（用○标记）和计算点（用×标记），计算点坐标为 $(9.5, 10.5)$，圆形支持域尺寸 $d_s = 4$。利用函数 FunSupport_C2D. m，确定支持域；利用函数 FunRadialPD1_CS8. m，计算径向基函数偏导数行阵。

【解】 编写 MATLAB 程序 ex1311. m，内容如下：

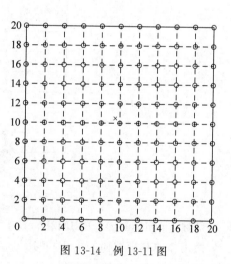

图 13-14　例 13-11 图

```
clear;
clc;
x = 0:2:20;
y = 0:2:20;
[X,Y] = meshgrid(x,y);
plot(X,Y,'ko');
h = gca;
set(h,'xtick',x)
set(h,'ytick',y)
set(h,'xlim',[0,20])
set(h,'ylim',[0,20])
axis tight
axis equal
grid on
hold on
```

```
xy = [9.5,10.5];
plot(xy(1),xy(2),'rx')
ds = 4;
[m,n] = size(X);
for i = 1:m*n
    NXY(i,:) = [X(i),Y(i)];
end
support = FunSupport_C2D(xy, NXY, ds);
% plot(NXY(support,1),NXY(support,2),'b*')
dt = 1.2*ds;
nxy = NXY(support,:);
[rT_x,rT_y] = FunRadialPD1_CS8(xy, nxy, dt)
```

运行程序 ex1311.m，得到图 13-15 所示支持域（用 * 号标记）和径向基函数偏导数行阵

rT_x = [− 0.0505, − 0.0159, − 0.1373, − 1.3088, − 0.6334, − 0.0068, 0.1007, 0.9513,
         0.4363, 0.0072, 0.0361, 0.5033, 0.2288]

rT_y = [− 0.0072, 0.0068, − 0.2288, − 0.4363, 0.6334, 0.0159, − 0.5033, − 0.9513,
         1.3088, 0.0505, − 0.0361, − 0.1007, 0.1373]

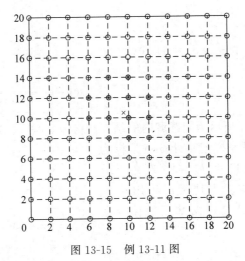

图 13-15   例 13-11 图

函数 FunShapePD1_RPIM2D.m

使用径向基函数插值法，并利用 8 次紧支型径向基函数式（10-26d）编写计算形函数偏导数的 MATLAB 功能函数 FunShapePD1_RPIM2D.m，具体内容及说明如下：

```
function [Phi_x,Phi_y] = FunShapePD1_RPIM2D(xy, nxy, dt)
% a function for the shape functions by RPIM
% xy(1*2) —— coordinates of calculated point
% nxy(n*2) —— nodal coordinates of support domain
% dt(1*1) —— the parameter of support domain
% Phi(1*n) —— a line vector of shape functions
n = size(nxy,1);
[rT_x,rT_y] = FunRadialPD1_CS8(xy, nxy, dt);
pT_x = [0, 1, 0];
pT_y = [0, 0, 1];
for i = 1:n
```

```
      xyi = nxy(i,:);
      rT = FunRadial_CS8(xyi, nxy, dt);
      R(i,:) = rT;
      P(i,:) = [1, xyi(1), xyi(2)];
  end
  G = [R,P;P',zeros(3,3)];
  Phi_x = [rT_x,pT_x]/G;
  Phi_y = [rT_y,pT_y]/G;
  Phi_x = Phi_x(1,1:n);
  Phi_y = Phi_y(1,1:n);
end
```

实践 13-12

【例 13-12】　问题域内结点(用〇标记)和计算点(用×标记)如图 13-16 所示,计算点坐标为 $(9,9)$,圆形支持域尺寸 $d_s=4$。利用函数 FunSupport_C2D.m 确定支持域,利用函数 FunshapePD1_RPIM2D.m 计算形函数偏导数行阵。

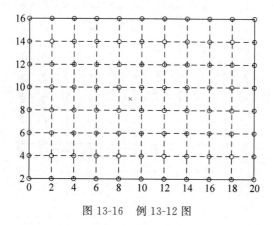

图 13-16　例 13-12 图

【解】　编写 MATLAB 程序 ex1312.m,内容如下:

```
clear;
clc;
x = 0:2:20;
y = 2:2:16;
[X,Y] = meshgrid(x,y);
plot(X,Y,'ko');
h = gca;
set(h,'xtick',x)
set(h,'ytick',y)
set(h,'xlim',[0,20])
set(h,'ylim',[2,16])
axis tight
axis equal
grid on
hold on
xy = [9,9];
plot(xy(1),xy(2),'rx')
ds = 4;
```

```
[m,n] = size(X);
for i = 1:m * n
    NXY(i,:) = [X(i),Y(i)];
end
support = FunSupport_C2D(xy, NXY, ds);
plot(NXY(support,1),NXY(support,2),'b * ')
dt = 1.2 * ds;
nxy = NXY(support,:);
[Phi_x,Phi_y] = FunShapePD1_RPIM2D(xy, nxy, dt)
```

运行程序 ex1312.m,得到图 13-17 所示支持域(用 * 号标记)和形函数偏导数行阵

Phi_x = [0.0266, 0.0266, 0.0599, − 0.3897, − 0.3897, 0.0599, − 0.0599,
        0.3897, 0.3897, − 0.0599, − 0.0266, − 0.0266]
Phi_y = [0.0599, − 0.0599, 0.0266, − 0.3897, 0.3897, − 0.0266, 0.0266,
        − 0.3897, 0.3897, − 0.0266, 0.0599, − 0.0599]

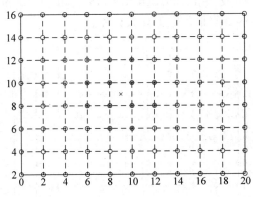

图 13-17　例 13-12 图

13.5　移动最小二乘法

13.5.1　形函数的计算

函数 FunShape_MLS2D. m

利用移动最小二乘法,取 2 次完备多项式基函数列阵,编写计算形函数的 MATLAB 功能函数 FunShape_MLS2D. m,具体内容和说明如下:

```
function Phi = FunShape_MLS2D(nxy,xy,dt)
% a function to have the shape functions of MLS
% nxy(n * 2) ── nodal coordinates in support domain
% xy(1 * 2) ── calculated point coordinates
% Phi(1 * n) ── shape function line vector
n = size(nxy,1);
for i = 1:n
    xi = nxy(i,1);
    yi = nxy(i,2);
    P(i,:) = [1, xi, yi, xi^2, xi * yi, yi^2];
```

```
end
w = FunWeight_QS2D(nxy, xy, dt);
% call the function FunWeight_QS2D
W = diag(w);
A = P' * W * P;
B = P' * W;
x = xy(1);
y = xy(2);
pT = [1, x, y, x^2, x * y, y^2];
Phi = pT/A * B;
end
```

实践 13-13

【例 13-13】　图 13-18 所示为支持域内的结点（用〇号表示）和计算点（用×号标记），计算点坐标为 $(15,7.5)$，矩形支持域尺寸为 $d_x=4,d_y=2$。利用函数 FunSupport_R2D.m 确定支持域，利用函数 FunShape_MLS2D.m 计算形函数行阵。

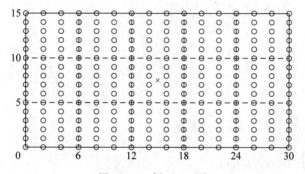

图 13-18　例 13-13 图

【解】　编写 MATLAB 程序 ex1313.m，内容如下：

```
clear;
clc;
x = 0:2:30;
y = 0:1:15;
[X,Y] = meshgrid(x,y);
plot(X,Y,'ko')
axis equal
axis tight
h = gca;
set(h,'xtick',0:6:30)
set(h,'ytick',0:5:15)
grid on
hold on
xy = [15,7.5];
plot(xy(1),xy(2),'rx')
dx = 4;
dy = 2;
[m,n] = size(X);
for i = 1:m * n
    NXY(i,:) = [X(i),Y(i)];
```

```
end
support = FunSupport_R2D(xy, NXY, dx, dy);
plot(NXY(support,1),NXY(support,2),'b * ')
nxy = NXY(support,:);
ds = (dx^2 + dy^2)^0.5;
Phi = FunShape_MLS2D(nxy,xy,ds)
```

运行程序 ex1313.m,得到图 13-19 所示支持域(用 * 号标记)和形函数列阵

```
Phi = [ - 0.0242, - 0.0071, - 0.0071, - 0.0242, - 0.0071, 0.2883, 0.2883, - 0.0071,
        - 0.0071, 0.2883, 0.2883, - 0.0071, - 0.0242, - 0.0071, - 0.0071, - 0.0242]
```

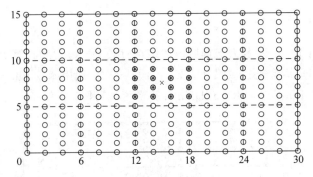

图 13-19 例 13-13 图

13.5.2 形函数偏导数的计算

函数 FunWeightPD1_QS2D.m

根据四次样条权函数式(10-38b),编写计算权函数偏导数的 MATLAB 功能函数
FunWeightPD1_QS2D.m,具体内容和说明如下:

```
function [w_x,w_y] = FunWeightPD1_QS2D(nxy,xy,dt)
% a function for the partial derivatives of weight function
% nxy(n * 2) —— nodal coordinates in supported domain
% xy(1 * 2) —— coordinates of calculated point
% ds(1 * 1) —— the size of supported domain
% w_x(1 * n) —— partial derivatives of weight function with
%                              respect to x
% w_y(1 * n) —— partial derivatives of weight function with
%                              respect to y
n = size(nxy,1);
x = xy(1);
y = xy(2);
for i = 1:n
    xyi = nxy(i,:);
    xi = nxy(i,1);
    yi = nxy(i,2);
    d = norm(xy - xyi);
    t = d/dt;
    w_d = 1/dt * (24 * t^2 - 12 * t - 12 * t^3);
    w_x(i) = w_d * (x - xi)/d;
```

```
        w_y(i) = w_d * (y - yi)/d;
        if t == 0
            w_x(i) = 0;
            w_y(i) = 0;
        end
    end
end
```

实践 13-14

【例 13-14】　图 13-20 所示为问题域内的结点
(用○号标记)和计算点(用×号标记),计算点坐标
为(7.5,7.5)。利用函数 FunSupport_C2D.m 确定
支持域,利用函数 FunWeightPD1_QS2D.m 计算加
权函数偏导数行阵。

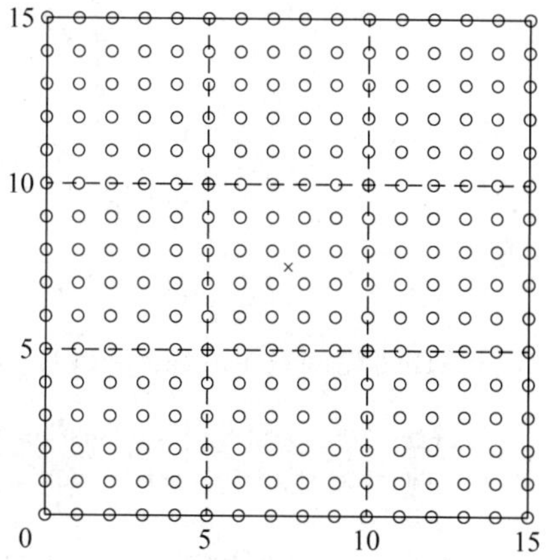

【解】　编写 MATLAB 程序 ex1314.m,内容
如下:

图 13-20　例 13-14 图

```
clear;
clc;
x = 0:1:15;
y = 0:1:15;
[X,Y] = meshgrid(x,y);
plot(X,Y,'ko')
axis equal
axis tight
h = gca;
set(h,'xtick',0:5:15)
set(h,'ytick',0:5:15)
grid on
hold on
xy = [7.5,7.5];
plot(xy(1),xy(2),'rx')
ds = 2;
[m,n] = size(X);
for i = 1:m * n
    NXY(i,:) = [X(i),Y(i)];
end
support = FunSupport_C2D(xy, NXY, ds);
plot(NXY(support,1),NXY(support,2),'b * ');
nxy = NXY(support,:);
[w_x,w_y] = FunWeightPD1_QS2D(nxy,xy,ds)
```

运行程序 ex1314.m,得到图 13-21 所示支持域(用 * 号标记)和加权函数偏导数行阵

```
w_x = [ - 0.1974, - 0.1974, - 0.0658, - 0.6268, - 0.6268, - 0.0658, 0.0658, 0.6268,
        0.6268, 0.0658, 0.1974, 0.1974]
w_y = [ - 0.0658, 0.0658, - 0.1974, - 0.6268, 0.6268, 0.1974, - 0.1974, - 0.6268,
        0.6268, 0.1974, - 0.0658, 0.0658]
```

函数 FunShapePD1_MLS2D.m
利用移动最小二乘法,取 2 次完备多项式基函数列阵,编写计算形函数偏导数的

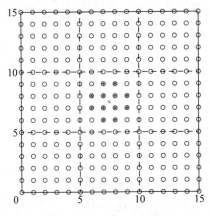

图 13-21   例 13-14 图

MATLAB 功能函数 FunShapePD1_MLS2D.m,具体内容和说明如下:

```
function [Phi_x,Phi_y] = FunShapePD1_MLS2D(nxy,xy,dt)
% a function for the partial derivatives of shape
%                                    functions of MLS
% nxy(n * 2) —— nodal coordinates in support domain
% xy(1 * 2) —— calculated point coordinates
% ds(1 * 1) —— the size of support domain
% Phi_x(1 * n) —— partial derivatives of shape function
%                                    with respect to x
% Phi_y(1 * n) —— partial derivatives of shape function
%                                    with respect to y
n = size(nxy,1);
for i = 1:n
    xi = nxy(i,1);
    yi = nxy(i,2);
    P(i,:) = [1, xi, yi, xi^2, xi * yi, yi^2];
end
% call the function FunWeight_QS2D
w = FunWeight_QS2D(nxy, xy, dt);
% w = FunWeight_CS8(nxy, xy, dt);
W = diag(w);
A = P' * W * P;
B = P' * W;
% call the function FunWeightPD1_QS2D
% dt = 1.2 * ds
[w_x,w_y] = FunWeightPD1_QS2D(nxy, xy, dt);
% [w_x,w_y] = FunWeightPD1_CS8(nxy,xy,dt)
W_x = diag(w_x);
W_y = diag(w_y);
A_x = P' * W_x * P;
A_y = P' * W_y * P;
B_x = P' * W_x;
B_y = P' * W_y;
x = xy(1);
y = xy(2);
pT = [1, x, y, x^2, x * y, y^2];
```

```
pT_x = [0, 1, 0, 2 * x, y, 0];
pT_y = [0, 0, 1, 0, x, 2 * y];
gama = pT/A;
gama_x = (pT_x − gama * A_x)/A;
gama_y = (pT_y − gama * A_y)/A;
Phi_x = gama_x * B + gama * B_x;
Phi_y = gama_y * B + gama * B_y;
end
```

实践 13-15

【例 13-15】 图 13-22 所示为问题域内的结点(用○号标记)和计算点(用×号标记),计算点坐标为(7.5,4.5)。利用函数 FunSupport_C2D.m,确定支持域,利用函数 FunShapePD1_MLS2D.m 计算形函数偏导数行阵。

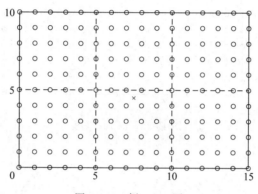

图 13-22 例 13-15 图

【解】 编写 MATLAB 程序 ex1315.m,内容如下:

```
clear;
clc;
x = 0:1:15;
y = 0:1:10;
[X,Y] = meshgrid(x,y);
plot(X,Y,'ko')
axis equal
axis tight
h = gca;
set(h,'xtick',0:5:15)
set(h,'ytick',0:5:10)
grid on
hold on
xy = [7.5,4.5];
plot(xy(1),xy(2),'rx')
ds = 2;
[m,n] = size(X);
for i = 1:m * n
    NXY(i,:) = [X(i),Y(i)];
end
support = FunSupport_C2D(xy, NXY, ds);
```

```
plot(NXY(support,1),NXY(support,2),'b * ');
nxy = NXY(support,:);
[Phi_x,Phi_y] = FunShapePD1_MLS2D(nxy,xy,ds)
```

运行程序 ex1315.m,得到图 13-23 所示支持域(用 * 号标记)和形函数偏导数行阵

Phi_x = [0.1121, 0.1121, 0.0374, − 0.8736, − 0.8736, 0.0374, − 0.0374, 0.8736,
      0.8736, − 0.0374, − 0.1121, − 0.1121]
Phi_y = [0.0374, − 0.0374, 0.1121, − 0.8736, 0.8736, − 0.1121, 0.1121, − 0.8736,
      0.8736, − 0.1121, 0.0374, − 0.0374]

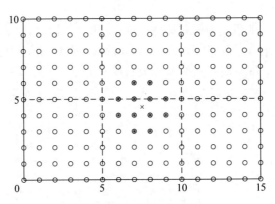

图 13-23 例 13-15 图

习题

习题 13-1 利用径向基函数插值法,编写 MATLAB 程序,计算图 13-18 所示无网格离散结构中计算点(15,7.5)的形函数及其 1 阶偏导数。

习题 13-2 利用移动最小二乘法,编写 MATLAB 程序,计算图 13-5 所示无网格离散结构中计算点(5.5,5.5)的形函数及其 1 阶偏导数。

习题 13-3 利用加权最小二乘法,编写 MATLAB 程序,计算图 13-10 所示无网格离散结构中计算点(16.5,10.5)的形函数及其 1 阶偏导数。

习题 13-4 简述加权最小二乘法和移动最小二乘法的主要区别。

第14章

无网格法的综合实践

14.1 支持域特征矩阵

14.1.1 支持域形函数矩阵

对于弹性平面问题,利用第 11 章介绍的径向基函数插值无网格法,将计算点支持域的形函数矩阵表示为

$$N_s(x) = [N_1(x), N_2(x), \cdots, N_n(x)], \qquad (14\text{-}1)$$

其中,

$$N_i(x) = \begin{bmatrix} \phi_i(x) & 0 \\ 0 & \phi_i(x) \end{bmatrix}$$ ——形函数矩阵的子矩阵;

$i = 1, 2, \cdots, n$ ——支持域内结点编号;

$\phi_i(x)$ ——结点 i 的形函数,可由第 13 章介绍的函数 FunShape_RPIM2D. m 计算。

函数 FunNs_RPIM2D. m

根据式(14-1)编写计算形函数矩阵的 MATLAB 功能函数 FunNs_RPIM2D. m,具体内容如下:

```
function Ns = FunNs_RPIM2D(xy,nxy,dt)
% a function for the shape function matrix of
%                    support domain by RPIM
% xy(1 * 2) —— coordinates of calculated point
% nxy(n * 2) —— nodal coordinates of support domain
% dt(1 * 1) —— the parameter of support domain
% Ns(2 * 2n) —— the shape function matrix of support domain
Phi = FunShape_RPIM2D(xy, nxy, dt);
n = size(nxy,1);
Ns = zeros(2,2 * n);
for i = 1:n
    Ns(1,2 * i − 1) = Phi(i);
    Ns(2,2 * i) = Phi(i);
end
end
```

14.1.2　支持域应变矩阵

对于弹性平面问题,利用第 11 章介绍的径向基函数插值无网格法,将计算点支持域的应变矩阵表示为

$$\boldsymbol{B}_s = [\boldsymbol{B}_1, \boldsymbol{B}_2, \cdots, \boldsymbol{B}_n], \tag{14-2}$$

其中,

$$\boldsymbol{B}_i = \begin{bmatrix} \dfrac{\partial \phi_i}{\partial x} & 0 \\ 0 & \dfrac{\partial \phi_i}{\partial y} \\ \dfrac{\partial \phi_i}{\partial y} & \dfrac{\partial \phi_i}{\partial x} \end{bmatrix}$$——支持域应变矩阵的子矩阵;

$i = 1, 2, \cdots, n$——支持域内结点编号;

$\dfrac{\partial \phi_i}{\partial x}, \dfrac{\partial \phi_i}{\partial y}$——形函数的偏导数,可由第 13 章介绍的函数 FunShapePD1_RPIM2D.m 计算。

函数 FunBs_RPIM2D.m

根据式(14-2)编写计算应变矩阵的 MATLAB 功能函数 FunBs_RPIM2D.m,具体内容如下:

```
function Bs = FunBs_RPIM2D(xy,nxy,dt)
% a function for the strain matrix of support
%                         domain by RPIM
% xy(1 * 2) —— coordinates of calculated point
% nxy(n * 2) —— nodal coordinates of support domain
% dt(1 * 1) —— the parameter of support domain
% Bs(3 * 2n) —— the strain matrix of support domain
[Phi_x,Phi_y] = FunShapePD1_RPIM2D(xy, nxy, dt);
n = size(nxy,1);
Bs = zeros(3,2 * n);
for i = 1:n
    Bs(1,2 * i - 1) = Phi_x(i);
    Bs(2,2 * i) = Phi_y(i);
    Bs(3,2 * i - 1) = Phi_y(i);
    Bs(3,2 * i) = Phi_x(i);
end
end
```

14.1.3　支持域刚度密度矩阵

对于弹性平面问题,利用第 11 章介绍的径向基函数插值无网格法,将背景单元刚度密度矩阵表示为

$$\boldsymbol{k}_s = \boldsymbol{B}_s^{\mathrm{T}} \boldsymbol{D} \boldsymbol{B}_s, \tag{14-3}$$

其中,$\boldsymbol{D}$——弹性矩阵;

$\boldsymbol{B}_s$——支持域应变矩阵，表达式见式(14-2)。

函数 FunKs_RPIM2D. m

根据式(14-3)编写计算支持域刚度密度矩阵的 MATLAB 功能函数 FunKs_RPIM2D. m，具体内容如下：

```
function Ks = FunKs_RPIM2D(xy,nxy,dt,D)
% a function for the stiffness density matrix of
%                          support domain by RPIM
% xy(1 * 2) —— coordinates of calculated point
% nxy(n * 2) —— nodal coordinates of support domain
% dt(1 * 1) —— the parameter of support domain
% D(3 * 3) —— elastic matrix
% Ks(2n * 2n) —— the strain matrix of support domain
n = size(nxy,1);
[Phi_x,Phi_y] = FunShapePD1_RPIM2D(xy, nxy, dt);
Bs = zeros(3,2 * n);
for i = 1:n
    Bs(1,2 * i - 1) = Phi_x(i);
    Bs(2,2 * i) = Phi_y(i);
    Bs(3,2 * i - 1) = Phi_y(i);
    Bs(3,2 * i) = Phi_x(i);
end
Ks = (Bs') * D * Bs;
end
```

14.2　无网格离散方程

14.2.1　弹性矩阵的确定

函数 FunD_Elastic2D. m

为便于无网格法程序设计，编写计算弹性平面问题弹性矩阵的 MATLAB 功能函数 FunD_Elastic2D. m，具体内容如下：

```
function D = FunD_Elastic2D(E,mu,type)
% a function for elastic matrix for plane problem
% E(1 * 1) —— elastic modulus
% mu(1 * 1) —— Poisson's ratio
% type(1 * 1) —— 1 for plane stress; 2 for plane strain
% D(3 * 3) —— elastic matrix
if type == 1
    E1 = E;
    mu1 = mu;
elseif type == 2
    E1 = E/(1 - mu^2);
    mu1 = mu/(1 - mu);
else
    '---- type should be 1 or 2 --- '
    return
```

```
    end
D = [1, mu1, 0; ...
     mu1, 1, 0; ...
     0, 0, 0.5 * (1 - mu1)];
D = E1/(1 - mu1^2) * D;
end
```

14.2.2 整体刚度矩阵的生成

对于弹性平面问题,利用第 11 章介绍的径向基函数插值无网格法,将无网格离散结构的整体刚度矩阵表示为

$$K = \sum_{e=1}^{M} K_e,\qquad\qquad(14\text{-}4)$$

其中,$K_e = \int_{\Omega_e} k_e(x)\,d\Omega$——背景单元刚度矩阵;

$\quad k_e(x) = B_e^{\mathrm{T}} D B_e$——背景单元刚度密度矩阵;

$\quad B_e$——背景单元应变矩阵,由支持域应变矩阵 B_s 扩维得到;

$\quad D$——弹性矩阵;

$\quad M$——背景单元总数。

函数 FunGK_RPIM2D. m

根据式(14-4)编写计算整体刚度矩阵的 MATLAB 功能函数 FunGK_RPIM2D. m,具体内容如下:

```
function GK = FunGK_RPIM2D(BELE,NXY,D,t,ds)
% a function for meshless global stiffness matrix
% BELE(4 * 2 * M), background element matrix
% NXY(N * 2), meshless global node matrix
% E, modulus of elasticity
% mu, Poisson's ratio
% t, the thickness of plane structure
M = size(BELE,3);
N = size(NXY,1);
GK = zeros(2 * N,2 * N);
for i = 1:M
    bxy = BELE(:,:,i);
    rs = 1/3^0.5 * [-1, -1; ...
                     1, -1; ...
                     1, 1; ...
                    -1,1];
    for j = 1:4
        r = rs(j,1);
        s = rs(j,2);
        N1 = 1/4 * (1 - r) * (1 - s);
        N2 = 1/4 * (1 + r) * (1 - s);
        N3 = 1/4 * (1 + r) * (1 + s);
        N4 = 1/4 * (1 - r) * (1 + s);
        xy(1,1) = [N1,N2,N3,N4] * bxy(:,1);
        xy(1,2) = [N1,N2,N3,N4] * bxy(:,2);
```

```
            support = FunSupport_C2D(xy, NXY, ds);
            n = size(support,2);
            sn = zeros(1,2*n);
            sn(1:2:2*n-1) = 2*support - 1;
            sn(2:2:2*n) = 2*support;
            nxy = NXY(support,:);
            dt = 1.2*ds; % ***
            Ks = FunKs_RPIM2D(xy,nxy,dt,D); % call function
            Npd = 1/4*[-(1-s),(1-s),(1+s),-(1+s);...
                    -(1-r),-(1+r),(1+r),(1-r)];
            J = Npd*bxy;
            f = t*det(J)*Ks;
            GK(sn,sn) = GK(sn,sn) + f;
        end
    end
end
```

14.2.3　离散方程的求解

对于弹性平面问题,利用第 11 章介绍的径向基函数插值无网格法,将无网格法的离散
方程表示为

$$Ka = P, \tag{14-5}$$

其中,K——整体刚度矩阵;

a——整体结点位移分量列阵;

P——整体结点载荷分量列阵。

离散方程式(14-5)不能直接求解,其原因是:在整体结点位移分量列阵 a 中,存在已知
的结点位移分量;在整体结点载荷列阵 P 中,存在未知的结点载荷分量。需要将位移边界
条件引入无网格法的离散方程后才能求解。

函数 FunSol_direct.m

利用 11.4.2 节中介绍的直接法编写求解无网格离散方程的 MATLAB 功能函数
FunSol_direct.m,具体内容如下:

```
function UU = FunSol_direct(GK,PP,BU)
% solution of FEM discrete equation
% GK(2N*2N), global stiffness matrix
% where N is the number of nodes
% PP(2N*1), equivalent nodal load components
% BU(n*2), number of DOF and its known nodal
% variable, where n is the number of known DOFs
% UU(2N*1), nodal variable components
n = size(BU,1);
for k = 1:n
    i = BU(k,1);
    ui = BU(k,2);
    PP(:,1) = PP(:,1) - GK(:,i)*ui;
    PP(i,1) = ui;
    GK(i,:) = 0;
    GK(:,i) = 0;
```

```
        GK(i,i) = 1;
    end
    UU = GK\PP;
end
```

14.3　悬臂梁结构的无网格分析

图 14-1 所示为悬臂梁结构,已知梁的长度 $L = 48\,\text{cm}$,高度 $H = 12\,\text{cm}$,厚度 $t = 1\,\text{cm}$,弹性模量 $E = 3 \times 10^5\,\text{MPa}$,泊松比 $\mu = 0.3$,上表面的均布压力 $p = 1.0\,\text{MPa}$。下面利用无网格法分析该悬臂梁的位移场。

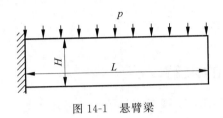

图 14-1　悬臂梁

14.3.1　结构的无网格离散

实践 14-1

【例 14-1】　对图 14-1 所示悬臂梁进行无网格离散,生成结点坐标矩阵 NXY 和背景单元矩阵 BELE,并绘制结构的无网格结点离散结构和背景网格。

【解】　(1) 利用有限元前处理软件生成结点和单元,保存在文件 NXY1401.xlsx 和文件 BELE1401.xlsx 中。

(2) 编写 MATLAB 程序 ex1401.m,内容如下:

```
clear;
clc;
NXY = xlsread('NXY1401.xlsx',1,'B1:C175');
ELE = xlsread('ELE1401.xlsx',1,'B1:E144');
M = size(ELE,1);
BELE = zeros(4,2,M);
for i = 1:M
    sn = ELE(i,:);
    BELE(:,:,i) = NXY(sn,:);
end
figure
hold on
axis equal
axis tight
h = gca;
set(h,'xtick',0:60:480)
set(h,'ytick', - 60:60:60)
plot(NXY(:,1),NXY(:,2),'ko')
```

```
figure
hold on
axis equal
axis tight
h = gca;
set(h,'xtick',0:60:480)
set(h,'ytick', - 60:60:60)
for i = 1:M
    exy = BELE(:,:,i);
    fill(exy(:,1),exy(:,2),'w')
end
save NXY_1401.mat NXY
save ELE_1401.mat ELE
save BELE_1401.mat BELE
```

运行程序 ex1401.m,得到结点坐标矩阵 NXY 和背景单元矩阵 BELE,分别存储在文件 NXY_1401.mat 和 BELE_1401.mat 中,得到图 14-2 所示无网格结点离散结构,得到的背景网格如图 14-3 所示。

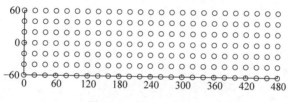

图 14-2　例 14-1 图(1)

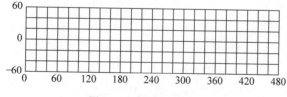

图 14-3　例 14-1 图(2)

14.3.2　整体刚度矩阵的生成

实践 14-2

【例 14-2】　利用结点坐标矩阵 NXY 和背景单元矩阵 BELE 计算图 14-1 所示悬臂梁结构的无网格离散结构的整体刚度矩阵 GK。

【解】　编写 MATLAB 程序 ex1402.m,内容如下:

```
clear;
clc;
E = 3e5; % MPa
mu = 0.3;
t = 10; % mm
ds = 40; % Radius of supported domain dc = 20
load NXY_1401
```

```
load BELE_1401
type = 1;
D = FunD_Elastic2D(E,mu,type);
GK = FunGK_RPIM2D(BELE,NXY,D,t,ds);
save GK_1402 GK
```

运行程序 ex1402.m,得到整体刚度矩阵 GK,保存在文件 GK_1402.mat 中。

14.3.3　位移边界条件的引入

实践 14-3

【例 14-3】　利用整体结点坐标矩阵 NXY 生成图 14-1 所示悬臂梁结构的无网格离散结构的位移边界条件数组 BU。

【解】　编写 MATLAB 程序 ex1403.m,内容如下:

```
clear;
clc;
load NXY_1401.mat
fix = find(abs(NXY(:,1) - 0) < 1e - 1);
n = length(fix);
BU = zeros(2 * n,2);
for i = 1:n
    id = fix(i);
    BU(2 * i - 1,1) = 2 * id - 1;
    BU(2 * i,1) = 2 * id;
end
figure
plot(NXY(:,1), NXY(:,2), 'ko')
hold on
axis off
axis equal
axis tight
plot(NXY(fix,1), NXY(fix,2), 'r * ')
save BU_1403.mat BU
```

运行程序 ex1403.m,得到位移边界条件数组 BU,并保存在文件 BU_1403.mat 中;得到位移结点位置如图 14-4 所示。

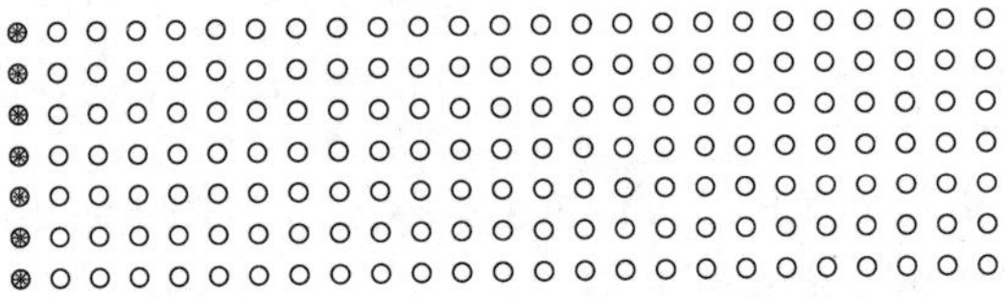

图 14-4　例 14-3 图

14.3.4　结点载荷分量列阵的生成

实践 14-4

【例 14-4】　利用结点坐标矩阵 NXY 生成图 14-1 所示悬臂梁结构的无网格离散结构的

结点载荷分量列阵 PP。

【解】　编写 MATLAB 程序 ex1404.m,内容如下:

```
clear;
clc;
load NXY_1401.mat
N = size(NXY,1);
PP = zeros(2 * N,1);
p = - 1.0; % MPa
th = 10; % mm
ID_P = find(abs(NXY(:,2) - 60)< 1e - 2);
X_P = NXY(ID_P,1);
[X_P,sn] = sort(X_P);
ID_P = ID_P(sn);
n = length(ID_P);
for i = 1:(n - 1)
    dx = X_P(i + 1) - X_P(i);
    dFy = p * dx * th;
    sn = [2 * ID_P(i),2 * ID_P(i + 1)];
    PP(sn,1) = PP(sn,1) + 0.5 * dFy;
end
figure
hold on
axis off
axis equal
axis tight
plot(NXY(:,1), NXY(:,2), 'ko')
plot(NXY(ID_P,1), NXY(ID_P,2), 'b * ')
save PP_1404.mat PP
```

运行程序 ex1404.m,得到结点载荷分量列阵 PP,保存在文件 PP_1404.mat 中;得到非零结点载荷位置如图 14-5 所示。

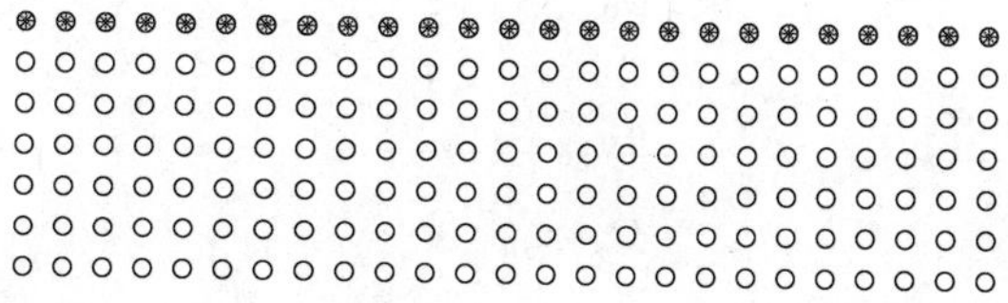

图 14-5　例 14-4 图

14.3.5　结点位移分量的求解

实践 14-5

【例 14-5】　利用位移约束的直接处理法求解图 14-1 所示悬臂梁结构的无网格离散结构的整体结点位移分量列阵 UU,并绘制悬臂梁轴线的挠曲线。

【解】　编写 MATLAB 程序 ex1405.m,内容如下:

```
clear;
clc;
load GK_1402;
```

```
load PP_1404;
load BU_1403;
load NXY_1401.mat;
UU = FunSol_direct(GK, PP, BU);
save UU_1405 UU
path = find(abs(NXY(:,2) - 0)< 1e - 2);
x_path = NXY(path,1);
[x_path,id] = sort(x_path);
path = path(id);
figure
hold on
axis equal
axis tight
axis off
plot(NXY(:,1),NXY(:,2),'ko')
plot(NXY(path,1),NXY(path,2),'r * ')
h = figure;
set(h, 'position', [170, 233, 560, 200])
plot(x_path,UU(2 * path),'r - * ')
ylim([ - 0.2,0])
xlim([0,500])
xlabel('x/mm')
ylabel('v/mm')
```

运行程序 ex1405.m,得到无网格离散结构的整体结点位移分量列阵 UU,保存在文件 UU_1405.mat 中;得到悬臂梁轴线上结点位置如图 14-6 所示;得到轴线的挠曲线,如图 14-7 所示。

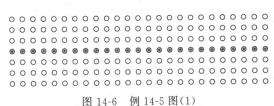

图 14-6　例 14-5 图(1)

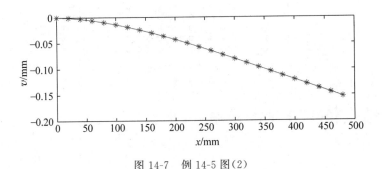

图 14-7　例 14-5 图(2)

14.3.6　位移幅值云图的绘制

实践 14-6

【例 14-6】 根据整体结点位移分量列阵 UU 绘制图 14-1 所示悬臂梁结构的无网格离

散结构的位移幅值云图。

【解】　编写 MATLAB 程序 ex1406.m,内容如下:

```
clear;
clc;
load NXY_1401
load ELE_1401
load UU_1405
N = size(NXY,1);
M = size(ELE,1);
xid = 1:2:2 * N − 1;
yid = 2:2:2 * N;
Ux = UU(xid);
Uy = UU(yid);
Uabs = Ux.^2 + Uy.^2;
Uabs = Uabs.^0.5;
figure
hold on
axis equal
axis tight
axis off
for i = 1:M
    sn = ELE(i,:);
    exy = NXY(sn,:);
    fill(exy(:,1),exy(:,2),Uabs(sn))
end
colorbar
shading interp
colormap jet
title('U_a_b_s / mm')
```

运行程序 ex1406.m,得到的位移幅值云图如图 14-8 所示。

彩图

图 14-8　例 14-6 图

14.4　隧道结构的无网格分析

图 14-9 所示隧道结构,内孔半径 $r = 20\,\mathrm{cm}$,长度 $L = 100\,\mathrm{cm}$,顶端压力 $p = 2.0\,\mathrm{MPa}$,弹性模量 $E = 2.0 \times 10^5\,\mathrm{MPa}$,泊松比 $\mu = 0.35$。下面利用径向基函数插值无网格法计算与分析该隧道结构的位移场。

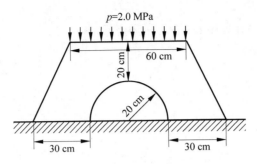

图 14-9　隧道结构

14.4.1　结构的无网格离散

实践 14-7

【例 14-7】　对图 14-9 所示隧道结构进行无网格离散,生成结点坐标矩阵 NXY 和背景单元矩阵 BELE。

【解】　(1)该问题可简化为平面应变问题,利用对称性,取右半部为研究对象。利用有限元法前处理软件生成结点和单元,保存在文件 NXY1407.xlsx 和文件 BELE1407.xlsx 中。

(2)编写 MATLAB 程序 ex1407.m,内容如下:

```
clear;
clc;
NXY = xlsread('NXY1407.xlsx',1,'B1:C374');
ELE = xlsread('ELE1407.xlsx',1,'B1:E334');
M = size(ELE,1);
BELE = zeros(4,2,M);
for i = 1:M
    sn = ELE(i,:);
    BELE(:,:,i) = NXY(sn,:);
end
figure
hold on
axis equal
axis tight
h = gca;
set(h,'xtick',0:100:500)
set(h,'ytick',0:100:500)
plot(NXY(:,1),NXY(:,2),'ko')
figure
hold on
axis equal
axis tight
h = gca;
set(h,'xtick',0:100:500)
set(h,'ytick',0:100:500)
for i = 1:M
    exy = BELE(:,:,i);
```

```
    fill(exy(:,1),exy(:,2),'w')
end
save NXY_1407.mat NXY
save ELE_1407.mat ELE
save BELE_1407.mat BELE
```

运行程序 ex1407.m,得到无网格结点离散结构如图 14-10 所示;得到背景网格如图 14-11 所示;生成结点坐标矩阵 NXY,保存在文件 NXY_1407.mat 文件中;生成背景单元矩阵 BELE,保存在文件 BELE_1407.mat 文件中;生成用于后处理的单元结点编号矩阵 ELE,保存在文件 ELE_1407.mat 中。

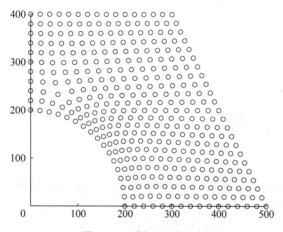

图 14-10　例 14-7 图(1)

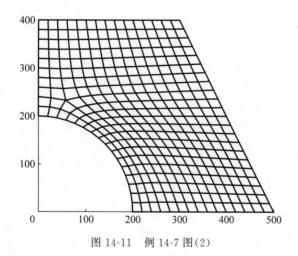

图 14-11　例 14-7 图(2)

14.4.2　整体刚度矩阵的生成

实践 14-8

　　【例 14-8】　利用点坐标矩阵 NXY 和背景单元矩阵 BELE 生成图 14-9 所示隧道结构的无网格结点离散结构的整体刚度矩阵 GK。

【解】 编写 MATLAB 程序 ex1408.m,内容如下:

```
clear;
clc;
E = 2e5; % MPa
mu = 0.35;
t = 1000; % mm
ds = 80; % ds = af * dc , dc = 40
load NXY_1407.mat
load BELE_1407.mat
type = 2;
D = FunD_Elastic2D(E,mu,type);
GK = FunGK_RPIM2D(BELE,NXY,D,t,ds);
save GK_1408.mat GK
```

运行程序 ex1408.m,得到图 14-9 所示隧道结构的无网格离散结点结构的整体刚度矩阵 GK,保存在文件 GK_1408.mat 中。

14.4.3 位移边界条件的引入

实践 14-9

【例 14-9】 利用结点坐标矩阵 NXY 生成图 14-9 所示隧道结构的无网格结点离散结构的位移边界条件矩阵 BU。

【解】 编写 MATLAB 程序 ex1409.m,内容如下:

```
clear;
clc;
load NXY_1407.mat
fix_L = find(abs(NXY(:, 1) - 0) < 1e - 1);
fix_B = find(abs(NXY(:, 2) - 0) < 1e - 1);
nL = length(fix_L);
BU1 = zeros(nL,2);
BU1(:,1) = 2 * fix_L - 1;
nB = length(fix_B);
BU2 = zeros(nB,2);
BU2(:,1) = 2 * fix_B;
BU = [BU1;BU2];
figure
hold on
axis equal
axis tight
h = gca;
set(h, 'xtick',0:100:500)
set(h, 'ytick',0:100:500)
plot(NXY(:,1),NXY(:,2),'k.')
plot(NXY(fix_L,1),NXY(fix_L,2),'b>')
plot(NXY(fix_B,1),NXY(fix_B,2),'r^')
save BU_1409.mat BU
```

运行程序 ex1409.m,得到位移边界条件矩阵 BU,保存在文件 BU_1409.mat 中;无网格结点离散结构中已知位移的结点位置如图 14-12 所示。

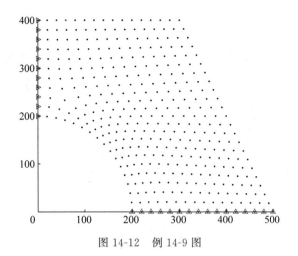

图 14-12　例 14-9 图

14.4.4　结点载荷的计算

实践 14-10

【**例 14-10**】　利用结点坐标矩阵 NXY 生成图 14-9 所示隧道结构的无网格结点离散结构的等效结点载荷列阵 PP。

【**解**】　编写 MATLAB 程序 ex1410.m，内容如下：

```
clear;
clc;
load NXY_1407.mat
N = size(NXY,1);
PP = zeros(2 * N,1);
p = - 2.0; % MPa
th = 1000; % mm
ID_P = find(abs(NXY(:,2) - 400)< 1e - 2);
X_P = NXY(ID_P,1);
[X_P,sn] = sort(X_P);
ID_P = ID_P(sn);
n = length(ID_P);
for i = 1:(n - 1)
    dx = X_P(i + 1) - X_P(i);
    dFy = p * dx * th;
    sn = [2 * ID_P(i),2 * ID_P(i + 1)];
    PP(sn,1) = PP(sn,1) + 0.5 * dFy;
end
figure
hold on
axis off
axis equal
axis tight
plot(NXY(:,1), NXY(:,2), 'ko')
```

```
plot(NXY(ID_P,1), NXY(ID_P,2), 'b*')
save PP_1410.mat PP
```

运行程序 ex1410.m,得到结点载荷分量列阵 PP,储存在文件 PP_1410.mat 中;无网格结点离散结构中结点载荷的具体位置如图 14-13 所示。

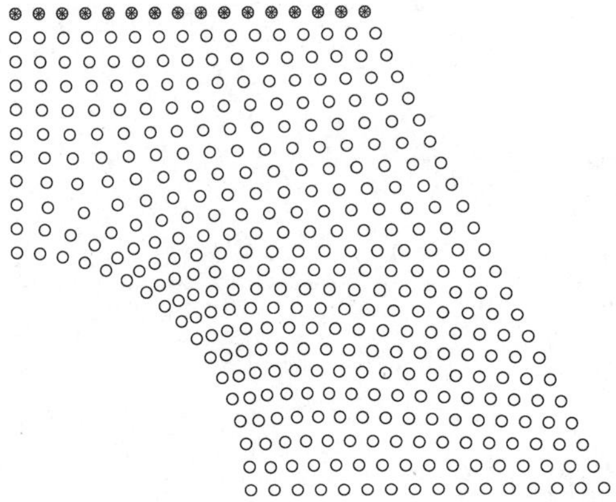

图 14-13   例 14-10 图

14.4.5   结点位移分量的求解

实践 14-11

【**例 14-11**】   根据结点坐标矩阵 NXY、结点载荷列阵 PP、位移边界条件矩阵 BU 和整体刚度矩阵 GK 求图 14-9 所示隧道结构的无网格结点离散结构的结点位移分量列阵 UU,并绘制隧道顶端的竖向位移曲线。

【**解**】   编写 MATLAB 程序 ex1411.m,内容如下:

```
clear;
clc;
load GK_1408.mat;
load PP_1410.mat;
load BU_1409.mat;
load NXY_1407.mat;
UU = FunSol_direct(GK, PP, BU);
save UU_1411 UU
path = find(abs(NXY(:,2) - 400)< 1e - 2);
x_path = NXY(path,1);
[x_path,id] = sort(x_path);
path = path(id);
figure
hold on
axis equal
axis tight
axis off
plot(NXY(:,1),NXY(:,2),'ko')
```

```
plot(NXY(path,1),NXY(path,2),'r*')
h = figure;
set(h, 'position', [170, 233, 560, 200])
plot(x_path,UU(2*path),'r-*')
ylim([-0.016,0])
xlim([0,300])
xlabel('x/mm')
ylabel('v/mm')
```

运行程序 ex1411.m,得到结点位移分量列阵 UU,保存在文件 UU_1411.mat 中;得到隧道顶端各结点(见图 14-14)的竖向位移曲线,如图 14-15 所示。

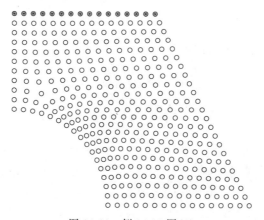

图 14-14　例 14-11 图(1)

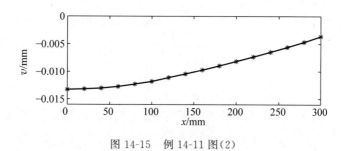

图 14-15　例 14-11 图(2)

14.4.6　结构位移分量云图

实践 14-12

【例 14-12】　根据结点坐标矩阵 NXY、后处理单元结点编号矩阵 ELE、结点位移分量列阵 UU 绘制图 14-9 所示隧道结构的水平位移分量和竖直位移分量云图。

【解】　编写 MATLAB 程序 ex1412.m,内容如下:

```
clear;
clc;
load NXY_1407.mat
load ELE_1407.mat
```

```
load UU_1411.mat
N = size(NXY,1);
M = size(ELE,1);
xid = 1:2:2 * N - 1;
yid = 2:2:2 * N;
Ux = UU(xid);
Uy = UU(yid);
figure
hold on
axis equal
axis tight
axis off
for i = 1:M
    sn = ELE(i,:);
    exy = NXY(sn,:);
    fill(exy(:,1),exy(:,2),Ux(sn))
end
colorbar
shading interp
colormap jet
title('U_x / mm')
figure
hold on
axis equal
axis tight
axis off
for i = 1:M
    sn = ELE(i,:);
    exy = NXY(sn,:);
    fill(exy(:,1),exy(:,2),Uy(sn))
end
colorbar
shading interp
colormap jet
title('U_y / mm')
```

运行程序 ex1412.m,得到水平位移分量云图,如图 14-16 所示;得到竖直位移分量云图,如图 14-17 所示。

彩图

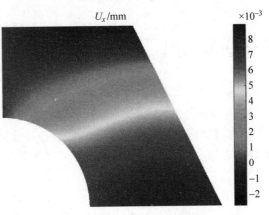

图 14-16   例 14-12 图(1)

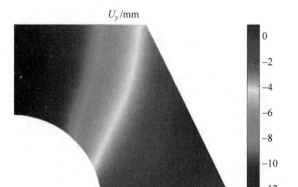

彩图

图 14-17　例 14-12 图（2）

习题

习题 14-1　利用例 14-5 求得的结点位移分量,编写 MATLAB 程序,计算图 14-2 所示无网格离散结构中各结点的应变分量。

习题 14-2　利用例 14-5 求得的结点位移分量,编写 MATLAB 程序,计算图 14-2 所示无网格离散结构中各结点的应力分量。

习题 14-3　利用例 14-11 求得的结点位移分量,编写 MATLAB 程序,计算图 14-10 所示无网格离散结构中各结点的应变分量。

习题 14-4　利用例 14-11 求得的结点位移分量,编写 MATLAB 程序,计算图 14-10 所示无网格离散结构中各结点的应力分量。

参 考 文 献

[1]　王勖成.有限单元法[M].北京:清华大学出版社,2003.

[2]　薛守义.有限元法[M].北京:中国建筑工业出版社,2005.

[3]　曾攀.有限元分析及应用[M].北京:清华大学出版社,2004.

[4]　张雄,王天舒.计算动力学[M].北京:清华大学出版社,2007.

[5]　署恒木,仝兴华.工程有限单元法[M].东营:中国石油大学出版社,2006.

[6]　周博,薛世峰,朱秀星.固体力学——理论及 MATLAB 求解[M].青岛:中国石油大学出版社,2021.

[7]　周博,薛世峰.基于 MATLAB 的有限元法与 ANSYS 应用[M].北京:科学出版社,2015.

[8]　周博,薛世峰.MATLAB 工程与科学绘图[M].北京:清华大学出版社,2015.

[9]　周博,薛世峰,林英松.有限元法与 MATLAB[M].杭州:浙江大学出版社,2022.

[10]　周博,孙博,薛世峰.岩石断裂力学的扩展有限元法[J/OL].中国石油大学学报(自然科学版),2016,40(4):121-126,2016 年 8 月.https://doi.org/10.3969/j.issn.1673-5005.2016.04.016.

[11]　周博,薛世峰.基于扩展有限元的应力强度因子的位移外推法[J/OL].力学与实践,2017,39(4):371-378,2017 年 8 月.https://doi.org/10.6052/1000-0879-16-413.

[12]　周博,薛世峰.石油院校有限元法课程的教学改革探索[J/OL].石油教育,2017(1):70-73,2017 年 1 月.https://doi.org/10.13453/j.cnki.jpe.2017.01.022.

[13]　马文涛.无网格法理论及 MATLAB 程序[M].银川:宁夏人民出版社,2019.